职业教育课程改革与创新系列教材

中央空调清洗与维护

主 编 黄升平
副主编 张利红 田 亮
参 编 陈远平 肖依倩 刘 剑 刘兆伟
主 审 田 亚

机械工业出版社

本书是根据教育部于2022年公布的《职业院校制冷和空调设备运行与维护专业教学标准》，同时参考制冷与空调系统安装维修工国家职业资格标准以及中央空调清洗工职业技能评价规范编写的。本书主要内容包括中央空调原理与设备，中央空调系统，中央空调风系统清洗与消毒，中央空调水系统清洗，中央空调的维护、保养与管理，安全环保与职业健康6个单元。

本书可作为职业院校制冷和空调设备运行与维护专业教材，也可作为中央空调安装维修人员岗位培训和专项职业能力评价培训教材。

为便于教学，本书配套有助教课件、教学视频等教学资源，选择本书作为教材的教师可来电索取，或登录机械工业出版社教育服务网（www.cmpedu.com）网站，注册、免费下载。

图书在版编目（CIP）数据

中央空调清洗与维护/黄升平主编. —北京：机械工业出版社，2024.2
职业教育课程改革与创新系列教材
ISBN 978-7-111-74224-1

Ⅰ.①中…　Ⅱ.①黄…　Ⅲ.①集中空气调节系统-清洗-高等职业教育-教材②集中空气调节系统-维护-高等职业教育-教材　Ⅳ.①TB657.2

中国国家版本馆CIP数据核字（2023）第215716号

机械工业出版社（北京市百万庄大街22号　邮政编码100037）
策划编辑：汪光灿　　　责任编辑：汪光灿　宫晓梅
责任校对：张晓蓉　张昕妍　　　封面设计：张　静
责任印制：李　昂
河北京平诚乾印刷有限公司印刷
2024年2月第1版第1次印刷
184mm×260mm·15印张·370千字
标准书号：ISBN 978-7-111-74224-1
定价：47.80元

电话服务　　　　　　　　网络服务
客服电话：010-88361066　　机　工　官　网：www.cmpbook.com
　　　　　010-88379833　　机　工　官　博：weibo.com/cmp1952
　　　　　010-68326294　　金　书　网：www.golden-book.com
封底无防伪标均为盗版　　机工教育服务网：www.cmpedu.com

前　言

本书是根据教育部于2022年公布的《职业院校制冷和空调设备运行与维护专业教学标准》，同时参考制冷与空调系统安装维修工国家职业资格标准以及中央空调清洗工职业技能评价规范编写的。

本书主要介绍中央空调原理与设备，中央空调系统，中央空调风系统清洗与消毒，中央空调水系统清洗，中央空调的维护、保养与管理，安全环保与职业健康等方面的基本知识和技能，重点强调培养安全规范的职业素养，以及联系实际、分析问题、解决问题、适应岗位的能力。本书编写过程中力求体现以下特色：

1）贯彻落实党的二十大精神，突显素质教育，加强学生标准规范意识，强化职业素质培养。

2）执行新标准。本书依据最新教学标准，对接职业标准和岗位需求，在教材内容选取上贯彻少而精、理论联系实际的原则，去掉烦琐的理论推导和计算内容，使内容更简洁、精炼、实用。

3）体现新模式。本书采用理实一体化的编写模式，突出"做中教，做中学"的职业教育特色，教材内容与生产实际紧密联系，选用先进、典型的实例，使学生获得实用的技能知识。

4）遵循认知规律，坚持以学生为本的原则。本书在编写过程中充分考虑学生的实际情况，对不同水平的学生要求不同，力求达到因材施教、分层教学的目的。

5）以技能型人才培养为目标，依据学生未来就业岗位所需的基本知识和技能，精心选择实现课程目标的载体，强化中央空调清洗维护技能与生产实际应用的联系，提高学生适应生产岗位的能力。

本书在内容处理上主要有以下几点说明：

1）本书采用大量典型案例图片视频，所有资料均来源于湖南亚欣环境科技有限公司中央空调清洗维护现场。

2）本书建议采用理实一体化教学模式。

3）本书实训项目设备工具可采用YX系列清洗机器人设备，也可采用其他清洗设备。

4）本书建议学时为84学时，学时分配建议见下表：

教学内容	建议学时	教学内容	建议学时
单元一　中央空调原理与设备	10	单元四　中央空调水系统清洗	20
单元二　中央空调系统	10	单元五　中央空调的维护、保养与管理	18
单元三　中央空调风系统清洗与消毒	18	单元六　安全环保与职业健康	8

本书由湖南劳动人事职业学院黄升平担任主编，具体分工如下：湖南劳动人事职业学院刘兆伟编写单元一，肖依倩编写单元二，陈远平编写单元三，张利红编写单元四，黄升平编写单元五和单元六并提供附录。湖南亚欣环境科技公司田亮和湖南宁乡市职业中专学校刘剑负责本书配套数字教学资源制作。本书由湖南亚欣环境科技公司田亚主审。

在编写过程中，编者参阅了国内外出版的相关教材和资料，在此谨向相关作者表示衷心感谢！

由于编者水平有限，书中不妥之处在所难免，恳请读者批评指正。

编　者

二维码索引

（续）

目　录

单元一

中央空调原理与设备

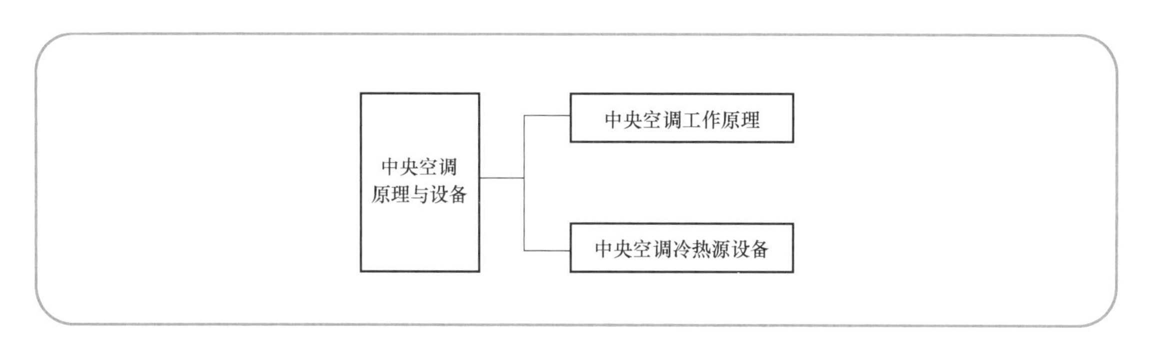

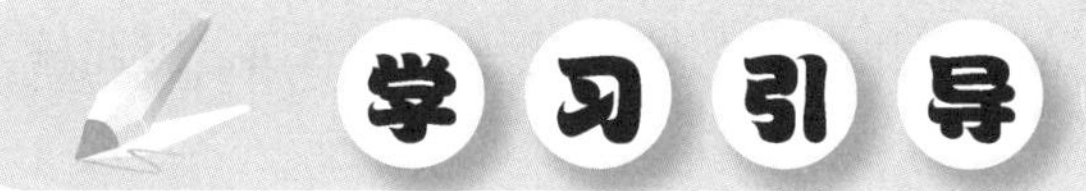

知识目标

1. 熟悉热力学、传热学及流体力学基础知识。
2. 了解中央空调的制冷循环过程及制冷剂、载冷剂的种类。
3. 了解各类型冷热源设备结构及工作原理。

能力目标

1. 能够正确选择制冷剂和载冷剂。
2. 能够阐述冷热源设备的结构及中央空调系统的工作过程。

素养目标

1. 培养爱岗敬业、积极主动的职业精神。
2. 培养较强的自学能力、创新能力与安全意识。

重点与难点

1. 制冷剂、载冷剂的种类、特性及选用。
2. 各类型冷热源设备结构及工作原理。

课题一　中央空调工作原理

相关知识

中央空调的工作原理泛指中央空调设备及系统的工作原理，是进行中央空调清洗的理论基础，为中央空调清洗与维护提供理论依据。该部分所涉及的理论知识比较多，包括热工基础、流体力学及制冷技术等相关知识。

一、热工与流体力学

（一）热力学基础

1. 基本概念

（1）能量　能量用来表示物质做功的本领，单位与功的单位相同。能量的国际通用单位有焦［耳］㊀（J）、千焦［耳］（kJ）和兆焦［耳］（MJ）；工程实践中常用的能量单位还有卡（cal）、千卡（kcal）等。各单位之间的换算关系为

$$1\text{MJ}=10^3\text{kJ}=10^6\text{J}\quad 1\text{J}=0.2388\text{cal}$$

（2）功率　单位时间内所做的功即为功率。功率的国际通用单位有瓦（W）、千瓦（kW）；英制单位有 kcal/h（即通常讲的大卡）。各单位之间的换算关系为

$$1\text{kcal/h}=1.163\text{W}\quad 1\text{kW}=860\text{kcal/h}$$

功率的常用单位还有：马力（匹，hp）、冷吨（RT）。马力是电功率的单位，1 马力 = 735W；冷吨又名冷冻吨，是一种制冷学单位，1RT = 3.517kW = 3024kcal/h。

在小型空调工程中，1hp 指给压缩机输入 735W 的功率所能产生的制冷量。这里的 1hp 是根据能效比计算出来的，日本企业一般认为空调压缩机的能效比平均为 3.4，因此输入 735W 的电能所产生的制冷量为 2500W。

（3）温度　温度是表示物体冷热程度的物理量。常用温度测量的仪器有：水银温度计和酒精温度计。热力学温度的单位是开［尔文］（K），摄氏温度的单位是摄氏度（℃）。国际上用得较多的其他温度还有华氏温度，单位为华氏度（°F）。

热力学温度、摄氏温度、华氏温度三者之间的关系如下：

$$T=t+273.15\approx t+273 \tag{1-1}$$

$$F=\frac{9}{5}t+32 \tag{1-2}$$

$$t=\frac{5}{9}\times(F-32) \tag{1-3}$$

式中　T——热力学温度（K）；

t——摄氏温度（℃）；

F——华氏温度（°F）。

㊀ 单位名称［ ］中的字省略后即为单位名称的简称，可用作该单位的中文符号。

（4）压力　热力学中通常讲的压力即为压强，其定义为作用在单位面积上的力，通常用 p 来表示，压力的国际单位制单位为帕［斯卡］（Pa），$1\text{Pa}=1\text{N/m}^2$。

制冷空调中，常用压力单位为千帕（kPa）、兆帕（MPa）、巴（bar）、标准大气压（atm）、毫米汞柱（mmHg）等，它们之间的换算关系近似为

$$1\text{atm}=760\text{mmHg}=0.1\text{MPa}=1\text{bar}$$

压力的表示方法有三种，即绝对压力、表压力、真空度（负表压）。

1）绝对压力：指容器内的气体或液体对于容器内壁的实际压力，用符号 $p_{绝}$ 表示。

2）表压力：即从压力表上读取的压力值，表示被测工质的压力与当地大气压力的差值，用符号 $p_{表}$ 表示。绝对压力、表压和大气压（常用 B 表示）之间的关系如下：

$$p_{表}=p_{绝}-B \tag{1-4}$$

3）真空度（负表压）：密闭容器内气体绝对压力低于大气压力时，这个压力与大气压之间的差值就称为真空度或真空压力，用符号 $p_{真}$ 表示，反映在压力表上为负压力。绝对压力、大气压和真空度之间的关系如下：

$$p_{真}=B-p_{绝} \tag{1-5}$$

测量真空度的仪器有很多，在制冷设备修理中常用真空计。

三种压力之间的关系可以用图 1-1 来表示：

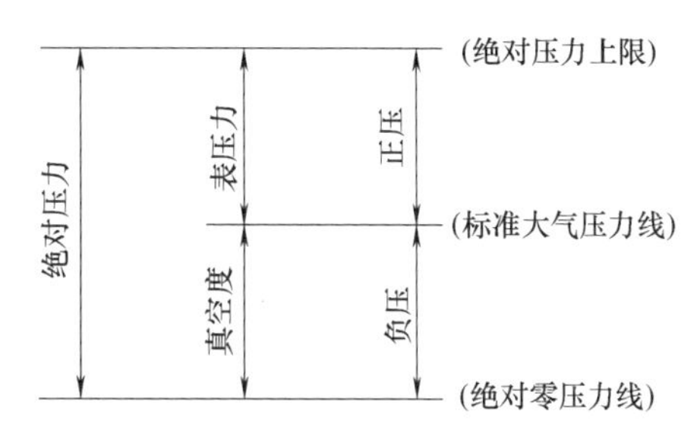

图 1-1　绝对压力、表压力和真空度的关系

（5）比体积与密度

1）单位质量的物质的体积称为比体积，也称为比容，用 v 表示，单位为 m^3/kg，其可以用以下关系式表示：

$$v=\frac{V}{m} \tag{1-6}$$

式中　m——物质的质量；

V——物质的体积。

2）密度指单位体积的物质所具有的质量，用 ρ 表示，单位为 kg/m^3。密度与比体积之间的关系为：$\rho v=1$。

（6）比热容　单位质量物质温度升高（或降低）1K（或 1℃）所吸收（或放出）的热量称为该物质的比热容，通常用 c 表示，其单位为 J/(kg·℃) 或 J/(kg·K)。气体在加热或冷却时，如果保持压力不变，则此时的比热容称为比定压热容，用 c_p 表示。气体在加热或冷却时，如果保持体积不变，则此时的比热容称为比定容热容，用 c_V 表示，且 $c_p>c_V$。气体的比定压热容与比定容热容之比为气体的绝热压缩指数，即 $k=c_p/c_V$。

2. 物质的状态及变化

自然界中的物质会呈现出三种不同的状态：固态、液态、气态。物质的三种状态在一定的条件下可以相互转化，这个转化过程叫作相变。物质的熔点、沸点和相变都受分子间作用力的影响。物质三态变化与热量转移如图 1-2 所示。

对于液态而言，沸腾时在其内部所形成的气泡中的饱和蒸气压必须与外界施予的压强相等，气泡才有可能变大并上升，所以，当液体的饱和蒸气压等于外界压强时的温度称为沸点。液体的沸点跟所处外部压强有关。当液体所受的压强增大时，它的沸点升高；压强减小时，沸点降低。

3. 工质的状态参数

工质即工作介质或工作媒介，是指实现热能和机械能相互转化的媒介物质。状态参数指描述工质状态特性的各种状态的宏观物理量，如温度 T、压力 p、比体积 v、密度 ρ、内能 U、焓 H、熵 S 等。可直接或间接地用仪表测量出来的状态参数称为基本状态参数，如温度、压力、比体积或密度等。

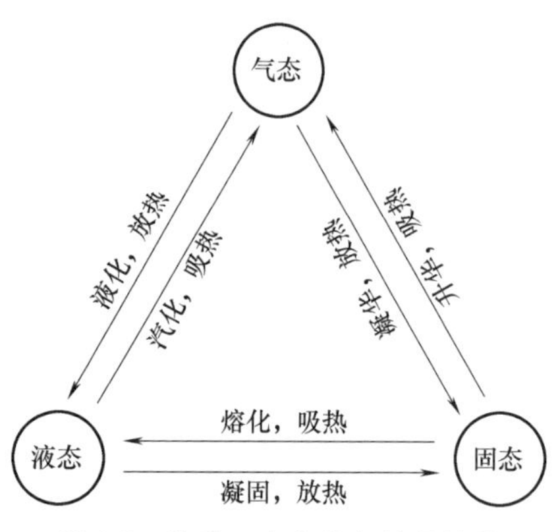

图 1-2　物质三态变化与热量转移

4. 热力学基本定律与热力过程

（1）热力学基本定律

1）热力学第零定律：指的是若两个物体分别和第三个物体处于热平衡，则它们彼此之间也必然处于热平衡。由热力学第零定律可以确定物体的温度。

2）热力学第一定律：又称为能量守恒与转换定律。其内容为：自然界中的一切物质都具有能量，能量有各种表现形态，不同形态的能量可以相互转换，也可以从一个物体转移到另一个物体上，且在转移或相互转换过程中能量的总量保持不变，即能量不可能被创造也不可能被消灭，它只能改变形式。在任何过程中，宇宙的总能量保持不变。对于热系统，它表述为

$$\Delta U = Q + W \tag{1-7}$$

式中　ΔU——系统改变的内能；

Q——系统吸收或者放出的热量，吸热时 Q 取正值，放热时 Q 取负值；

W——外界对系统做的功或者系统对外界做的功，当外界对系统做功时 W 取正值，当系统对外界做功时 W 取负值。

通过式（1-7）所得到的 ΔU 大于零时，说明系统内能增加；ΔU 小于零时，说明系统内能减小。

第一类永动机是指不消耗任何能量而能连续不断做功的循环发动机。由热力学第一定律可知，第一类永动机是不可能实现的。

3）热力学第二定律：存在两种表述。①克劳修斯说法：热量不可能从低温物体传到高温物体而不引起其他变化；②开尔文说法：不可能制造出只从一个热源取热使之完全变为功而不引起其他变化的循环发动机。也就是说，自然的过程是不可逆的，所有与热相联系的过程都属于不可逆过程。

（2）热力过程　系统状态的连续变化称系统经历了一个热力过程。

1）准静态过程。如果造成系统状态改变的不平衡势差无限小，以致该系统在任意时刻均无限接近于某个平衡态，则这样的过程称为准静态过程。注意：准静态过程是一种理想化的过程，实际过程只能接近准静态过程。

2）可逆过程。它指系统经历一个过程后，如让过程逆行而使系统与外界同时恢复到初始状态，不留下任何痕迹的过程。实现可逆过程的条件：①过程无势差（传热无温差，做功无力差，即满足准静态过程的条件）；②过程无耗散效应（如机械摩擦、工质内摩擦等）。注意：可逆过程只是指可能性，并不是指必须要回到初态的过程。无耗散的准静态过程即为可逆过程。

5. 压焓图和温熵图

热力系统过程变化通常利用压焓图和温熵图来进行分析，其中压焓图是最常用的。不同的工质其压焓图与温熵图不一样。

图 1-3 所示为压焓图，以绝对压力的对数值 $\lg p_{绝}$ 为纵坐标，以比焓 h 为横坐标。图中 K 点即为临界点，为两根粗实线的交点，在该点，液态和气态差别消失。K 点左边的粗实线 Ka 为饱和液体线，在 Ka 线上任意一点的状态均是相应压力的饱和液体；K 点右边的粗实线 Kb 为饱和蒸气线，在 Kb 线上任意一点的状态均为饱和蒸气状态，或称干蒸气。Ka 左侧属于过冷液体区，该区域内的温度低于同压力下的饱和温度；Kb 右侧属于过热蒸气区，该区域内的蒸气温度高于同压力下的饱和温度；Ka 和 Kb 之间属于湿蒸气区，即气液共存区。该区域内制冷剂处于饱和状态，压力和温度为一一对应关系。在蒸气压缩式制冷系统中，蒸发与冷凝过程主要在湿蒸气区内进行，压缩过程则是在过热蒸气区内进行。

图 1-3 中共有八种线条：等压线、等焓线、饱和液体线、等熵线、等容线、饱和蒸气线、等干度线、等温线。

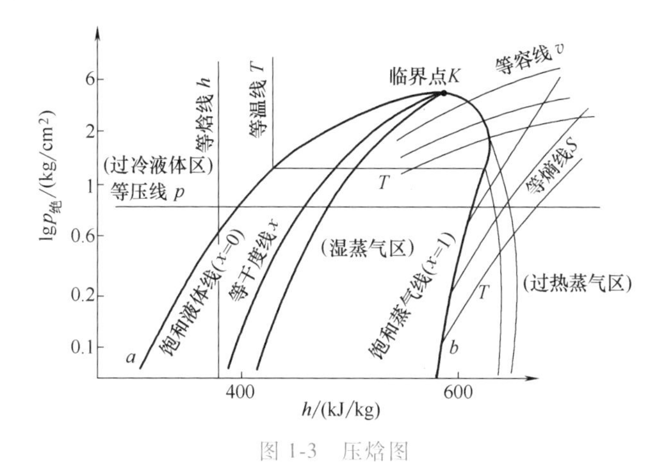

图 1-3　压焓图

1）等压线：图上与横坐标轴相平行的水平细实线均是等压线，同一水平线的压力均相等。

2）等焓线：图上与横坐标轴垂直的细实线为等焓线，凡处在同一条等焓线上的工质，不论其状态如何焓值均相同。

3）等温线：图上用三段曲线表示的为等温线。等温线在不同的区域变化形状不同，在过冷液体区等温线几乎与横坐标轴垂直；在湿蒸气区是与横坐标轴平行的水平线；在过热蒸气区为向右下方急剧弯曲的倾斜线。

4）等熵线：图上自左向右上方弯曲的细实线为等熵线。制冷剂的压缩过程沿等熵线进行，因此过热蒸气区的等熵线用得较多，在 $\lg p_{绝}$-h 图上等熵线以饱和蒸气线作为起点。

5）等容线：图上自左向右稍向上弯曲的虚线为等容线。与等熵线比较，等容线要平坦些。制冷机中常用等容线查取制冷压缩机吸气点的比体积值。

6）等干度线：从临界点 K 出发，把湿蒸气区各相同的干度点连接而成的线为等干度线。它只存在于湿蒸气区，图中从左到右干度不断增大。

上述六个状态参数（p、h、T、S、v、x）中，只要知道其中任意两个状态参数值，就

可确定制冷剂的热力状态。在 $\lg p_{绝}$-h 图上确定其状态点，可查取该点的其余四个状态参数

图 1-4 所示为温熵图，是以 T（温度）为纵坐标，S（熵）为横坐标的热力图。温熵图与压焓图具有相同的曲线含义。

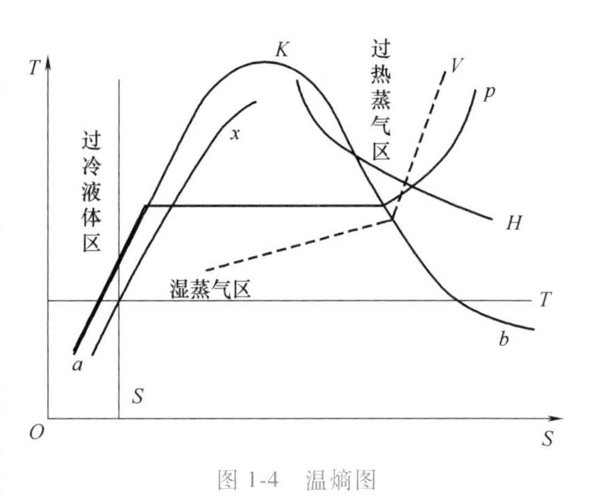

图 1-4 温熵图

6. 水蒸气

（1）汽化、蒸发、沸腾、液化 物质由液态变为气态的过程称为汽化，它包括蒸发和沸腾两种形式。在液体表面发生的汽化现象称为蒸发。液体在任何温度下均能发生蒸发。液体表面和内部同时发生剧烈汽化的现象称为沸腾。沸腾时的温度与液体所受压力有关：压力较低，液体沸腾时温度较低；压力较高，液体沸腾时的温度也较高。在给定压力下，沸腾只能在一个确定的温度下进行。物质由气态变为液态的现象称为液化或凝结。液化与汽化是相反的过程。加快物质液化的措施有：降低温度、提高压力。

（2）饱和状态 如图 1-5 所示，将密闭容器中的水进行加热，水经加热后开始汽化产生水蒸气，同时水蒸气在遇冷后也不断凝结成液态水，当水蒸气产生速度与凝结速度相等时，水的液相与气相处于动态平衡的状态，称为饱和状态。此时气相与液相具有相同的温度和压力，称为饱和温度（t_s）和饱和压力。饱和温度与饱和压力存在一一对应的关系，即 $t_s=f(p)$。

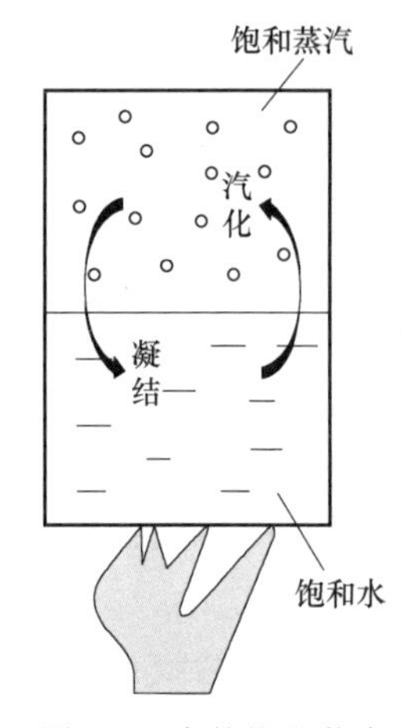

图 1-5 水的饱和状态

7. 湿空气与焓湿图

空调系统处理的空气为湿空气，在进行处理的过程中必须掌握湿空气的性质，能够熟练地利用焓湿图来分析空气的处理过程。

表征空气中所含水蒸气多少的两个参数是含湿量 d 和相对湿度 φ。

（1）含湿量 含湿量又称湿度，是指湿空气中所含水蒸气的质量与干空气质量之比，常用 d 来表示，其单位为 g/kg 干空气。含湿量的计算表达式如下：

$$d=\frac{1000M_{w}n_{w}}{M_{g}n_{g}}=1000\frac{18n_{w}}{29n_{g}}=622\frac{n_{w}}{n_{g}} \qquad (1\text{-}8)$$

式中 M_g——干空气的摩尔质量；

M_w——水蒸气的摩尔质量；

n_g——湿空气中干空气的千摩尔数；

n_w——湿空气中水蒸气的千摩尔数。

（2）相对湿度 相对湿度又称相对湿度百分数，即湿空气中水蒸气分压 p 与同温度下的饱和水蒸气压 p_s 之比的百分比，常用 φ 表示，可用下式表示：

$$\varphi=\frac{p}{p_s}\times 100\% \qquad (1\text{-}9)$$

相对湿度表明了湿空气的不饱和程度，反映湿空气吸收水汽的能力。$\varphi=1$（或 100%），表示空气中的水蒸气饱和，不能再吸收水蒸气，已无干燥能力。φ 越小，即 p 比 p_s 越小，表示湿空气偏离饱和程度越远，干燥能力越强。

（3）干球温度与湿球温度　在空气流中放置一支普通温度计，所测得空气的温度为 t，此温度称为空气的干球温度，是空气的实际温度。如图 1-6 所示，用水润湿纱布包裹温度计的感湿球，则该温度计即成为一支湿球温度计。将它置于一定温度和湿度的流动空气中，达到稳态时所测得的温度称为空气的湿球温度，以 t_w 表示。

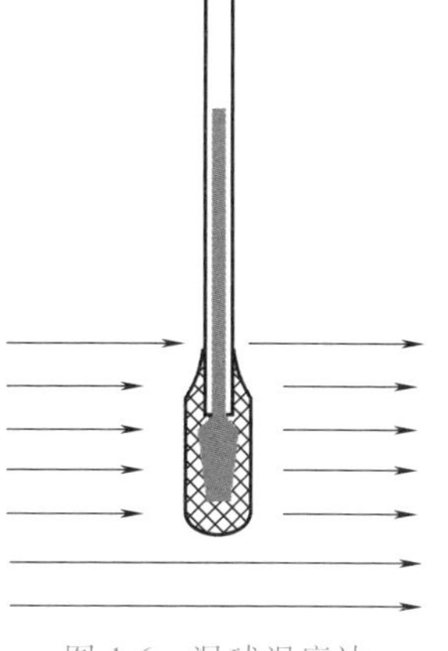
图 1-6　湿球温度计

（4）露点　一定压力下，将不饱和空气等湿降温至饱和，出现第一滴露珠时的温度为露点 t_d，相应的湿度称为露点下的饱和湿度 d_d。

（5）焓湿图　焓湿图是将湿空气各种参数之间的关系用图线表示。图 1-7 为常压下湿空气的焓湿图（h-d 图），以 h 为纵坐标，d 为横坐标，在一定的大气压力下，将上述参数 t、d、φ、h 等关系反映在 h-d 图上。图中由四组等值线组成：等焓（h）线为与纵坐标成 135°角的直线；等含湿量（d）线为平行纵坐标轴的直线；等干球温度（t）线为近似水平的直线；等相对湿度（φ）线为图 1-7 中的曲线。

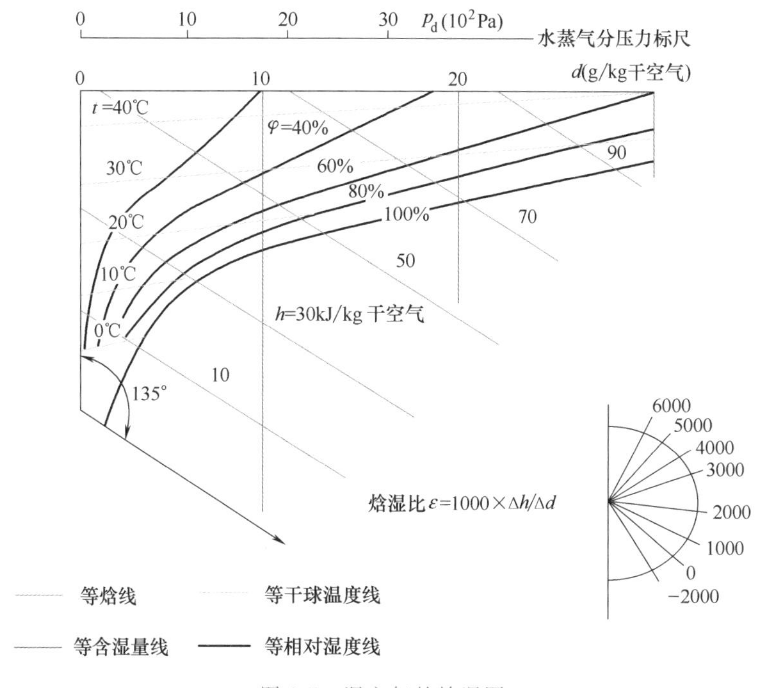

图 1-7　湿空气的焓湿图

在大气压力一定的条件下，已知 h、d、t、φ 四个参数中的任意两个参数，则湿空气状态便可确定，即可在 h-d 图上确定该状态点，同时其他参数均可由该点查询得到。

空调工程中常常需要分析空气状态变化过程，图 1-8 表示了几种空气状态变化典型过程：图中 0-1 为空气冷却去湿过程（空气在表冷器或喷水室中的冷却去湿过程）；0-2 为空气干冷却过程（当用表冷器处理空气，且其表面温度高于空气露点温度时，空气在表冷器中的冷却过程，含湿量为常数，$\varepsilon=-\infty$）；0-3 为空气冷却加湿过程（热空气送入空调房间的空气状态变化过程，$\varepsilon<0$）；0-4 为空气等焓加湿过程（喷水室中喷淋循环水的空气冷却加湿过程接近此过程，$\varepsilon=0$）；0-5 为空气等温加湿过程（喷蒸气加湿过程接近此过程）；0-6 为空气升温加湿过程（冷空气送入空调房间的空气状态变化过程）；0-7 为空气加热过程；0-8 为空气去湿增焓过程；0-9 为空气去湿减焓过程。

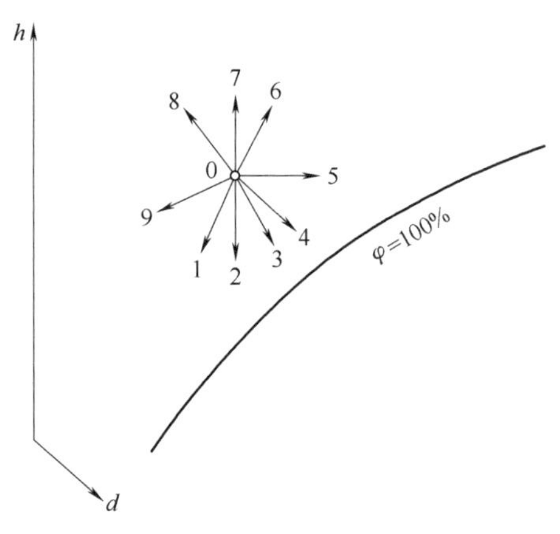

图 1-8　空气状态变化典型过程

（二）传热学基础

1. 传热的基本方式

物质（系统）内的热量转移的过程叫作热传递。热传递是通过热传导、热对流和热辐射三种方式来实现的。在实际的传热过程中，这三种方式往往是伴随着进行的。

（1）热传导　热传导简称导热，是指温度不同的物体各部分无相对位移或不同温度的物体间接紧密接触时而进行热量传递的现象。导热可以发生在固体、液体及气体中。在气体或液体中，热传导过程往往与热对流同时发生，例如，散热器铜管内壁与外壁之间发生的热传递属于热传导。

导热系数又称热导率，用符号 λ 表示。面积为 1m^2、厚度为 1m、前后平面间温差为 1K 的某种物质，在 1s 内传导的热量即为该物质的导热系数。导热系数的单位为 W/(m · K)。

（2）热对流　热对流又称对流传热，指流体中质点发生相对位移而引起的热量传递过程。热对流只能在液体或气体中进行，是流体特有的一种传热方式。由于流体冷、热各部分的密度不同而引起的流体流动称为自然对流；由于水泵、风机或其他压差作用而引起的流体流动称为强迫对流或者受迫对流。

（3）热辐射　物体由于自身温度或内部微观粒子热运动等原因而对外产生辐射电磁波的现象称为热辐射。两个不同温度的物体，高温物体通过产生热射线辐射出较多的能量给低温物体，同时也吸收了低温物体辐射出的较少的能量，但总的结果是高温物体将热量传递给低温物体，这种传热方式称为热辐射。

热辐射可在真空中自由传播，不需任何物质做媒介，属于一种非接触式传热，其传递机理与导热、对流完全不同。当物体温度高于绝对零度时即可向外发射出辐射能，同时也可持续地吸收来自其他物体的辐射能。因此，热辐射是两物体互相辐射进行热量传递的总的结果。

2. 传热过程

热量从温度较高的流体经过固体壁传递给另一侧温度较低流体的过程，称为总传热过程，简称传热过程。传热过程实际上是热传导、热对流和热辐射三种基本方式共同存在的复杂换热过程。

3. 保温隔热的目的及主要技术内容

在空调系统中，对管道、设备以及部件需进行保温隔热。保温隔热的目的有以下几个方面：①减少热损失，通过保温隔热减少冷量或热量的损失，避免能源的浪费。②保证流体工作温度，使其满足使用要求。③保证设备的正常运行。④减少环境热污染，保证可靠的工作环境。⑤保证工作人员的安全，避免工作人员烫伤。

保温隔热的主要技术内容包括保温隔热材料的选择、最佳保温层厚度的确定、合理的保温结构和工艺、检测技术、经济性评价方法等。保温隔热材料的要求有最佳密度或容重，热导率小，温度稳定性好，有一定的机械强度，吸水与吸湿性小。

（三）流体力学基础

1. 流体的主要力学性质

（1）易流动性　流体在静止时不能承受切应力和抵抗剪切变形的性质称为易流动性。

（2）质量密度　单位体积流体所具有的质量称为流体的质量密度，公式为

$$\rho = m/V \quad (1\text{-}10)$$

（3）黏性　表明流体流动时产生内摩擦力阻碍流体质点或流层间相对运动的特性称为黏性，内摩擦力称为黏滞力。流体的黏性越大，其流动性越小。

2. 静压力与静压强

处于相对静止状态下的流体，由于本身的重力或其他外力的作用，在流体内部及流体与容器壁面之间存在着垂直于接触面的作用力，这种作用力称为静压力。单位面积上流体的静压力称为流体的静压强。若流体的密度为 ρ，则液柱高度 $h_{液柱}$ 与压力 p 的关系为

$$p = \rho g h_{液柱} \quad (1\text{-}11)$$

3. 流量与连续性方程

（1）流量　流体流动时，单位时间内通过过流断面的流体体积称为流体的体积流量，一般用 Q 表示，单位为 m^3/s。单位时间内流经管道任意截面的流体质量，称为质量流量，以 m_s 表示，单位为 kg/s。

体积流量与质量流量的关系为

$$m_s = Q\rho \quad (1\text{-}12)$$

体积流量 Q、过流断面面积 A 与流速 v 之间的关系为

$$Q = Av \quad (1\text{-}13)$$

（2）连续性方程　图 1-9 所示的定态流动系统，流体连续地从 1—1 截面进入，从 2—2 截面流出，且充满全部管道。以 1—1、2—2 截面以及管内壁为衡算范围，在管路中流体没有增加和漏失的情况下，单位时间进入截面 1—1 的流体质量与单位时间流出截面 2—2 的流体质量必然相等。连续性方程即

$$m_{s1} = m_{s2} \quad (1\text{-}14)$$

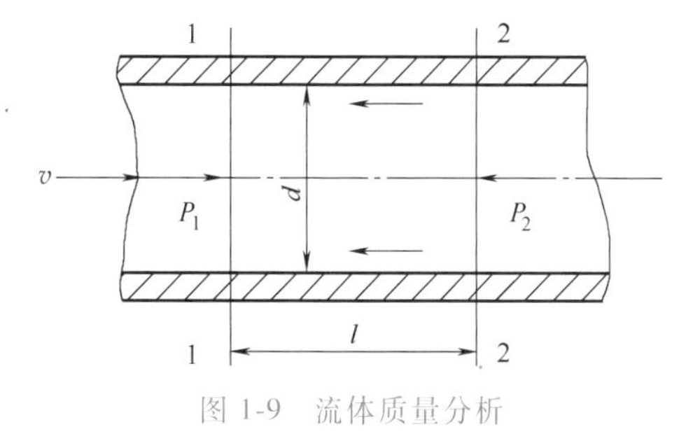

图 1-9　流体质量分析

4. 流动阻力与能量损失

（1）流体在管道中的流动阻力　由于流体的黏滞性，流体在管道内流动过程中会受到流动阻力，流动阻力会导致流体的能量损失，流动阻力包括沿程阻力和局部阻力。

（2）沿程损失　流体在流动过程中，管道壁面对流体会产生一个阻碍其运动的沿程阻力（摩擦阻力），流体流动时为克服沿程阻力而损耗的能量称为沿程损失。

（3）局部损失　流体运动过程中通过断面变化处、转向处、分支或其他使流体流动情况发生改变时，都会有阻碍运动的局部阻力产生，为克服局部阻力所引起的能量损失称为局部损失。

流体在流动过程中的总损失等于各个管路系统所产生的所有沿程损失和局部损失之和。

二、中央空调制冷循环

制冷方式可分为蒸气压缩式制冷、吸收式制冷、半导体制冷等，目前，在空调制冷方面主要采用蒸气压缩式制冷及吸收式制冷。

（一）蒸气压缩式制冷循环

1. 逆卡诺循环（理想循环）

逆卡诺循环由两个等温过程和两个等熵过程组成，在 T-S 图上的表示如图 1-10 所示。图中 1-2 过程为等熵压缩过程，2-3 过程为等温压缩过程（即向高温热源放热），3-4 过程为等熵膨胀过程，4-1 过程为等温膨胀过程（即从低温热源吸热）。

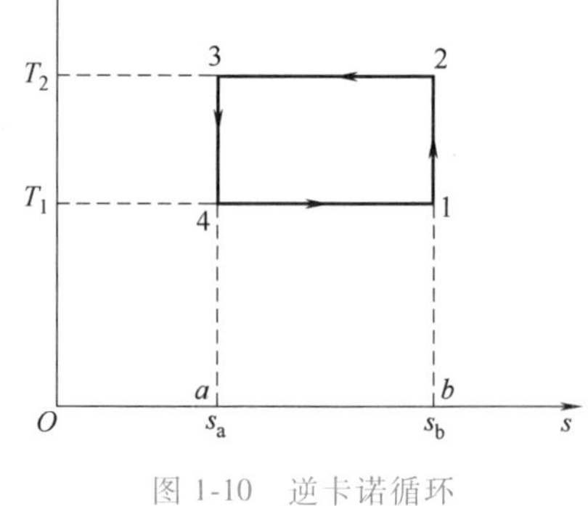

图 1-10　逆卡诺循环

设 M 工质在系统内循环一周，则

$$Q_1=T_1(s_b-s_a)M \tag{1-15}$$

$$Q_2=T_2(s_b-s_a)M \tag{1-16}$$

式中　T_1——低温热源的温度；

T_2——高温热源的温度；

Q_1——从低温热源吸收的热量；

Q_2——向高温热源放出的热量。

循环消耗的净功可表示为

$$W=Q_2-Q_1=(T_2-T_1)(s_b-s_a)M \tag{1-17}$$

制冷性能系数：

$$\mathrm{COP}_c=\frac{Q_1}{W}=\frac{T_1}{T_2-T_1} \tag{1-18}$$

制热性能系数：

$$\mathrm{COP}_{h,c}=\frac{Q_2}{W}=\frac{T_2}{T_2-T_1} \tag{1-19}$$

当逆卡诺循环处于湿蒸气区时，如图 1-11 所示，该循环无法实现，其原因有：实际中不存在无温差传热；在湿蒸气区进行压缩具有很大危害性；膨胀机的尺寸很小，不容易制造；状态点 1 的干度很难检测和控制。

为了使逆卡诺循环能较好地实现，须对其循环过程进行改进，将其改进成饱和循环，即改进后的循环中部分状态点处于饱和状态。

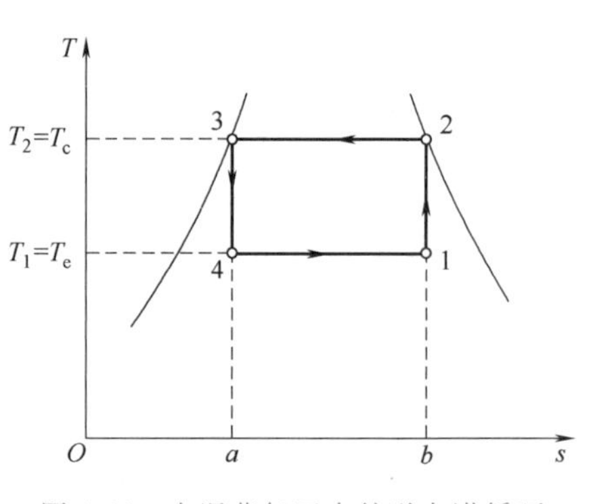

图 1-11　在湿蒸气区中的逆卡诺循环

2. 饱和循环（理论循环）

蒸气压缩式制冷饱和循环在 T-s 图及 $\lg P$-h 图上的表示如图 1-12 所示。该循环中，1-2 为绝热压缩过程，2-3 为冷凝过程（2-2′为等压冷却过程，2′-3 为凝结过程）且压强不变，3-4 为绝热节流过程，4-1 为蒸发过程。由图可以看出该循环中状态点 1、3 均处于饱和状态。饱和循环是对湿蒸气区中逆卡诺循环进行如下改造后的可实现的循环：取消膨胀机，改用节流阀；状态点 1 改为饱和蒸气状态；使 $T_e<T_1$，$T_c>T_2$。

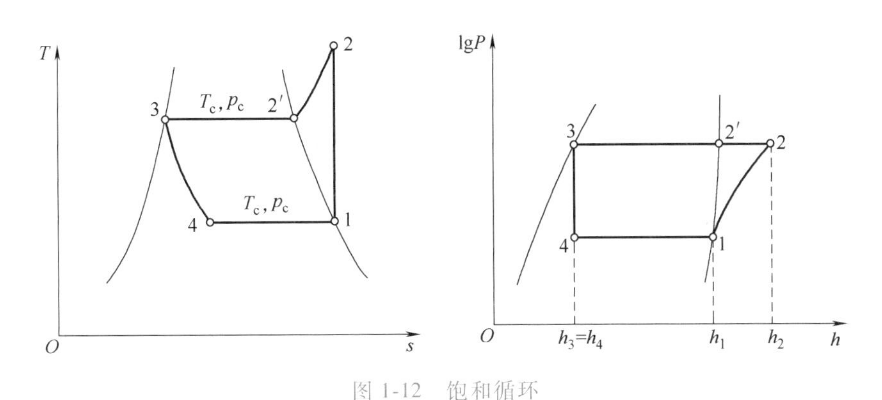

图 1-12　饱和循环

在不考虑过冷度及压缩机散热等情况下，理论分析如下：

4-1 过程，制冷剂在蒸发器中吸热后汽化而使其他介质降温，其制冷量为

$$\dot{Q}_e=\dot{M}_r(h_1-h_4) \tag{1-20}$$

式中　$\dot{M}_r$——制冷剂的质量流量。

则单位质量制冷剂的制冷量为

$$q_e=\frac{\dot{Q}_e}{\dot{M}_r}=h_1-h_4 \tag{1-21}$$

1-2 过程为压缩机压缩做功过程，压缩机消耗的功为

$$\dot{W}=\dot{M}_r(h_2-h_1) \tag{1-22}$$

则单位质量制冷剂消耗的功为

$$W=\frac{\dot{W}}{\dot{M}_r}=h_2-h_1 \tag{1-23}$$

压缩机吸入口容积流量为

$$\dot{V}_r=\dot{M}_r v_1 \tag{1-24}$$

则单位容积制冷剂的制冷量为

$$q_v=\frac{\dot{Q}_e}{\dot{V}_r}=\frac{h_1-h_4}{v_1}=\frac{q_e}{v_1} \tag{1-25}$$

式中　v_1——压缩机吸入口的制冷剂比体积。

2-3 过程发生于冷凝器中，制冷剂对外放出热量：2-2′过程放出显热；2′-3 过程放出潜热。则制冷系统的制热量为

$$\dot{Q}_c = \dot{M}_r(h_2 - h_3) \tag{1-26}$$

单位质量制冷剂的冷凝热量或热泵制热量为

$$q_c = \frac{\dot{Q}_c}{\dot{M}_r} = h_2 - h_3 \tag{1-27}$$

3-4 过程为节流过程，经过节流阀前后制冷剂的焓值相等，即

$$h_3 = h_4 \tag{1-28}$$

根据热力学第一定律可知：

$$\dot{Q}_c = \dot{Q}_e + \dot{W} \tag{1-29}$$

即

$$q_c = q_e + W \tag{1-30}$$

制冷性能系数：

$$COP = \frac{\dot{Q}_e}{\dot{W}} = \frac{q_e}{W} = \frac{h_1 - h_4}{h_2 - h_1} \tag{1-31}$$

制热性能系数：

$$COP_h = \frac{\dot{Q}_c}{\dot{W}} = \frac{q_c}{W} = \frac{h_2 - h_3}{h_2 - h_1} \tag{1-32}$$

由式（1-30）、式（1-33）、式（1-34）可知：

$$COP_h = COP + 1 \tag{1-33}$$

蒸气压缩式制冷（热泵）饱和循环与逆卡诺循环的不同点是：干压缩代替湿压缩，保证了压缩机安全正常运行；用节流阀代替膨胀机，便于调节进入蒸发器的制冷剂流量；吸热及放热过程为定压过程且存在传热温差，满足换热条件。

考虑制冷系统的可靠、高效运行，在进行制冷系统设计时通常要保证制冷剂具有一定的过冷度和过热度，理论分析时同样可参照上述过程。

3. 实际循环

图 1-13 所示为实际循环过程与理论循环过程对比。1-2-3-4-1 为理论的饱和循环；1′-1°-2°-2′-3-3′-4′-1′为实际循环。实际循环过程与理想循环过程的差异在于：蒸发器中并非等压，制冷剂在蒸发器中是存在阻力损失的；压缩机吸气状态偏离饱和状态，为了保证压缩机安全，必须使吸入的制冷剂具有一定的过热度；压缩过程并非可逆的绝热过程，压缩机实际工作过程中通过壳体对外进行放热；冷凝器入口状态并非压缩终点状态；冷凝器中并非等压过程；高压液体管有阻力和传热；节流阀及低压液体管中并非绝热节流。

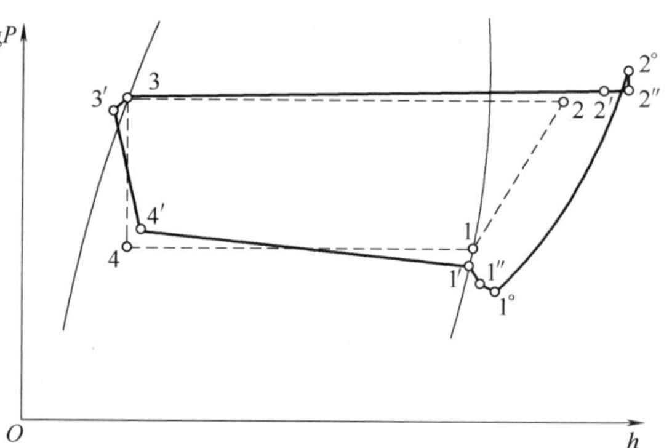

图 1-13　实际循环过程与理论循环过程对比

在实际的制冷系统当中，为保证系统可靠稳定地运行可能会增加油分离器、回热器、气液分离器等部件。

蒸气压缩式制冷循环过程如图 1-14 所示，主要由压缩机、冷凝器、节流阀、蒸发器四大部件组成。其具体循环过程为：制冷剂液体在蒸发器低压（低温）下蒸发，成为低压蒸气；然后由压缩机吸入，压缩机将该低压蒸气通过压缩变成高温高压蒸气，并排向冷凝器；高温高压气体在冷凝器中释放热量冷凝成为高压（常温）液体；液体经过节流阀的节流后以低温低压气液混合状态（以液体为主）进入蒸发器中，其中少数气体是由于节流过程中闪发产生的。由此完成循环。

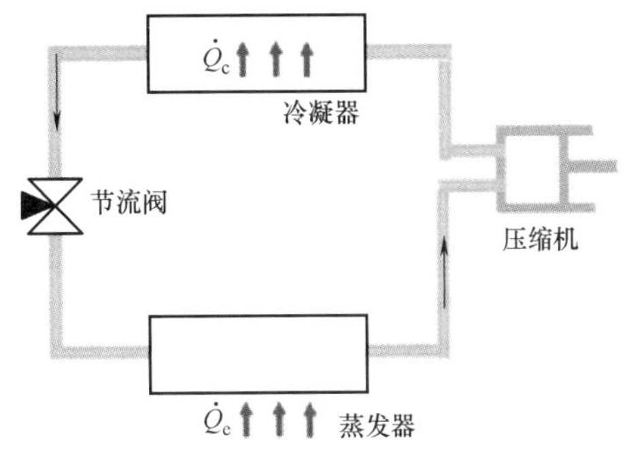

图 1-14 蒸气压缩式制冷循环过程

（二）吸收式制冷循环

蒸气压缩式制冷循环过程

吸收式制冷循环指的是利用制冷剂在溶液中不同温度下具有不同溶解度的特性，使制冷剂在较低的温度和压力下被吸收剂（即溶剂）吸收，它在较高的温度和压力下从溶液中蒸发，从而实现制冷完成循环。常用二元溶液作为工质，其中低沸点组分为制冷剂，即利用它的蒸发来制冷；高沸点组分为吸收剂，即利用它对制冷剂蒸气的吸收作用来完成工作循环。吸收式制冷机主要由发生器、冷凝器、蒸发器、吸收器、循环泵、节流阀等部件组成。工作介质包括制取冷量的制冷剂和吸收、解吸制冷剂的吸收剂，二者组成工质对，通过一种物质对另一种物质的吸收和释放，产生物质的状态变化，从而伴随吸热和放热过程。

常见的有以溴化锂为吸收剂、水为制冷剂的吸收式制冷循环。溴化锂制冷机是利用不同温度下溴化锂水溶液对水蒸气的吸收与释放来实现制冷的，这种循环要利用外来热源实现制冷，常用热源为蒸气、热水、燃气、燃油等。溴化锂溶液吸收性很强，溶液的浓度越高且温度越低，其吸收性越强。如图 1-15 所示为溴化锂吸收式制冷原理图，该原理一般分为以下五个步骤：

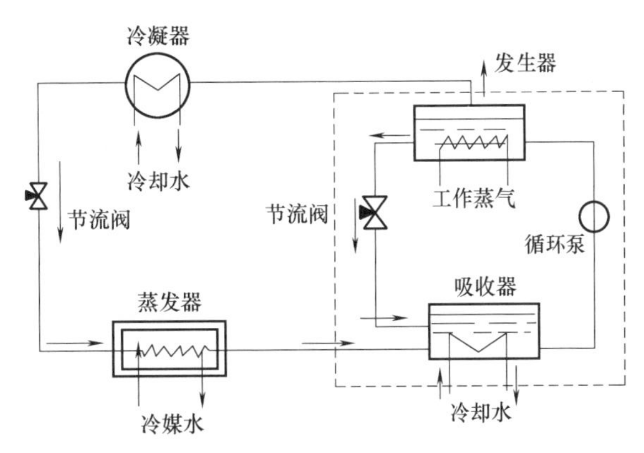

图 1-15 溴化锂吸收式制冷原理图

1）利用工作热源（如水蒸气、热水及燃气等）在发生器中加热由溶液泵从吸收器输送来的具有一定浓度的溶液（稀溶液），并使溶液中的大部分低沸点制冷剂（水）蒸发出来，使溶液变浓。

2）制冷剂（水）蒸气进入冷凝器中，被冷却介质冷凝成制冷剂液体，再经节流阀降压到蒸发压力。

3）制冷剂（水）经节流阀降压后进入蒸发器中，吸收被冷却系统中的热量而汽化成蒸发压力下的制冷剂（水）蒸气。

4）在发生器中经加热蒸发后剩余的溶液经节流阀降到蒸发压力进入吸收器中，与从蒸发器出来的低压制冷剂蒸气相混合，并吸收低压制冷剂蒸气，恢复到原来的浓度。

5）吸收过程往往是一个放热过程，故需在吸收器中用冷却水来冷却混合溶液。在吸收器中恢复了浓度的溶液（稀溶液）又经溶液泵升压后送入发生器中继续循环。

三、制冷剂、载冷剂、冷冻油

（一）制冷剂

制冷剂又称冷媒、致冷剂、雪种，是各种热机中借以完成能量转化的媒介物质。对于制冷剂选用需要考虑以下要求：

1. 物理化学性质

（1）密度及黏度小　制冷剂密度及黏度小，可以减小制冷剂管道口径和流动阻力。

（2）化学稳定性及热稳定性好　对金属或其他（橡胶、塑料等）等材料无腐蚀和侵蚀作用；不爆炸，无毒，不燃烧；在使用温度下不分解、不变性。

（3）凝固温度低　制冷剂在蒸发温度下不会发生凝固。

（4）对环境影响小　制冷剂存在于制冷设备中，当制冷设备管道发生泄漏时，对环境无破坏作用或者只有轻微破坏作用。

2. 热力学性质

（1）导热系数及传热系数高　制冷剂导热系数及传热系数高，可以减小蒸发器和冷凝器等热交换设备的传热面积，减少金属材料的使用，制冷效率高，可以提高制冷的经济性。

（2）合适的饱和压力　制冷剂在低温状态下（蒸发器）饱和压力最好等于大气压，或高于大气压，以免空气漏入制冷系统内部而不易排出。常温下冷凝压力不应过高（低于2MPa），减小制冷装置承受的压力，避免压缩机及冷凝器等设备过于庞大，可以降低制冷剂向外泄漏的概率。同时使冷凝压力与蒸发压力之比不至于过大。

（3）绝热指数小　绝热指数较小可以减少压缩过程的耗功，降低压缩后的温度。

（4）汽化热大　汽化热大可以提高单位容积制冷能力。单位容积制冷能力越大，产生一定制冷量时所需制冷剂的体积循环量就越小，进而可减小压缩机体积，降低节流后的干度。

制冷剂除需要满足上述要求外，还需要满足生产过程简单、生产成本低等相关要求。

3. 种类

制冷剂的种类有无机化合物（如水、氨、二氧化碳等）、饱和烃的卤化物（氟利昂，如R12、R22、R134a 等）、碳氢化合物（烃类，如丙烷、异丁烷等）、共沸制冷剂（如 R502、R507 等）、非共沸制冷剂（如 R407C 等）。其中，共沸制冷剂由两种或两种以上的制冷剂按一定的比例混合而成，在汽化或液化过程中，蒸气成分与溶液成分始终保持相同；在既定压力下，发生相变时对应的温度保持不变。非共沸制冷剂由两种或两种以上的制冷剂按一定的比例混合而成，在定压下汽化或液化过程中，蒸气成分与溶液成分不断变化，对应的饱和温度也不断变化。

按照制冷剂的标准，蒸发温度可分为高温、中温、低温三类。标准蒸发温度是指标准大气压力下的蒸发温度，也就是沸点。

（1）低压高温制冷剂　该类制冷剂在蒸发温度高于 0℃时冷凝压力 $p_k \leqslant 2kg/cm^2$。这类制冷剂适用于空调系统的离心式制冷压缩机中。

（2）中压中温制冷剂　当蒸发温度为-50 ~ 0℃时，该类制冷剂冷凝压力 $p_k \leqslant 20kg/cm^2$。

这类制冷剂一般用于普通单级压缩和双级压缩的活塞式制冷系统中。

（3）高压低温制冷剂　该类制冷剂一般用于蒸发温度低于-50℃的制冷系统，冷凝压力 $p_k \geqslant 20kg/cm^2$。这类制冷剂适用于复叠式制冷低温装置或-70℃以下的低温装置中，主要应用于温度要求非常低的科研制冷、医冷制冷的深冷设备中。

目前，中央空调主机中常用的制冷剂有：R22、R134a、R404a（图 1-16）、R507、R410a 等。在进行中央空调主机维修时注意利用铭牌确定机组所采用的制冷剂，机组铭牌如图 1-17 所示。

图 1-16　R404a 制冷剂包装外形

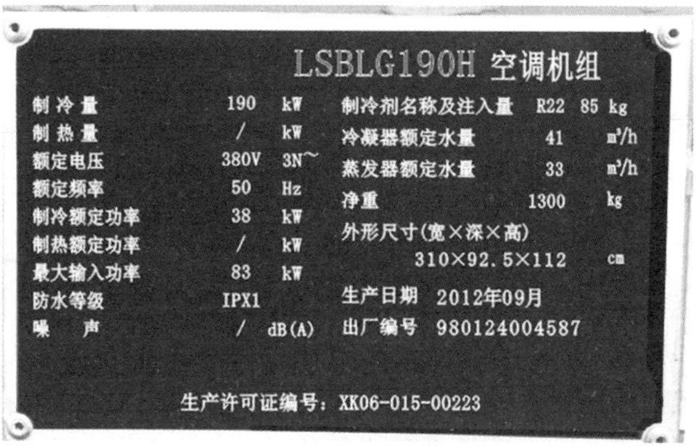

图 1-17　中央空调主机铭牌

（二）载冷剂

载冷剂是在间接冷却的制冷装置中，完成将被冷却系统（物体或空间）的热量传递给制冷剂的中间冷却介质。载冷剂在冷却其他被冷却物后，本身温度上升，进入蒸发器后又被制冷剂吸热降温，如此构成循环，以达到连续制冷的目的。

常用的载冷剂有水、盐水、酒精、乙二醇、丙二醇溶液及冰和冷媒等。蒸发温度在 5℃以上的载冷剂系统，一般采用水作为载冷剂；蒸发温度在-50~5℃的载冷剂系统，一般采用氯化钠或氯化钙盐水溶液作为载冷剂；蒸发温度低于-50℃的载冷剂系统，一般采用三氯乙烯、二氯甲烷、三氯氟甲烷、乙醇、丙酮等作为载冷剂。

（三）冷冻油

1. 冷冻油选择

冷冻油在制冷系统中起着润滑、密封、降温与能量调节的作用，因此在选择冷冻油时需考虑以下几个方面的要求：

（1）凝固点（倾点）　冷冻油在试验条件下冷却到停止流动的状态的温度称为凝固点。制冷设备所用冷冻油的凝固点应越低越好（如 R22 的压缩机，冷冻油凝固点应在-55℃以下），否则会影响制冷剂的流动性，增加流动阻力，从而导致传热效果差。

（2）黏度　冷冻油黏度是油料特性中的一个重要参数，使用不同制冷剂要相应选择不同的冷冻油。若冷冻油黏度过大，则会使机械摩擦功率、摩擦热量和启动力矩增大。反之，则会使运动件之间不能形成所需的油膜，从而无法达到应有的润滑和冷却效果。

（3）浊点（絮凝点）　冷冻油的浊点是指温度降低到某一数值时，冷冻油中开始析出石蜡，使冷冻油变得混浊的温度。制冷设备所用冷冻油的浊点应低于制冷剂的蒸发温度，否则会引起节流阀堵塞或影响传热性能。

（4）闪点　冷冻油的闪点是指冷冻油加热到其蒸气与火焰接触时发生打火的最低温度。制冷设备所用冷冻油的闪点必须比排气温度高15～30℃以上，以免引起冷冻油燃烧和结焦。

（5）其他　在进行冷冻油选择时还需考虑其他因素，如化学稳定性、抗氧性、水分、机械杂质以及绝缘性能。

2. 冷冻油种类

冷冻油的种类有：矿物油、半合成油、全合成油。矿物油适用于CFC与HCFC制冷剂，全合成油适用于HFC制冷剂。

制冷主机在运行一段时间后需及时更换冷冻油，在更换冷冻油前必须正确选择冷冻油。

课题二　中央空调冷热源设备

相关知识

中央空调冷热源设备种类很多，根据机组在工作时是否能供冷、供热可以分为冷水机组和热泵机组。夏季，冷水机组可向中央空调系统中的空调箱（机）、风机盘管和非独立式新风机组提供处理空气温度所需的低温水。冬季，由锅炉给末端提供热水或蒸气。对于热泵机组而言，在夏季给末端提供冷源，在冬季给末端提供热源。

空调和制冷技术中使用的冷水机组按其驱动动力的不同，可分为电力驱动的蒸气压缩式冷水机组和热力驱动的溴化锂吸收式制冷机组。

压缩式冷水机组介绍

一、蒸气压缩式冷水机组

蒸气压缩式冷水机组根据压缩机形式的不同，可分为活塞式冷水机组、螺杆式冷水机组、离心式冷水机组、涡旋式冷水机组。按冷凝方式的不同，可分为水冷式冷水机组、风冷式冷水机组及蒸发冷式冷水机组。

（一）活塞式冷水机组

以活塞式制冷压缩机为主机的冷水机组称为活塞式冷水机组（图1-18）。活塞式冷水机组由活塞式制冷压缩机、冷凝器、蒸发器、热力膨胀阀及其他附件（如干燥过滤器、储液器、电磁阀、自动能量调节和自动保护装置等）构成，安装于同一个机座上，并将电控柜安装在机组上，组成一个单元体。

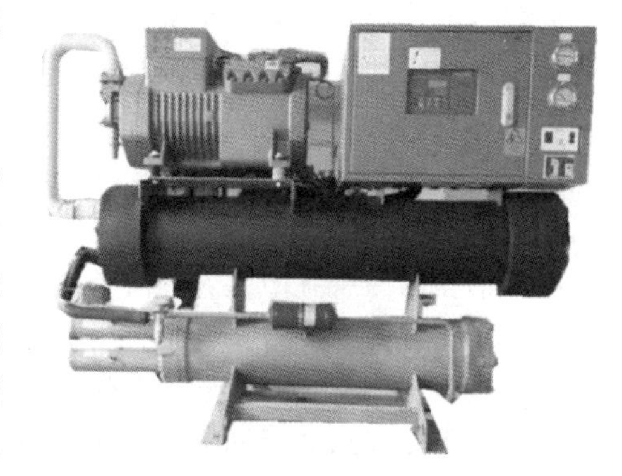
图1-18　活塞式冷水机组

活塞式冷水机组单机制冷量为60～900kW，适用于中小工程。其零部件过多，故障率较高，且生产成本也比较高，运行稳定性差，压缩机抗液击的能力差。早期活塞式冷水机组在空调系统中普遍使用，但现已很少使用。

（二）螺杆式冷水机组

螺杆式冷水机组是由螺杆式制冷压缩机、冷凝器、节流阀、蒸发器、自控元件和仪表等组成的一个完整制冷系统。它具有结构紧凑、体积小、质量小、占地面积小、操作维护方

便、运转平稳等优点，因而获得了广泛的应用，其单机制冷量为 150～2200kW，适用于中、大型工程。

1. 水冷螺杆式冷水机组

水冷螺杆式冷水机组根据压缩机的数量不同，一般可分为单机头水冷螺杆式冷水机组和双机头水冷螺杆式冷水机组。单机头水冷螺杆式冷水机组基本结构如图 1-19 所示，由螺杆式制冷压缩机、水冷壳管式冷凝器、干燥过滤器、壳管式蒸发器、电气控制箱等主要部件组成，其工作原理如图 1-20 所示。

图 1-19　单机头水冷螺杆式冷水机组的基本结构

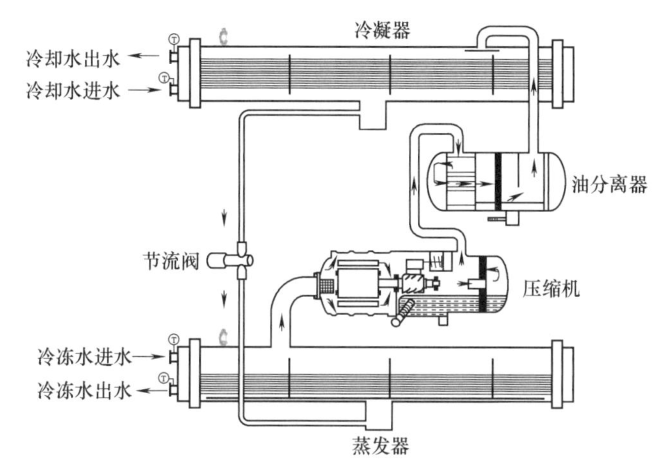

图 1-20　单机头水冷螺杆式冷水机组工作原理

多机头水冷螺杆式冷水机组的制冷系统可分为共用制冷系统和独立制冷系统两种形式。由于多台压缩机共用一个制冷系统容易造成压缩机回油不均等问题，因此独立制冷系统形式较常见。图 1-21 所示为双机头水冷螺杆式独立制冷系统的冷水机组工作原理。该系统中，共有两套独立的制冷系统。

2. 风冷螺杆式冷水机组

风冷螺杆式冷水机组由螺杆式制冷压缩机、蒸发器、风冷式冷凝器、油分离器、电气控制箱等主要部件组成，如图 1-22 所示。风冷螺杆式冷水机组工作原理与水冷螺杆式冷水机组大致相同，不同的是水冷螺杆式冷水机组的冷凝器采用壳管式换热器，而风冷螺杆式冷水机组的冷凝器采用翅片式换热器。风冷螺杆式冷水机组的主要特点如下：

1）冷水机组效率与冷凝温度有关。水冷螺杆式冷水机组的冷凝温度取决于室外湿球温度，对于湿球温度变化不大且温度较低的地区较适用。风冷螺杆式冷水机组的冷凝温度取决于室外干球温度，在室外干球温度下降时，可大幅度降低耗电量，故风冷螺杆式冷水机组在北方地区应用较广。

2）冷水机组不需配水泵、冷却塔，不需冷却塔补水，水系统清洁，使用方便。在缺水地区、超高层建筑和环境要求较高的场合也具有优势。

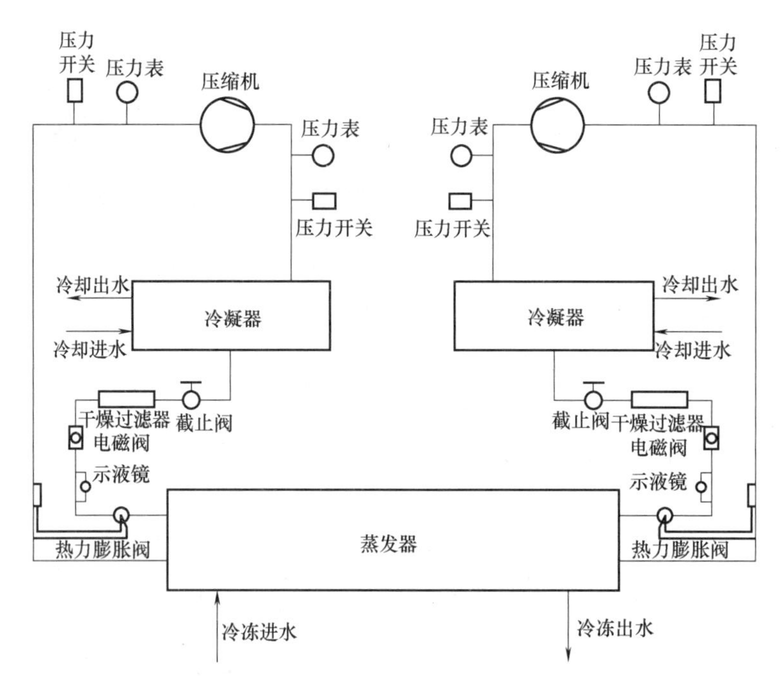

图 1-21　双机头水冷螺杆式独立制冷系统的冷水机组工作原理

3）在满负荷状态下，风冷螺杆式冷水机组的耗电量大于水冷螺杆式冷水机组，但由于风冷螺杆式冷水机组在室外干球温度下降时，耗电量可大大降低，从一些研究来看，风冷螺杆式冷水机组全年耗电量与水冷螺杆式冷水机组基本相同。而水冷螺杆式冷水机组在设备保养方面的费用较风冷螺杆式冷水机组高。因此，风冷螺杆式冷水机组总费用略低于水冷螺杆式冷水机组。

图 1-22　风冷螺杆式冷水机组

（三）离心式冷水机组

以离心式制冷压缩机为主机的冷水机组称为离心式冷水机组。离心式冷水机组适用于大需求制冷量的中央空调系统。随着大型公共建筑、大面积空调厂房和机房的建立，离心式冷水机组得到广泛的应用和发展。

1. 离心式冷水机组的结构

离心式冷水机组主要由离心式制冷压缩机、冷凝器、蒸发器、节流装置、润滑系统、进口气压低于大气压时用的抽气回收装置、进口气压高于大气压时用的泵出系统、能量调节及保护装置等组成。一般空调用离心式冷水机组制取 4~9℃ 冷媒水时，采用单级、双级或三级离心式制冷压缩机，而蒸发器和冷凝器往往做成单筒式或双筒式置于压缩机下面，作为压缩机的基础。节流装置常采用浮球阀、节流孔板、线性浮阀及提升阀等。抽气回收装置用于随时排除机组内不凝性气体和水分，防止冷凝器内压力过高而导致机组换热能力下降。泵出系统用于机组维修时对制冷剂的充灌和排出处理。图 1-23 所示为常见离心式冷水机组的外形和结构。除水冷离心式冷水机组外，还有风冷离心式冷水机组，但其应用较少。

2. 离心式制冷压缩机的工作流程

图 1-23　离心式冷水机组

图 1-24 所示为单级半封闭离心式冷水机组的制冷循环工作流程。离心式制冷压缩机 4 从蒸发器 6 中吸入制冷剂蒸气，在高速叶轮的作用下成为高速高压气体并进入冷凝器 5 内，其热量被冷却水带走，制冷剂蒸气冷凝为液体。冷凝后的制冷剂液体经除污，通过节流阀 7 节流进入蒸发器，在蒸发器内吸收列管中的冷媒水的热量，成为气态而被压缩机再次吸入进行循环工作。冷媒水被冷却降温后，由循环水泵送到需要降温的场所进行降温。另外，在通过节流阀节流前，用管路引出一部分液体制冷剂，进入蒸发器中的过冷盘管，使其过冷，然后经过滤器 9 进入电动机转子端部的喷嘴，将制冷剂喷入电动机，使电动机得到冷却，制冷剂再流回冷凝器再次冷却。

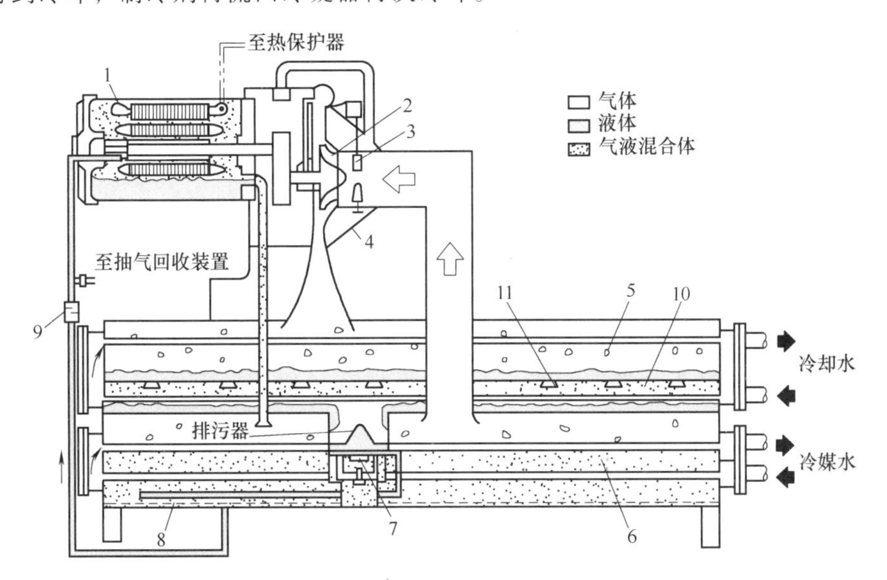

图 1-24　单级半封闭离心式冷水机组的制冷循环工作流程

1—电动机　2—叶轮　3—导叶　4—离心式制冷压缩机　5—冷凝器　6—蒸发器
7—节流阀　8—液态制冷剂　9—过滤器　10—闪发室　11—孔口

随着技术的发展，现已研究出磁悬浮变频离心式冷水机组。磁悬浮变频离心式冷水机组的核心是磁悬浮离心压缩机，其主要由叶轮、电动机、磁悬浮轴承、位移传感器、轴承控制器、电动机驱动器等部件组成。

磁悬浮轴承利用磁场，使转子悬浮起来，从而在旋转时不会产生机械接触，不会产生机械摩擦，不再需要机械轴承以及机械轴承所必需的润滑系统。在制冷压缩机中使用磁悬浮轴承可以避免润滑油带来的问题。

（四）涡旋式冷水机组

涡旋式冷水机组主要由涡旋式压缩机、水冷式冷凝器（风冷式冷凝器）、热力膨胀阀、壳管式蒸发器、干燥过滤器和辅助设备（油分离器、气液分离器）组成。由于涡旋式压缩机制冷量比较小，因此在一台冷水机组中往往采用多台压缩机，最多可达6台，多个压缩机组成的冷水机组，在末端负荷变化时能够通过压缩机启停数量来适应负荷变化。图1-25所示为三机头水冷涡旋式冷水机组外形图，该机组中各个压缩机所在系统相互独立，系统可靠性高。

图1-25 三机头水冷涡旋式冷水机组

二、溴化锂吸收式制冷机组

溴化锂吸收式制冷机组是常见的吸收式冷水机组。由于溴化锂制冷机组具有许多独特的优点，因此近年来发展十分迅速，特别是在空调制冷方面占有显著的地位。

（一）溴化锂吸收式制冷机组的分类

1）按用途分为冷水机组、冷热水机组、热泵机组。

2）按驱动热源分为蒸汽型、直燃型、热水型。

3）按驱动热源的利用方式分为单效、双效、多效。

4）按溶液循环流程分类：

① 串联流程。分为两种：一种是溶液先进入高压发生器，后进入低压发生器，最后流回吸收器；另一种是溶液先进入低压发生器，后进入高压发生器，最后流回吸收器。

② 并联流程。溶液分别同时进入高、低压发生器，然后分别流回吸收器。

③ 串并联流程。溶液分别同时进入高、低压发生器，从高压发生器流出的溶液先进入低压发生器，然后和低压发生器的溶液一起流回吸收器。

5）按机组结构分类：

① 单筒型。机组的主要换热器（发生器、冷凝器、蒸发器、吸收器）布置在一个筒体内。

② 双筒型。机组的主要换热器布置在两个筒体内。

③ 三筒或多筒型。机组的主要换热器布置在三个或多个筒体内。

（二）溴化锂吸收式制冷机组工作原理

各种类型的溴化锂吸收式制冷机组工作原理基本上相同，下面以直燃型溴化锂吸收式制冷机组进行讲解。这种机组以燃气或燃油作为能源，以燃料燃烧所产生的高温烟气为热源，燃烧效率高，热源温度高，传热损失小，对环境污染小，体积小，占地省，既可用于夏季制冷，又可用于冬季采暖，必要时还可提供生活热水，使用范围广，广泛用于宾馆、商场、体育场馆、办公大楼、影剧院等无余热、废热可利用的中央空调系统。

图1-26所示为串联流程的直燃型溴化锂吸收式冷热水机组的工作原理。机组制取热水时，用于制冷的阀门全部关闭，所有用于制热的阀门开启；低压发生器、冷凝器失去作用；冷却水回路停止工作；由蒸发器、空调设备和冷冻水泵构成的冷冻水回路变为热水回路，冷却盘管兼用作加热盘管，冷冻水泵兼用作热水泵。

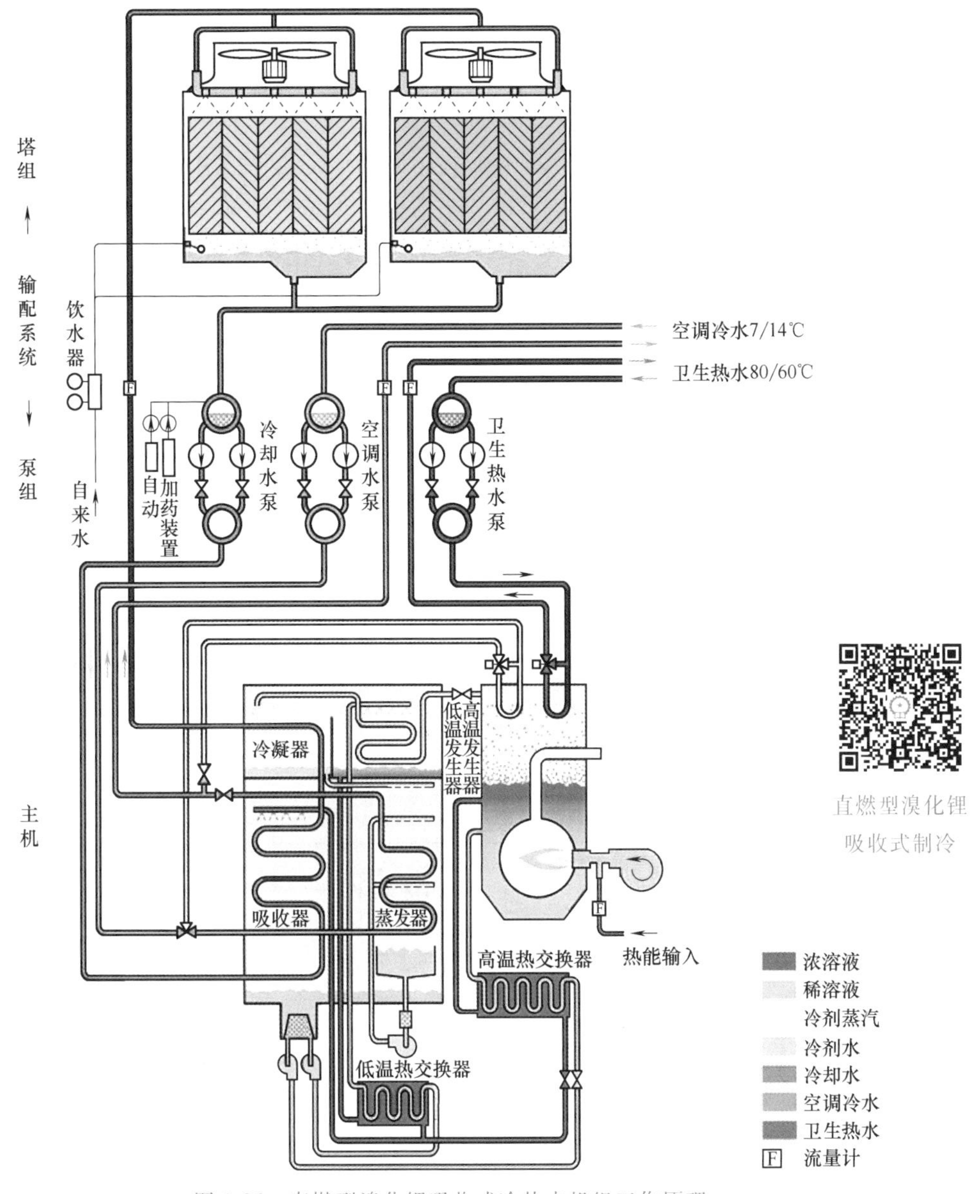

图 1-26　直燃型溴化锂吸收式冷热水机组工作原理

（1）吸收剂循环

自高压发生器流出的吸收剂浓溶液，按串联流程经高温溶液热交换器和低温溶液热交换器送往吸收器，沿途在管道和机组壳体中散热降温。在吸收器内，吸收剂浓溶液被来自蒸发器的制冷剂水稀释，然后由溶液泵升压，再经低温溶液热交换器和高温溶液热交换器进入高压发生器。

（2）制冷剂循环

高压发生器中产生的制冷剂水蒸气，经管路直接输送到蒸发器，向蒸发器内管簇放热，冷凝成制冷剂水输送到吸收器稀释其中的浓溶液，然后由溶液泵升压，再经低温溶液热交换器和高温溶液热交换器进入高压发生器。

(3) 卫生热水

输入热能加热溴化锂溶液，产生水蒸气将管内的水加热，凝结水流回溶液中再次被加热，如此循环。

三、热泵机组

热泵机组指的是从低温热源（如空气、地下水、河水、海水、污水等）吸收热能，然后转换为较高温热源释放其他介质的装置。这种装置既可用作供热采暖设备，又可用作制冷降温设备。其按与环境换热介质的种类不同，分为水-水式热泵、水-空气式热泵、空气-水式热泵、空气-空气式热泵；按热源介质种类不同，分为空气源热泵、水源热泵（水环热泵、地源热泵）；按热源来源种类不同，分为水源热泵、土壤源热泵、空气源热泵、复合热泵；按加热方式不同，分为直热式热泵、循环式热泵。

（一）水源热泵机组

水源热泵机组是利用地球水所储藏的太阳能资源作为冷、热源，可进行制冷/制热循环的一种热泵型的整体式水-空气式或水-水式空调装置。制热时以水为热源，制冷时以水为排热源，工作原理如图 1-27 所示。其具体工作过程为通过输入少量高品位能源（如电能），实现低温位热能向高温位转移。水体既可作为冬季热泵供暖的热源，又可作为夏季空调的冷源，即在夏季将建筑物中的热量“取”出来，释放到水体中去，由于水源温度低，所以可以高效地带走热量，以达到夏季给建筑物室内制冷的目的；而冬季，则是通过水源热泵机组，从水源中“提取”热能，送到建筑物中采暖。

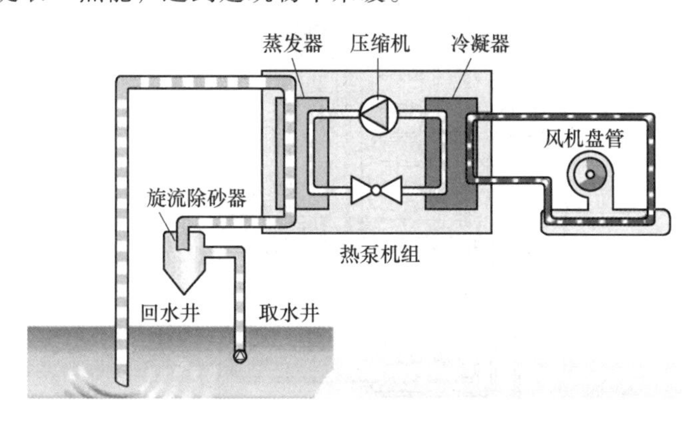

图 1-27　水源热泵机组工作原理

水源热泵机组（图 1-28）包括使用侧换热设备、压缩机、节流装置、热源侧换热设备。按使用侧换热设备的形式不同，分为冷热风型水源热泵机组、冷热水型水源热泵机组；按冷（热）源类型不同，分为地表水源热泵机组、地下水源热泵机组、污废水源热泵机组。

图 1-28　水源热泵机组

水源热泵机组适用于水源充沛、四季分明、温度适中的地区。凡是水量、水温、水

质能够满足水源热泵制热（制冷）需要的任何水源都可作为系统水源。采用地下水作为热源时需注意以下几个问题：

1. 地质条件问题

需要有丰富和稳定的地下水资源作为先决条件。因此一定要做详细的水文地质调查，并先打勘测井，以获取地下温度、地下水深度、水质和出水量等数据。

2. 地下水回灌问题

目前国内地下水回灌技术还不成熟，从地下抽出来的水经过换热器后很难再被全部回灌到含水层内，造成地下水资源流失，地面下沉。

3. 地下水污染问题

从地下取出的地下水进入热泵机组进行热交换后回灌地下，回灌水处理不当会污染地下水，造成水体污染。

4. 得到有关部门批准

进行地下水的开采必须经过当地自然资源管理部门的批准，在确认允许利用地下水的情况下才能采用地下水作为热源。

（二）土壤源热泵机组

土壤源热泵机组是以地下常温土壤或增温岩土体为热源，通过深埋于建筑物周围的管路系统，冬季从土壤中取热，向建筑物供暖；夏季向土壤排热，为建筑物制冷的装置。其工作原理如图 1-29 所示。

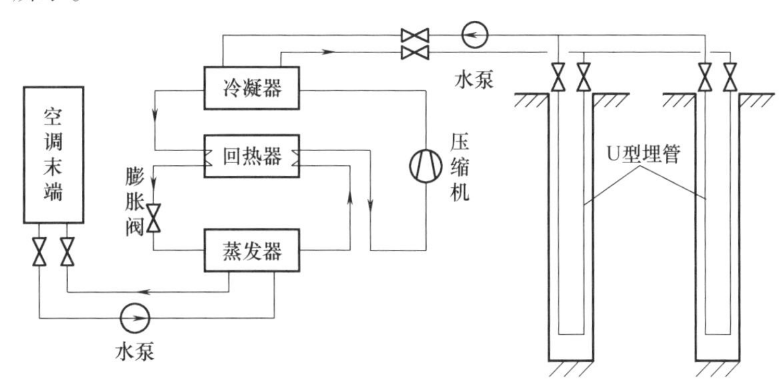

图 1-29　土壤源热泵机组工作原理

相对于地表水和空气，土壤的温度全年波动较小，可以分别在夏、冬季提供相对较低的冷凝温度和较高的蒸发温度，使得热泵机组运行更加高效、稳定、可靠。通常土壤源热泵消耗 1kWh 的能量，用户可以得到 4kWh 以上的热量/冷量。但是土壤的传热性能欠佳，通常需要较大的传热面积，导致埋管占地面积较大或埋深较深，长远看还需要考虑埋管对未来土地开发的影响。此外在地下埋设管道成本较高，运行中若产生故障也不易检修。

土壤换热器埋管方式有垂直埋管、水平埋管和螺旋埋管，如图 1-30 所示。

（三）空气源热泵机组

图 1-31 所示为空气源热泵机组，该机组以室外空气为热源。空气源热泵是最具有普适性的热泵形式。根据冷却介质的不同，又可分为空气-空气式热泵（如分体柜式热泵空调器、热泵型窗式空调器等）和空气-水式热泵（如空气源热泵热水器、空气源热泵冷热水机组等）。

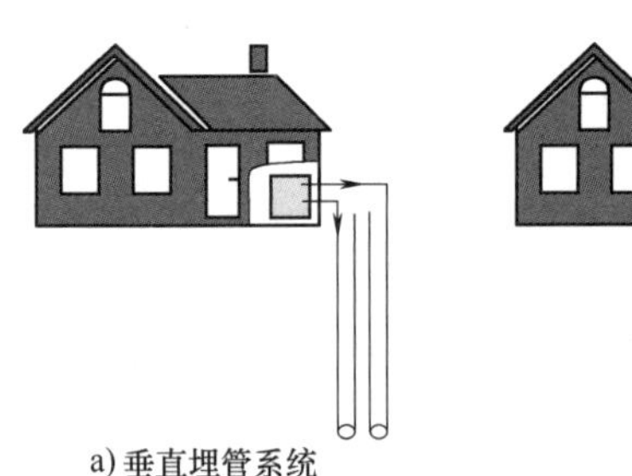

a) 垂直埋管系统

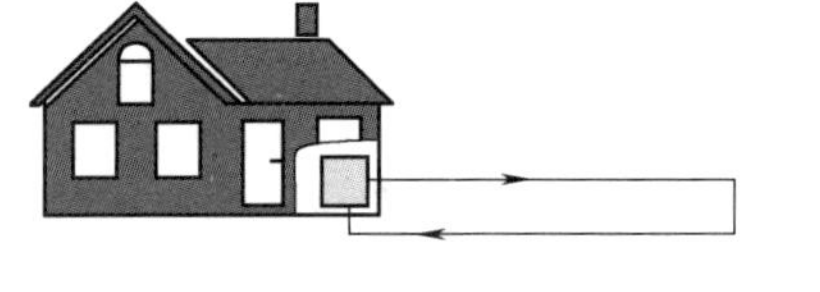

b) 水平埋管系统

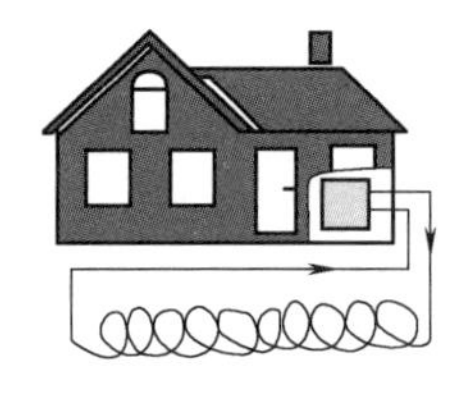

c) 螺旋埋管系统

图 1-30　土壤换热器埋管方式

图 1-32 所示是空气源热泵机组的工作原理。制冷时，制冷剂在部件中的流向为：压缩机高压排气端→四通阀→空气侧换热器→单向阀→储液器→干燥过滤器→膨胀阀→水侧换热器→四通阀→气液分离器→压缩机低压吸气端。制热时，四通阀换向阀接通电源后管路接口切换，制冷剂在部件中的流向为：压缩机高压排气端→四通阀→水侧换热器→单向阀→储液器→干燥过滤器→膨胀阀→空气侧换热器→四通阀→气液分离器→压缩机低压吸气端。

图 1-31　空气源热泵机组

空气源热泵机组具有如下特点：

1）空气源热泵系统冷热源合一，不需要设专门的冷冻机房、锅炉房，机组可放置于屋顶或地面，不占用建筑的有效使用面积，施工安装十分简便。

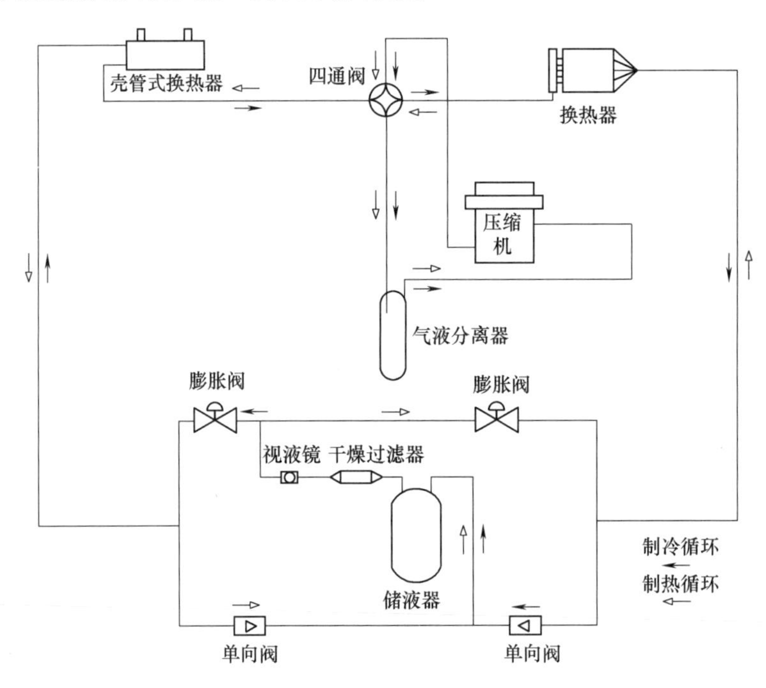

图 1-32　空气源热泵机组工作原理

2）空气源热泵系统无冷却水系统，无冷却水消耗，也无冷却水系统动力消耗。从安全卫生的角度来看，空气源热泵机组具有明显的优势。

3）空气源热泵系统由于无须锅炉，无须相应的锅炉燃料供应系统、除尘系统和烟气排放系统，因此系统安全可靠，对环境无污染。

4）空气源热泵冷（热）水机组采用模块化设计，不必设置备用机组，运行过程中电脑自动控制调节机组的运行状态，使输出功率与工作环境相适应。

5）空气源热泵的性能受室外温度影响比较大，随室外温度变化而变化。

6）在我国北方室外温度低的地方，由于空气源热泵冬季供热量不足，需设辅助加热器。

四、供热设备

（一）锅炉

锅炉是一种能量转换设备，向锅炉输入的能量有燃料中的化学能、电能、高温烟气的热能等形式，而经过锅炉转换向外输出具有一定热能的蒸汽、高温水或有机热载体。锅炉一般分为热水锅炉和蒸汽锅炉等。

1. 热水锅炉

热水锅炉是提供热水的热能转换设备，它把燃料燃烧产生的热能通过锅炉内的辐射和对流受热面传递给锅炉内的水，使水温升高。一般分为真空热水锅炉（图 1-33）、常压热水锅炉和承压热水锅炉。

2. 蒸汽锅炉

蒸汽锅炉指的是把水加热到一定温度并产生高温蒸汽的工业锅炉（图 1-34）。蒸汽锅炉属于特种设备，该锅炉的设计、加工、制造、安装及使用都必须接受技术监督部门的监管，用户只有取得锅炉使用证，才能使用蒸汽锅炉。

图 1-33 真空热水锅炉

图 1-34 蒸汽锅炉

（二）换热机组

换热机组（图 1-35）由换热器、温控阀组、疏水阀组（热媒为蒸汽时）、循环泵、电控柜、底座、管路、阀门、仪表等组成，并可加装膨胀罐、水处理设备、水泵变频控制、温控阀、远程通信控制等，从而构成一个完整的热交换站。换热机组具有标准化、模块化的设

图 1-35　换热机组

计，配置齐全，安装方便，高效节能，结构紧凑，运行可靠，操作简便，直观等优点，是首选的高效节能产品。该产品适用于住宅、机关、厂矿、医院、宾馆、学校等场合。整体式换热机组既可用于水-水交换，也可用于汽-水交换，可分为板式换热器、容积式换热器等。

1. 板式换热器

板式换热器（图 1-36）是由一系列具有一定波纹形状的金属片叠装而成的一种新型高效换热器，其结构组成如图 1-37 所示。各种板片之间形成薄矩形通道，通过板片进行热量交换。板式换热器是液-液、液-汽进行热交换的理想设备。它具有换热效率高、热损失小、结构紧凑轻巧、占地面积小、安装清洗方便、应用广泛、使用寿命长等特点。在相同压力损失情况下，其传热系数比列管式换热器高 3~5 倍，占地面积为管式换热器的 1/3，热回收率达 90%以上。

图 1-36　板式换热器

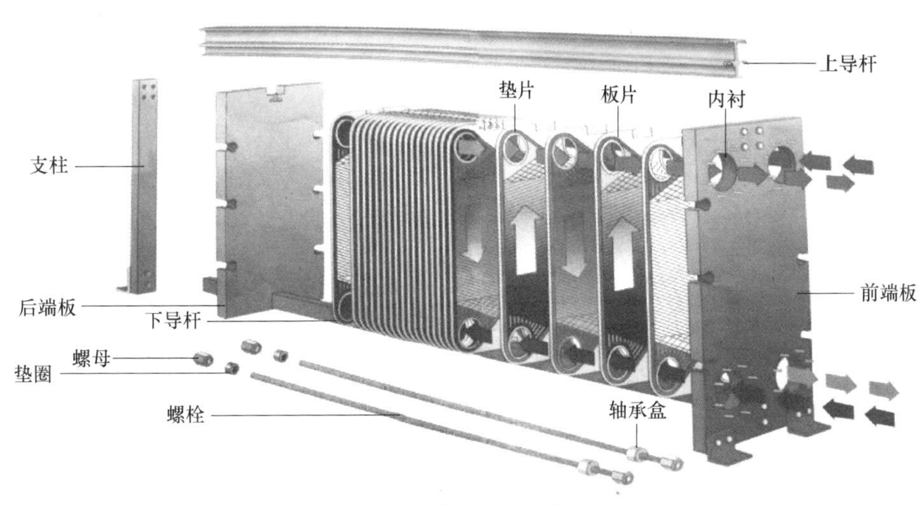

图 1-37　板式换热器结构组成

2. 容积式换热器

容积式换热器是利用冷、热流体交替流经蓄热室中的蓄热体（填料）表面，从而进行热量交换的换热器。间壁容积式换热器的冷、热流体被固体间壁隔开，通过间壁进行热量交换，因此又称表面式换热器，如图 1-38 所示。它主要由器体、蒸汽盘管组件、蒸汽进出口、冷热水进出口等组成，为防止器体内表面腐蚀，在表面上喷涂一层防腐合金层，并在合金层上刷制油漆层，另取消原有管箱，蒸汽盘管通过法兰直接外接，从而具有结构简单合理，使用寿命长，换热效果好，节能等特点。

图 1-38　间壁容积式换热器

实训项目一　制冷剂、载冷剂、冷冻油认知实训

一、实训目的

1）认识常见制冷剂包装、规格。

2）了解常用载冷剂的种类及包装。

3）掌握冷冻油的物性参数。

二、实训材料

R22 制冷剂 1 瓶、R410a 制冷剂 1 瓶、R134a 制冷剂 1 瓶、B5.2 冷冻油 1 桶、B01 冷冻油 1 桶及 BSE170 冷冻油 1 桶。

三、实训步骤

1）观察实训场所摆放的制冷剂，并详细阅读产品标签或使用说明，在表 1-1 中记录制冷剂的名称、包装颜色、包装规格、成分等信息。

2）观察实训场所摆放的载冷剂，并详细阅读产品标签或使用说明，在表 1-2 中记录载冷剂的名称、包装规格、浓度等信息。

3）观察实训场所摆放的冷冻油，并详细阅读产品标签或使用说明，在表 1-3 中记录冷冻油的品牌、型号、包装规格及参数等信息。

4）认知实习后，进行现场整理、清扫。

四、数据记录

根据实训步骤完成下列表格填写（表 1-1~表 1-3）。

表 1-1　制冷剂认知记录表

序号	制冷剂名称	包装颜色	包装规格	成分	所属类别
1					
2					
3					
4					

表 1-2　载冷剂认知记录表

序号	载冷剂名称	包装规格	浓度	有无毒性	是否可燃
1					
2					
3					
4					

表 1-3　冷冻油认知记录表

序号	冷冻油品牌	型号	包装规格	参数	所属种类	适用制冷剂
1						
2						
3						
4						

五、实训评价

将认知实训的收获体会与评议填写在表 1-4 中。

表 1-4　认知实训评议表

<table>
<tr><td>课题</td><td colspan="8">制冷剂、载冷剂、冷冻油认知实训</td></tr>
<tr><td>班级</td><td></td><td>姓名</td><td></td><td>学号</td><td></td><td>日期</td><td></td></tr>
<tr><td>收获体会</td><td colspan="8"></td></tr>
<tr><td>建议</td><td colspan="8"></td></tr>
<tr><td rowspan="4">参观评价</td><td>评议</td><td>评议情况</td><td>等级</td><td>签名</td></tr>
<tr><td>互评</td><td></td><td></td><td></td></tr>
<tr><td>师评</td><td></td><td></td><td></td></tr>
<tr><td>综合评定</td><td></td><td></td><td></td></tr>
</table>

实训项目二　中央空调冷热源设备认知实训

一、实训目的

1）了解冷热源设备类型。
2）了解冷热源设备的组成部件。
3）掌握冷热源设备的工作原理。
4）了解冷热源设备的铭牌参数。

二、实训设备

风冷模块机组（型号 LSQWRF30M）1 台、水冷活塞式冷水机组 1 台、水冷涡旋式冷水机组（型号 LSQW150M/A）1 台。

三、实训步骤

1）观察实训场所的冷热源设备外形，记录各冷热源设备的组成部件于表 1-5 中，并绘制出各冷热源设备的工作原理图于表 1-6 中。
2）观察实训场所的冷热源设备，将各冷热源设备信息记录在表 1-7 中。

四、数据记录

根据实训步骤完成下列表格填写。

表 1-5　冷热源设备组成部件记录表

序号	设备名称	组成部件名称
1		
2		
3		
4		

表 1-6 冷热源设备工作原理绘制表

序号	设备名称	工作原理图
1		
2		
3		
4		

表 1-7 冷热源设备信息记录表

序号	设备名称	品牌	压缩机数量	机组型号	制冷量/制热量	电功率	制冷剂	其他
1								
2								
3								
4								

五、实训评价

将认知实训的收获体会与评议填写在表 1-8 中。

表 1-8 认知实训评议表

课题	中央空调冷热源设备认知实训						
班级		姓名		学号		日期	
收获体会							
建议							
参观评价	评议	评议情况			等级	签名	
	互评						
	师评						
	综合评定						

1）熟悉热力学中的基本概念、状态参数及状态参数变化过程分析，了解表压力、绝对压力、真空度的关系；能够进行热力系统的区分、热力过程的分析。

2）熟悉物质三态变化过程；湿空气的计算，焓湿图的认识与应用。

3）熟悉传热的基本方式及传热过程的分析计算。

4）了解流体的主要力学性质，掌握静力学基本方程及应用；掌握流体运动的基本概念；理解与应用流体连续性方程。

5）掌握蒸气压缩式制冷过程的分析与计算；掌握制冷剂的要求、载冷剂的种类、冷冻油参数及选型原则。

6）了解各压缩式冷水机组的种类、组成及工作原理，离心式冷水机组的组成结构及原理，溴化锂吸收式制冷机组的分类及工作原理。

7）熟悉各类型热泵机组的应用特点。

思考与练习

一、填空题

1. 1RT（美国）=________kW；100℃ =________K。

   10MPa =________kPa =________Pa。

2. 传热的基本方式有________、________、________。

3. 蒸气压缩式制冷循环由________、________、________、________四部分组成。

4. 常用的载冷剂有________、________、________、________。

5. 热泵机组按与环境换热介质的种类不同，可分为________、________、空气-水式热泵、________。

二、判断题

1. 第一类永动机是可以制造出来的。（　　）
2. 溴化锂吸收式制冷机中制冷剂是水。（　　）
3. 不同牌号的冷冻油可以混合使用。（　　）
4. R507 属于非共沸制冷剂。（　　）
5. 空气源热泵机组既能供冷又能供热。（　　）

三、名词解释

1. 相对湿度。
2. 含湿量。
3. 湿球温度。
4. 共沸制冷剂。

四、简答题

1. 压焓图曲线中的一点、二线、三区、五态和八线分别指的是什么？
2. 增强传热的途径有哪些？
3. 在进行制冷剂选用时应考虑哪些因素？
4. 蒸气压缩式制冷系统的组成部件有哪些？简述工质在各个部件中的状态变化过程。
5. 试绘制水源热泵机组的工作原理图。

单元二 中央空调系统

内容构架

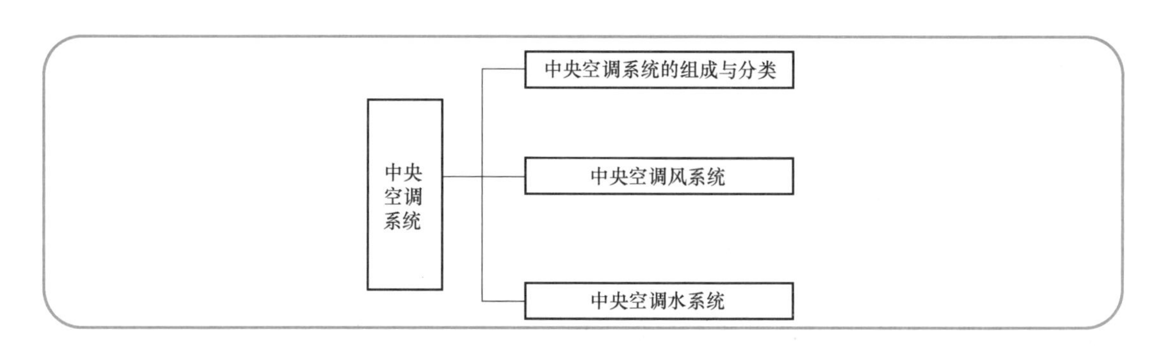

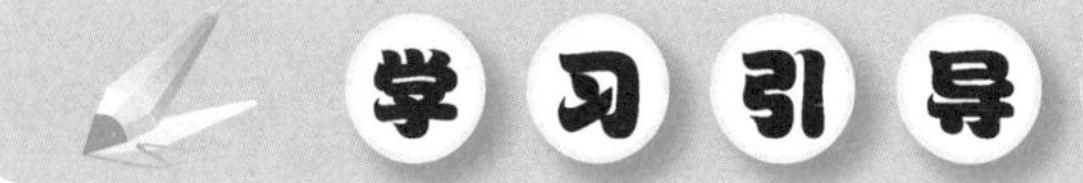

学习引导

知识目标

1. 熟悉中央空调系统的组成与分类。
2. 掌握集中式、半集中式、分散式空调系统的原理及特点。
3. 掌握冷冻水、冷却水、冷凝水系统的组成及工作过程。

能力目标

1. 能判别中央空调系统的类型及特点。
2. 能描述风系统、水系统的工作流程。

素养目标

1. 培养爱岗敬业、独立思考、踏实认真的职业态度。
2. 培育节能减排、低碳环保的职业担当。

重点与难点

1. 中央空调系统的组成与方案对比，以及风系统、水系统的组成及分类。
2. 不同中央空调系统的组成及工作过程、特点。

课题一 中央空调系统的组成与分类

相关知识

近年来，随着我国社会经济的进一步发展，人民生活水平不断提高，中央空调系统在大型公共建筑物与民用建筑物中广泛应用，如大会堂、图书馆、影剧院、体育馆、办公楼、商贸中心、飞机场等公用建筑均需空气调节设备。

一、中央空调系统组成

中央空调系统通常由冷热源和空调系统两部分组成，如图 2-1 所示。

中央空调系统组成视频

制冷设备为空调系统提供所需冷量（冷源），用以抵消室内环境的冷负荷；制热设备（锅炉、热泵等）为空调系统提供抵消室内环境冷负荷的热量。

空调系统的任务是对空气进行加热、冷却、加湿、干燥和过滤等处理，然后将其输送到各个房间，以使房间内空气的温度、湿度、气流速度、洁净度等稳定在一定的范围内，满足生产和生活的需要。空调系统一般由被调对象（工作区）、空气处理设备、空气输送设备、空气分配设备组成。在空调系统中，空调处理设备是其核心，它承担了空气温度、湿度、洁净度等各项参数的处理工作。

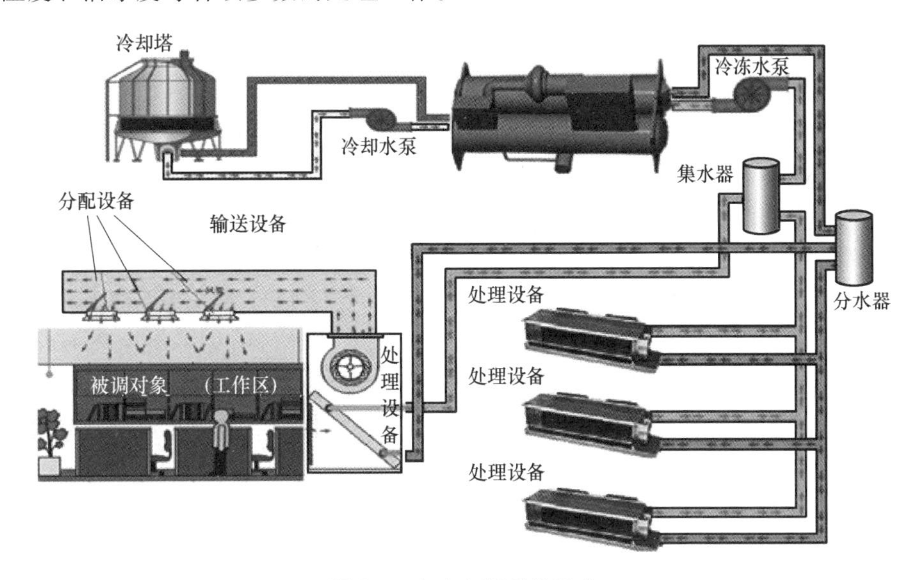

图 2-1 中央空调系统组成

（一）被调对象（工作区）

工作区通常是指距地面 2m、距墙面 0.5m 以内的空间。在此空间内，应该保持所要求的室内空气参数。

（二）空气处理设备

空气处理设备是对空气进行加热、冷却、加湿、减湿等热湿处理和净化，将不合格空气转化为合格空气的设备，如组合式空调机组、喷水室、表面式换热器、空气加热器、空气加湿器、空气过滤器等。

1. 组合式空调机组

组合式空调机组（图 2-2）是将各种空气处理设备及风机、风量调节阀等制成带箱体的单元体，再将这些单元体根据工程需要进行组合，以满足各种空气处理要求。

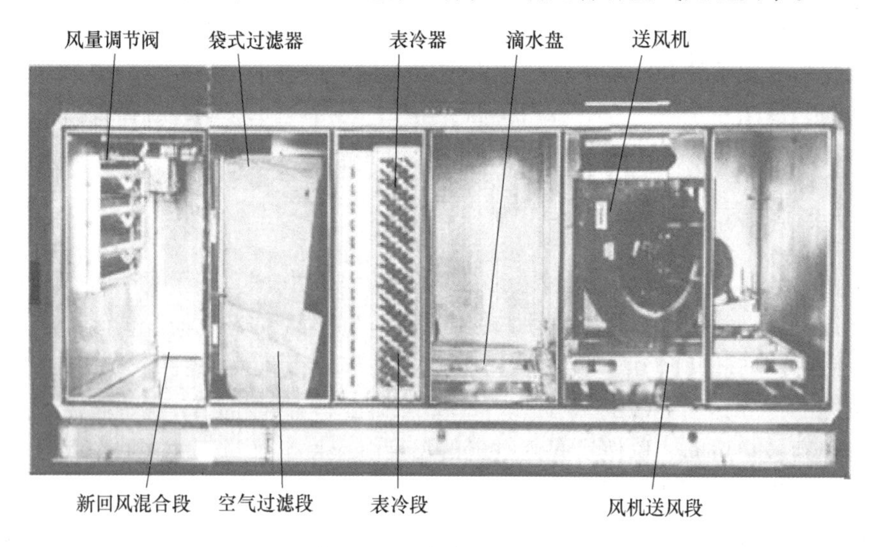

图 2-2　组合式空调机组

组合式空调机组有卧式、立式、角度式以及叠置式多种结构形式。选用组合式空调机组时，应根据空调系统所需总风量、系统总冷负荷及空调机房面积大小选配合适型号和结构的空调机组。

2. 表面式换热器

在空调工程中广泛使用的冷却加热盘管统称为表面式换热器（图 2-3）。表面式换热器具有构造简单、占地少、水质要求不高、水系统阻力小等优点。表面式换热器包括表面式加热器和表面式冷却器两类，前者以热水或蒸汽为热媒，后者以冷水或制冷剂为冷媒。

风机盘管属于表面式换热器，主要由冷热盘管和风机（目前多采用前向多翼离心式风机或贯流风机）组成，其工作原理如图 2-4 所示。风机盘管机组按结构形式可分为立式、卧式、卡式和壁挂式；按安装形式分为明装、暗装；按特征分为单盘管和双盘管；按出口静压分为低静压型和高静压型，如图 2-5 所示。

图 2-3　表面式换热器

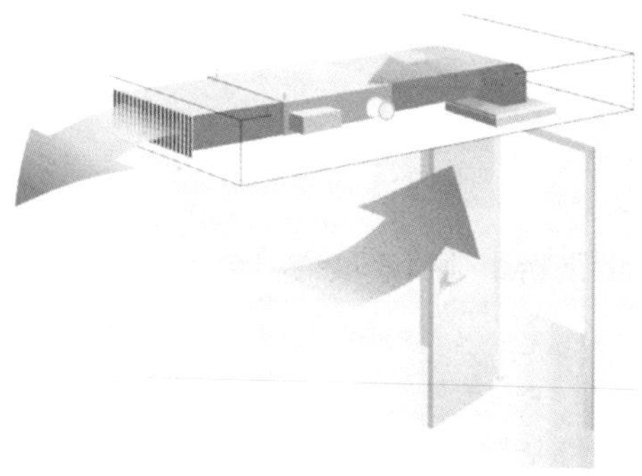

图 2-4　风机盘管工作原理

风机盘管工作原理视频

风机盘管机组的优点是布置灵活，方便，容易与装饰装修工程配合。各房间可独立调节室温，当房间无人时可方便地关掉机组，而不影响其他房间的使用，有利于节省运行费用。各房间之间空气互不串通，系统占用建筑空间少。

风机盘管机组的缺点是布置分散，维护管理不方便。当机组没有新风系统同时工作时，冬季室内相对湿度会偏低，因此风机盘管机组不能用于对全年室内湿度有要求的地方。空气的过滤效果差，必须采用高效低噪声风机。水系统复杂，容易漏水，盘管冷热兼用时容易结垢，不易清洗。

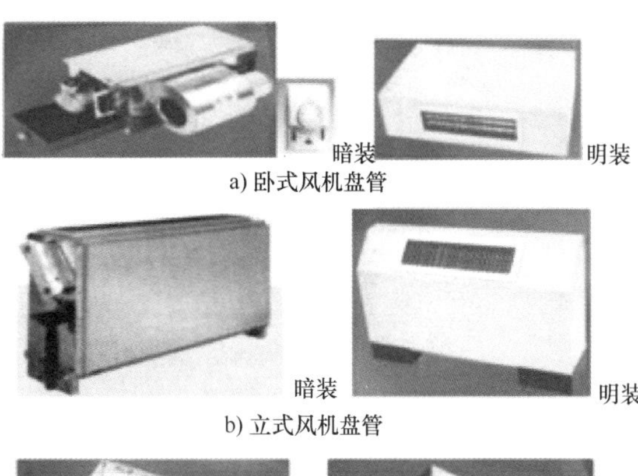

a) 卧式风机盘管

b) 立式风机盘管

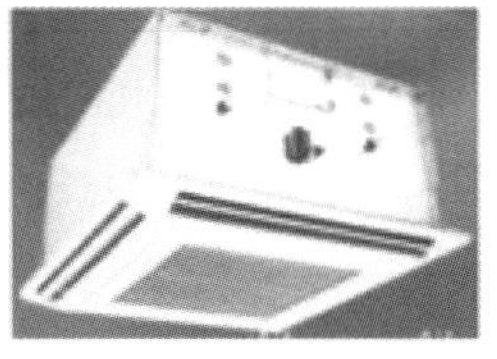

c) 卡式风机盘管

d) 高静压风机盘管

图 2-5　风机盘管的类型

3. 空气加热器

空气加热器是主要对气体流进行加热的电加热设备，如图 2-6 所示。在恒温恒湿空调系统中，其用于温度整定。当除湿过冷后，为确保出风温度稳定及控制空气湿度，须将送风温度整定到某一合适数值再送入室内。

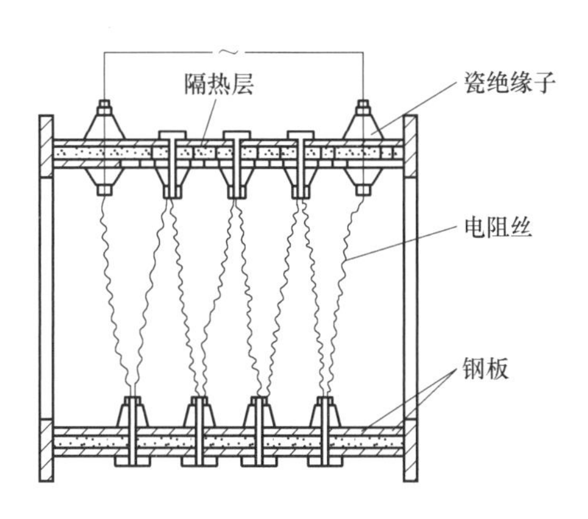

图 2-6　裸线式加热器示意图

4. 喷水室

喷水室是一种多功能的空气调节设备，如图 2-7 所示，可对空气进行加热、冷却、加湿、减湿等多种处理。

5. 空气加湿器

空气加湿器有蒸汽加湿、电加湿或喷水加湿等几种方式。空气去湿则可采用加热通风去湿、液体或固体吸湿剂去湿、机械去湿等方式。图 2-8 所示为超声波加湿器。

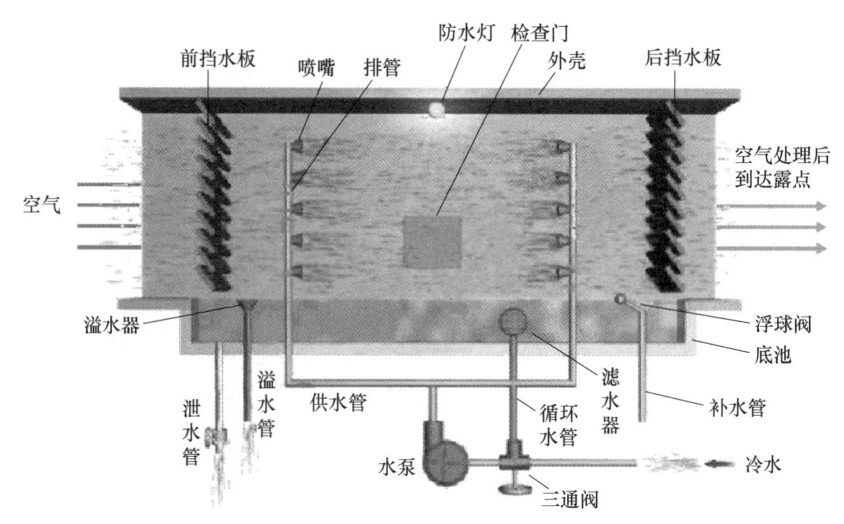

图 2-7 喷水室示意图

图 2-8 超声波加湿器

6. 空气过滤器

空气过滤器是通过多孔过滤材料的作用从气固两相流中捕集粉尘，并使气体得以净化的设备。通过净化处理后它把含尘量低的空气送入室内，以保证洁净房间的工艺要求和一般空调房间内的空气洁净度。按过滤灰尘微粒的大小可分为初效过滤器、中效过滤器、亚高效过滤器、高效过滤器，如图 2-9 所示。按外形特征可分为板式过滤器、袋式过滤器、卷轴式过滤器。

空气过滤器的配置应根据室内要求的洁净净化标准，确定最末级的空气过滤器的效率，合理地选择空气过滤器的组合级数和各级的效率。如室内要求一般净化，可以采用初效过滤器；如室内要求中等净化，就应采用初效和中效两级过滤器；如室内要求超净净化，就应采用初效、中效和高效三级净化过滤，并应合理妥善地匹配各级过滤器的效率，若相邻两级过滤器的效率相差太大，则前一级过滤器就起不到对后一级过滤器的保护作用了。

（三）空气输送和分配设备

空气输送设备的作用是将处理后的空气沿风道送到空调房间，并从房间内抽回或排出一定量的室内空气，以保证能够送入一定量的新风，保持室内空气平衡，并使室内空气品质达

a) 金属网初效过滤器

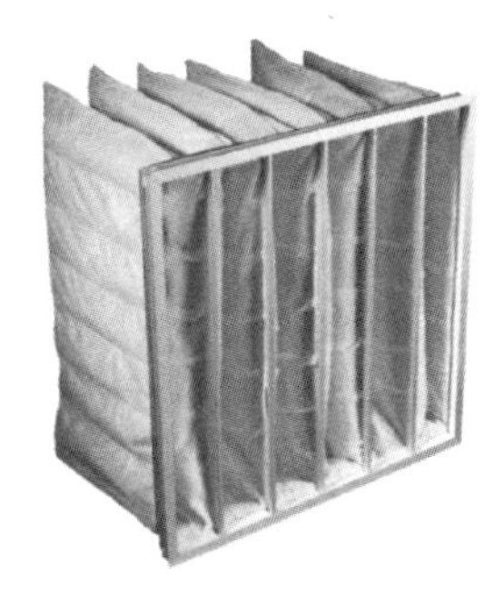

b) 袋式中效过滤器

c) 亚高效过滤器

d) 高效过滤器

图 2-9　空气过滤器的类型

到标准的要求。输送设备包括通风机（送风机、回风机和排风机）、风管系统以及风量调节装置，排风机并不是每个系统都有。风管系统如图 2-10 所示。

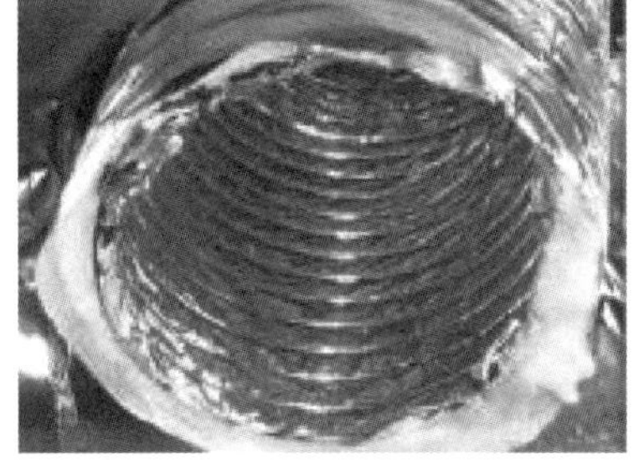

图 2-10　风管系统

空调风道多采用薄钢板（镀锌或不镀锌）或铝合金板，在某些大型建筑的空调系统中也有用砖或混凝土做风道材料的，现在也有采用塑料板、玻璃钢板等材料做风道的。风道的截面形状多为圆形和矩形。矩形风道占有效空间小，易和建筑物相配合，多用于低速风道；圆形风道占有效空间大但风道阻力小，易于制作，节省材料，多用于高速风道。

有的空调系统在送风管道中还设有过滤器、消声器等，以降低风管系统的噪声，进一步净化空气，改善空调系统的性能。

空气分配设备的作用是合理地组织空调房间的空气流动，保证空调房间工作区内的空气温度、湿度均匀一致，主要由送风口和回风口等组成，常见的风口形式如图 2-11 所示。送风口将空气均匀地送入指定房间。

图 2-11　风口形式

(四) 处理空气所需要的冷热源

处理空气所需要的冷热源是指为空气处理提供冷量和热量的设备，主要有锅炉、冷冻站、冷水机组等。图 2-12 所示为采用冷水机组作为冷源设备的系统。冷热能量的输送和分配设施由水泵、冷热水管道、阀门等组成。

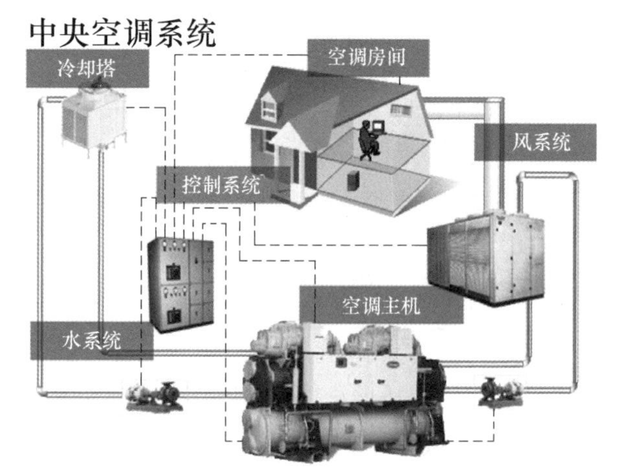

图 2-12　冷源设备系统

二、中央空调系统分类

大型的公共场所，如体育馆、文化娱乐场所常用全空气式空调系统，其新风量占 15%左右。而一些宾馆、办公室使用风机盘管空调系统较为普遍。随着空调行业的发展，各种新技术和新设备不断出现，它们可以适用于不同的建筑物，满足各种不同的要求。但是空调系统最基本的还是由以下四个部分组成：空气循环、冷冻水循环、制冷剂循环、冷却水循环。随着空调技术的发展，中央空调系统的种类日益增多，本节将介绍几种常见的空调系统。

中央空调系统分类视频

(一) 按空气处理设备的设置情况分类

1. 集中式空调系统

这种系统的特点是所有的空气处理设备（加热器、冷却器、过滤器、加湿器等）以及通风机、水泵等设备都设在一个集中的空调机房内，处理后的空气经风道输送到各空调房间。普通集中式空调系统是最早出现的一种空调系统，属典型的全空气系统。这种系统的工作原理如图 2-13 所示，其特点是处理空气量大，有集中的冷源和热源，需要专人操作，设备运行可靠，室内参数稳定，但机房占地面积较大。一些大型公共建筑（体育场馆、剧场、商场等）采用较多。

通常，把这种由空气处理设备及通风机组成的箱体称为空调箱或空调机，把不包括通风机的箱体称为空气处理箱或空气处理室，如图 2-14 所示。

2. 半集中式空调系统

这种系统除了有集中在空调机房内的空气处理设备外，还有分散在被调房间内的空气处理设备，其中多数为冷热盘管，它们对室内空气进行就地处理或对来自集中处理设备的空气

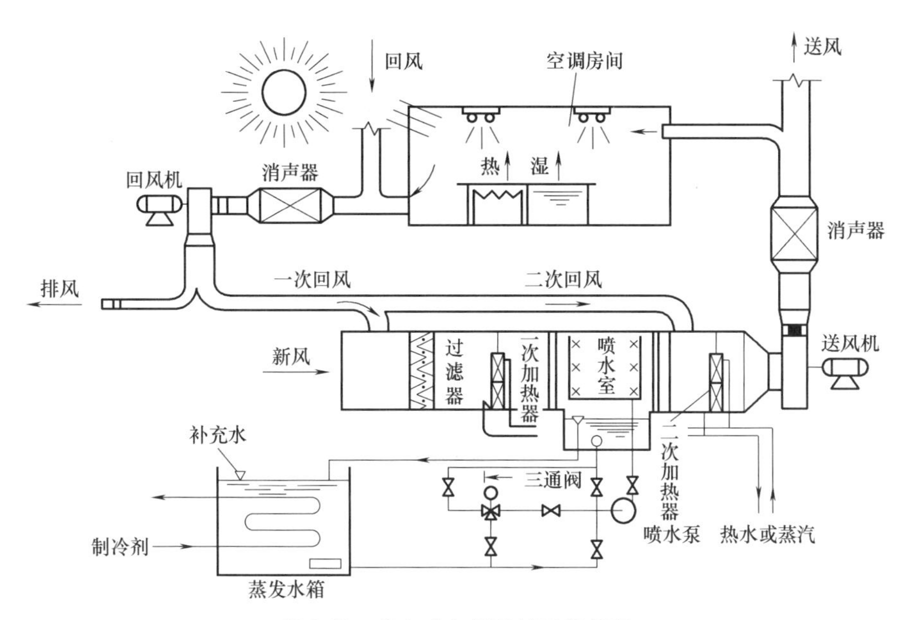

图 2-13　集中式空调系统工作原理

再进行补充处理，以满足不同房间对送风状态的要求。诱导器系统、风机盘管系统（图 2-15）等均属此类。图 2-16 为半集中式空调系统工作原理。

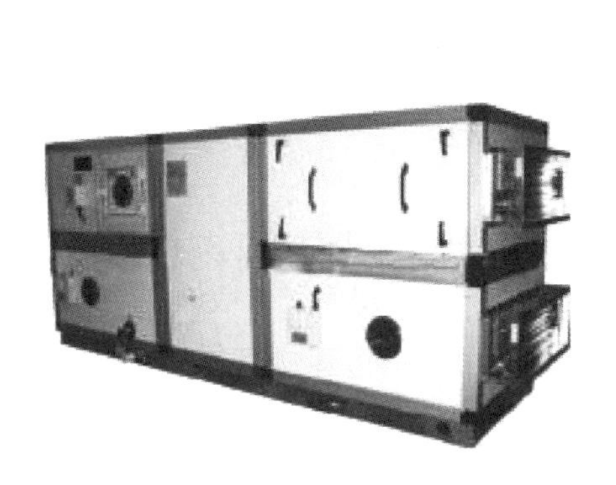

图 2-14　集中式空调系统

图 2-15　半集中式空调系统（风机盘管系统）

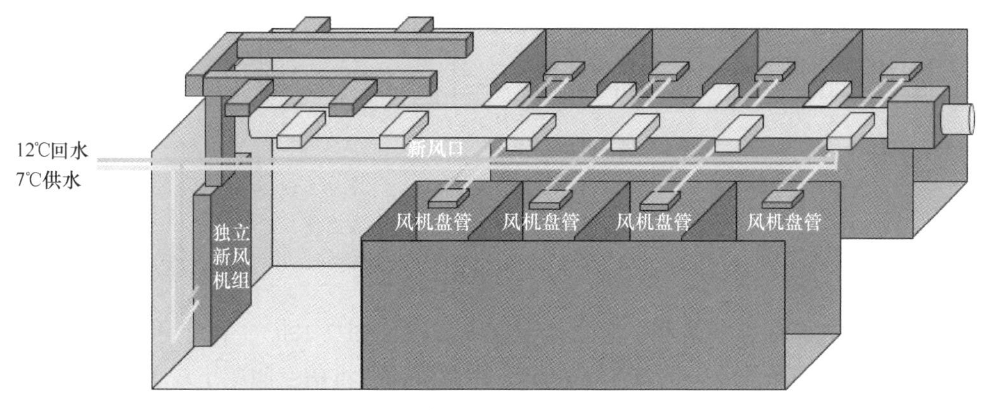

图 2-16　半集中式空调系统工作原理

3. 分散式空调系统

分散式空调系统又称局部空调系统，其工作原理如图 2-17 所示。这种系统的特点是将空气处理设备全分散在被调房间内或邻室内，使用灵活，安装简单，节省风道。空调房间使用空调机组者属于此类。空调机组把空气处理设备、风机以及冷热源、控制装置都集中在一个箱体内，形成了一个非常紧凑的空调系统，只要接上电源就能对房间进行空气调节，如柜式空调机组、窗式空调器和分体式空调机组等。

在工程上，把空调机组安装在空调房间的邻室，使用少量风道与空调房间相连的系统称为局部空调系统。

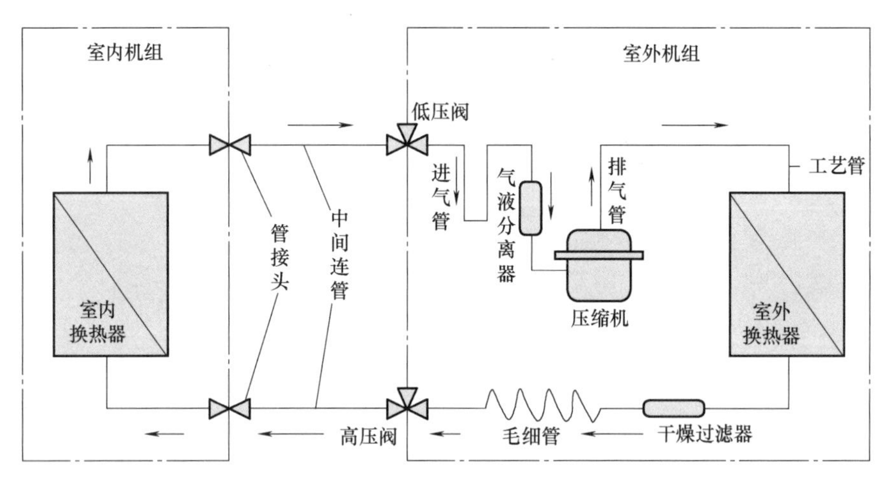

图 2-17　分散式空调系统工作原理

(二) 按负担室内负荷所用的介质种类分类

1. 全空气空调系统

在这种系统中，空调房间的室内负荷全部由经过处理的空气来负担。如图 2-18a 所示，在室内热湿负荷为正值的场合，将低于室内空气焓值的空气送入房间，吸收余热、余湿后排出房间。低速集中式空调系统、全空气诱导器系统均属这一类型。由于空气的比热容较小，需要用较多的空气量才能达到消除余热、余湿的目的，因此要求有较大断面的风道或较高的风速。

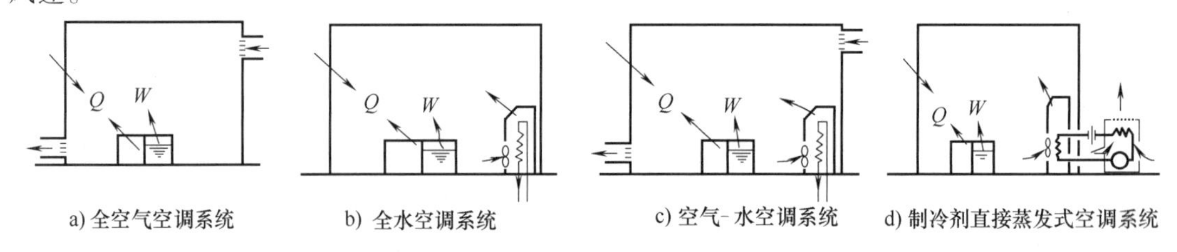

图 2-18　按负担室内负荷所用的介质种类对空调系统分类

注：Q 表示室内热负荷，W 表示室内湿负荷。

2. 全水空调系统

空调房间的热湿负荷全靠水作为冷热介质来负担（图 2-18b）。由于水的比热容比空气大得多，所以在相同条件下只需较小的水量，因此管道所占的空间减小许多。但是仅靠水来消除余热、余湿，并不能解决房间的通风换气问题，因而通常不单独采用该系统。

3. 空气-水空调系统

随着空调装置的日益广泛使用，大型建筑物设置空调的场合越来越多，全靠空气来负担热湿负荷，将占用较多的建筑空间，因此可以同时使用空气和水来负担空调的室内负荷（图 2-18c）。由于使用水作为系统的一部分冷热介质，因而可以减少系统的风量。诱导空调系统和带新风的风机盘管系统就属这种类型。

4. 制冷剂直接蒸发式空调系统

这种系统是将制冷系统的蒸发器直接放在室内来吸收余热、余湿。这种方式通常用于分散安装的局部空调机组（图 2-18d），有的空调机组按制冷循环运行可以消除房间余热、余湿，按热泵运行可向房间供热，因此使用非常灵活、方便。但由于制冷剂管道不便于长距离输送，因此这种系统在规模上有一定限制。

（三）按集中式空调系统处理的空气来源分类

1. 封闭式空调系统

它所处理的空气全部来自空调房间本身，没有室外空气补充，全部为再循环空气。因此房间和空气处理设备之间形成了一个封闭环路（图 2-19）。封闭式系统用于密闭空间且无法（或不需）采用室外空气的场合。这种系统冷、热消耗量最少，但卫生效果最差。当室内有人长期停留时，必须考虑空气的再生。这种系统应用于适用于仅有湿度要求、无新风要求，且无人工作的环境，例如，战时的地下庇护所等战备工程以及很少有人进出的仓库。

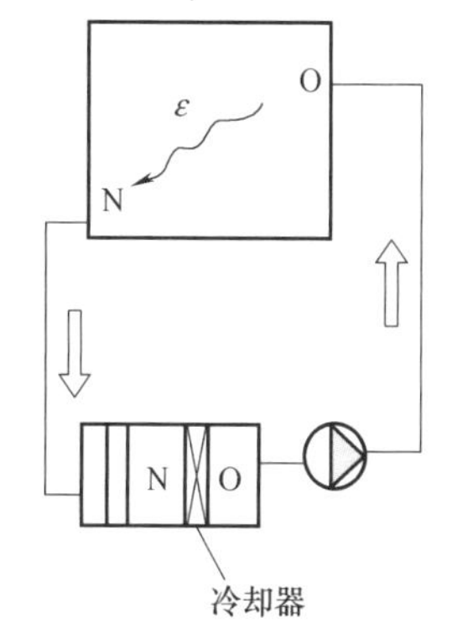

图 2-19　封闭式空调系统

注：N 表示室内空气，O 表示通过冷却器后的空气状态。

2. 直流式空调系统

这种系统所处理的空气全部来自室外（又称室外新风空调系统），其空气循环过程如图 2-20 所示。经处理后送入室内吸收余热、余湿后全部排至室外，不循环使用，因而室内空气得到百分之百的置换。直流式空调系统卫生条件好，但费用高，与封闭式空调系统相比，这种系统具有完全不同的特点，常用于不允许采用回风的场合，如放射性实验室以及散发大量有害物的车间等。为了回收排出空气的热量或冷量来加热或冷却新风，可以在这种系统中设置热回收设备。

夏季工况下，对于工艺性空调，直流式空调系统空气处理示意图如图 2-21 所示，夏季

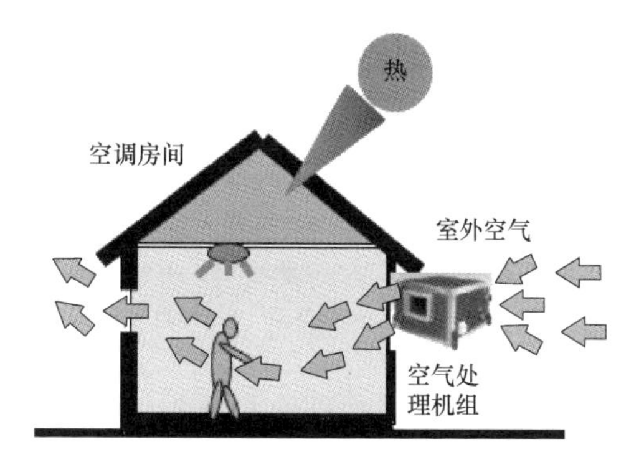

图 2-20　直流式空调系统空气循环过程

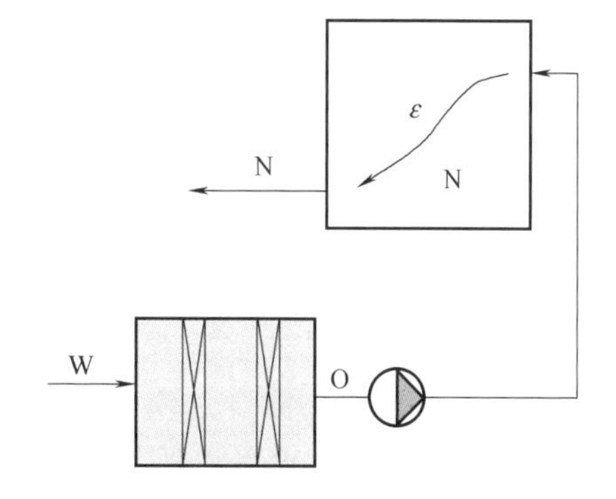

图 2-21　直流式空调系统夏季空气处理示意图

室外空气（W）经喷水室或者表面式冷却器进行冷却减湿达到机器露点（相对湿度为90%~95%），然后将经过再热器加热后满足送风温差要求（即保证空调精度）的空气送入工作区吸收余热、余湿，使工作区维持工艺性工作区的设计温度、湿度。对于舒适性空调，一般无严格的送风温差要求，可以采用最大的温差送风，即不需要设置再热器消除冷热量抵消造成的能量损失，且此时可以减小送风量。

图 2-22 是直流式空调系统冬季空气处理示意图，一般采用与夏季工况相等的送风量。根据采用的加湿方法不同，常见的冬季空气处理方案有两种：①先由空气加热器对室外新风（W）进行预热升温，升温后的室外新风（W_1）进入喷水室喷循环水进行绝热加湿，加湿后的空气（E）进入再热器进行再热处理（O）后送入工作区，吸收余热、余湿，使工作区维持工艺性工作区的设计温度、湿度，该系统适用于冬季采用喷水室的系统，与夏季不同的是，该系统的空气处理室中增加了空气加热器。②相对于夏季使用表面式冷却器的情况，在预热后则可采用喷蒸汽加湿的方法进行加湿处理，然后再加热。

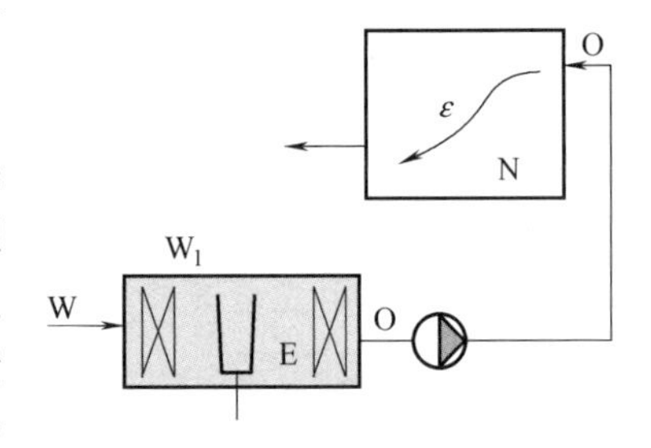

图 2-22　直流式空调系统冬季空气处理示意图

3. 新、回风混合式空调系统

这种系统所处理的空气一部分来自室外新风，另一部分来自室内回风。所以它具有既经济又符合卫生要求的特点，使用比较广泛。在工程上根据使用回风次数的多少又分为一次回风式空调系统和二次回风式空调系统两种形式。一种是回风与室外新风在喷水室（或表面式冷却器）前混合，称为一次回风式；另一种是回风与室外新风在喷水室（或表面式冷却器）前混合并经处理后再次与回风混合，称为二次回风式。

（1）一次回风式空调系统　室内返回的空气与室外新风在表面式冷却器前混合。混合的空气经处理后通过风机和风管送入指定地点，吸收室内多余的热之后由回风管再送一部分空气回表面式冷却器，这样便完成了一个空气循环。在该循环中仅一次回风，所以称为一次回风式空调系统，其空气处理示意图如图 2-23 所示。一次回风式空调系统的优点是处理流程简单，操作管理方便；缺点是当有送风温差要求时，需采用再热过程，有冷、热抵消的现象，会造成能量浪费。一次回风式空调系统尤其适用于使用舒适性空调的工程。

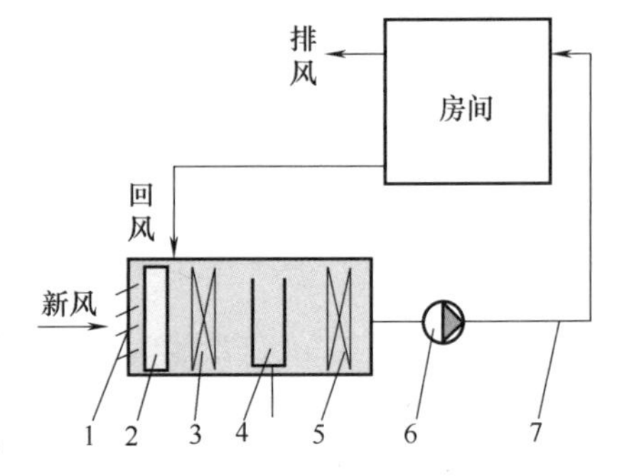

图 2-23　一次回风式空调系统空气处理示意图

1—新风口　2—过滤器　3—表面式冷却器　4—喷水室　5—再热器　6—风机　7—送风管

（2）二次回风式空调系统　室外新风与室内回风在表面式冷却器前混合，混合的空气经过处理后再与室内部分回风（即二次回风）相混合，然后送入室内，吸收室内多余的热量，然后排出，如图 2-24 所示，该系统较一次回风式空调系统节能。二次回风式空调系统优点是用二次混合过程代替了再热过程，节能效果明显；缺点是处理流程复杂，给运行管理带来不便。因此，该系统只适用于对室内温度、湿度要求严格，送风温差较小、风量较大的恒温恒湿或净化空调之类的工程。

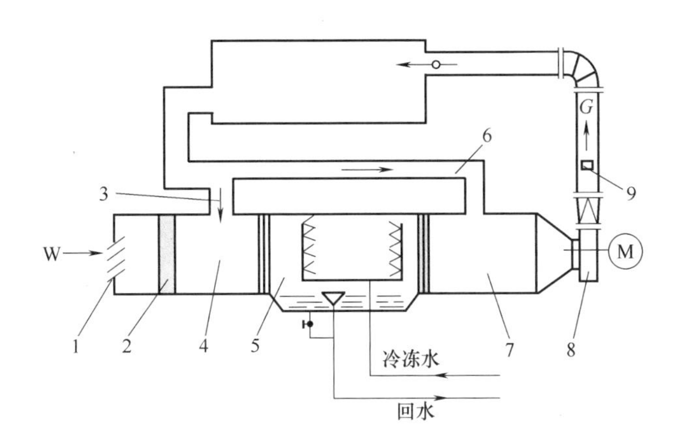

图 2-24　二次回风式空调系统

1—新风口　2—过滤器　3——次回风管　4——次混合室　5—喷雾室
6—二次回风管　7—二次混合室　8—风机　9—电加热器

（四）按风道中空气流速分类

1. 高速空调系统

高速空调系统主风道中的空气流速可达 20～30m/s。由于风速高，风道断面可以减小许多，但阻力却按风速的二次方规律增加，使风机的压力和噪声大大增加。该系统适用于层高受限、布置风道困难的建筑物。

2. 低速空调系统

低速空调系统风道中空气流速一般只有 8～12m/s，风道断面较大，需占较大的建筑空间。

（五）按风道设置分类

1. 单风道系统

单风道系统由一条送风管道和一条回风管道组成。

2. 双风道系统

双风道系统由两条送风管道（一条送冷风、一条送热风）和一条回风管道组成。两种状态的空气在每个空调房间或每个区的双风管道混合箱中混合变成送风状态。根据各房间或各区的负荷及对送风状态要求不同，在混合箱中冷、热风可以采用不同的比例。

（六）其他分类

1. 按冷媒分类

1）水系统：风冷热泵系统、常规水（冷却塔）系统、水环热泵系统、地热热泵系统。

2）氟系统：多联机系统。

3）氨系统：冷库制冷系统。

4）乙二醇系统：冰蓄冷系统。

2. 按冷却方式分类

1）风冷系统：风冷热泵系统（风冷螺杆）、多联机系统。

2）水冷系统：常规水（冷却塔）系统、水环热泵系统、地热热泵系统。

3. 按使用能源分类

1）电制冷系统（电动力、压缩式）：离心式、螺杆式、活塞式、涡旋式。

2）热制冷系统（热动力、吸收式）：蒸气式、热水式、直燃式、废气式。

4. 按节能方式分类

分为二次泵系统、冷蓄冷系统、地源地热系统、氨系统。

5. 按系统用途（服务对象）分类

可分为工艺性空调系统和舒适性空调系统。舒适性空调系统通常应用于家庭或公共场所；工艺性空调系统通常应用于工厂、实验室等对空气有特殊要求的场合。

6. 按系统控制精度分类

可分为一般精度空调系统和高精度空调系统。

7. 按系统运行时间分类

可分为全年性空调系统和季节性空调系统。

课题二 中央空调风系统

相关知识

中央空调风系统是中央空调系统的重要组成部分，风系统管道及其附件的设置是否合理直接影响到整个空调系统的造价、使用效果和技术经济性能。

一、中央空调风系统组成

风系统的组成视频

中央空调风系统是保证空调工作区空气品质的关键系统，图 2-25 是中央空调风系统的工作原理。

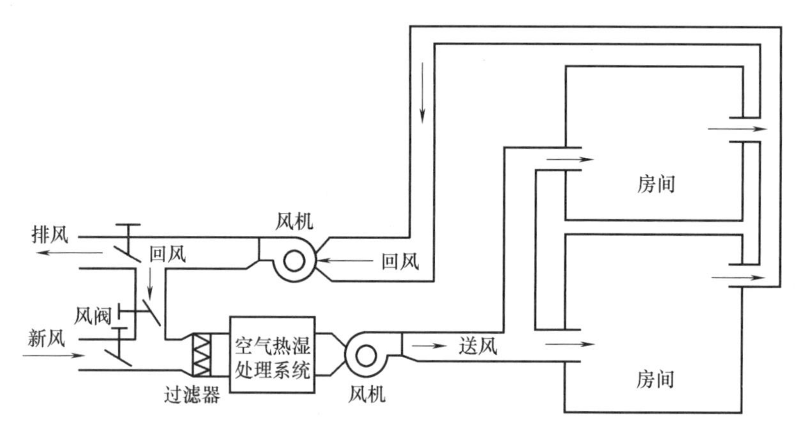

图 2-25 中央空调风系统工作原理

风系统主要由风管、风机，以及各种配件和部件等组成，如图 2-26 所示。

(一) 风管

风管是采用金属、非金属薄板或其他材料制作而成，用于空气流通的管道。

1. 风管的材料

常用的有薄（镀锌）钢板、不锈钢板、塑料复合板、有机（无机）玻璃钢板、胶合板、铝板、塑料软管、金属软管、橡胶软管等，如图 2-27 所示。

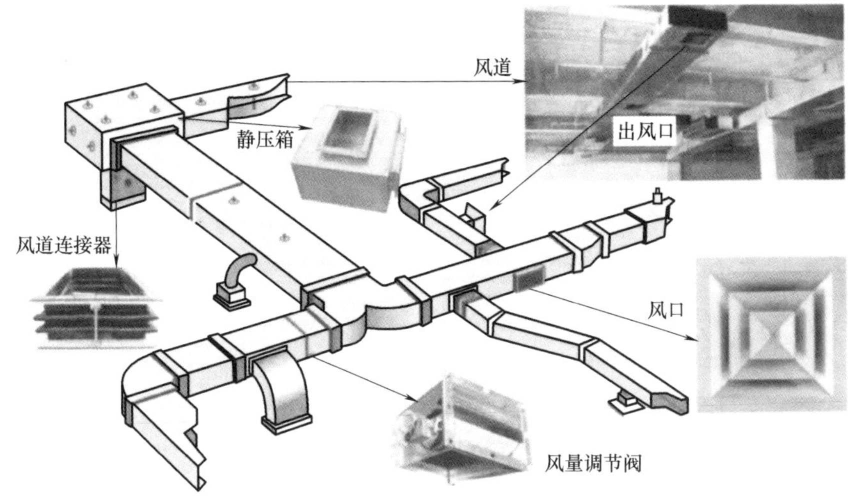

图 2-26　风系统的组成

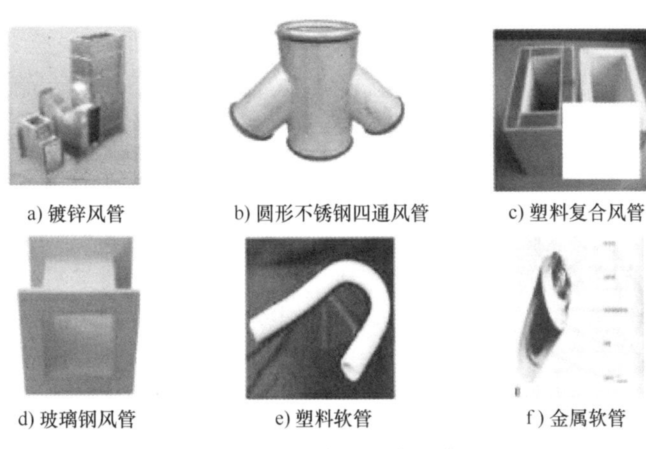

图 2-27　风管的材料种类

2. 风管的形状及规格尺寸

常见的风管形状一般为圆形或矩形。

圆形风管的强度大，耗材少，但加工工艺复杂，占用空间大，与风口的连接较困难，一般多用于排风系统和室外风干管，如图 2-28 所示。

矩形风管加工简单，易于与建筑物结构吻合，占用建筑高度小，与风口及支管的连接也比较方便，因此，空调送风管和回风管均采用矩形风管，如图 2-29 所示。

图 2-28　圆形风管

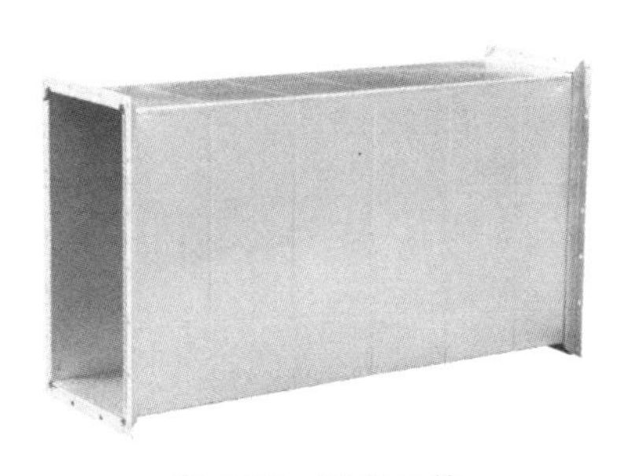

图 2-29　矩形风管

风管由 A、B、L 三个尺寸组成，其中 A 表示宽，B 表示高，L 表示长，单位无特殊说明都是 mm，管的展开面积计算公式为 $S=2(A+B)\times L$，一般按工程需要，单位换算成 m。

3. 空调管道的保温

常用的保温结构由防腐层、保温层、防潮层、保护层组成。

防腐层一般为 1~2 道防腐漆。由于空调管道中输送的是经处理的高品质的空气，对其管道的保温要求很高，因此，需要对管道进行保温，常用的保温材料如图 2-30 所示。保温层和防潮层都要用铁丝或箍带捆扎后，再敷设保护层。保护层可由水泥、玻璃纤维布、木板包裹后捆扎。设置风管及制作保温层时，应注意其外表的美观和光滑，尽量避免露天敷设和太阳直晒。

a) 岩棉制品

b) 复合保温材料

c) 琉璃棉管壳

d) 玻璃棉毡(保温钉固定)

e) 发泡橡塑

图 2-30　风管常用的保温材料

（二）风机

中央空调风系统的风机包括送风机、回风机、排风机、新风机，主要采用轴流式风机、贯流式风机，如图 2-31 所示。风机的选用依据为：计算的风量与风压、品牌和形式、根据风量和风压确定的型号。风柜中的风机只需校核风量与风压。

a) 轴流式风机

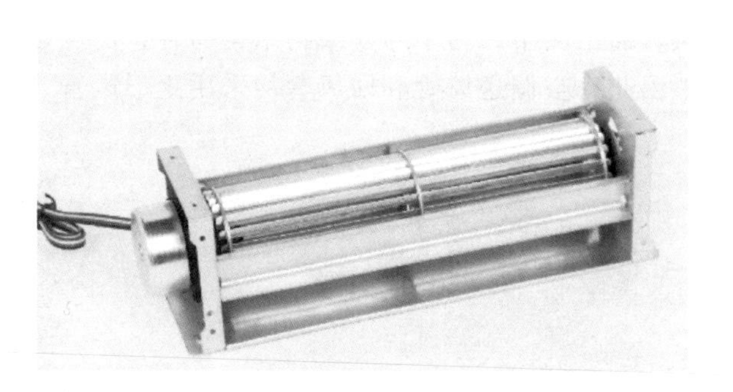

b) 贯流式风机

图 2-31　风机

（三）配件和部件

风管配件指风管系统中的弯管、三通、四通、各类变径及异形管、导流叶片和法兰等。风管部件指通风、空调风管系统中的各类风口、阀门、排气罩、风帽、检查门和测定孔等。

1. 风口

经过热处理、湿处理的空气是通过送风口送入室内的，经过热交换后的空气还会通过回风口回到空调系统进行处理。合理地选择送、回风口的形式，确定送、回风口的位置，就可以在整个房间形成适宜的温度、湿度、气流速度和空气洁净度，以满足人们对舒适性的要求。

（1）侧送风类风口　气流沿送风口轴线方向送出，安装于室内侧墙或风管侧壁上，适用于宾馆。按风口形式为分为格栅风口、单层百叶风口、双层百叶风口、条缝风口。

（2）散流器　气流为辐射状向四周扩散，通常安装于房间顶棚上。按风口形式可将其分为方形散流器、圆形散流器、盘形散流器。空气下送，能以较小风量供给较大的地面面积。

（3）喷射式风口　送风噪声低且射程长，适用于大空间建筑。

（4）孔板送风口　送风均匀，气流速度衰减快，噪声小，适用于要求工作区气流均匀、区域温差较小的房间和车间。

常用的风口类型及其适用性见表 2-1。

表 2-1　风口的类型及适用性

风口类型	适用性	外形图
单层百叶风口	用于回风系统。可以配过滤器和多叶对开调节阀	
双层百叶风口	风机盘管配套使用，可用于中央空调系统的末端，叶片角度可在任意范围内调节	
蛋格风口	用于顶棚做送风口和回风口	
侧壁格栅风口	用于回风口和新风口，风口后面可加铝板网	

（续）

风口类型	适用性	外形图
条形风口	用于回风口和新风口，风口后面可加铝板网	
方形散流器	气流为贴附（平送）型，适用于吊顶送风系统	
矩形散流器	气流为贴附（平送）型，适用于顶棚送风	
圆形散流器	用于冷暖送风，常安装在顶棚上	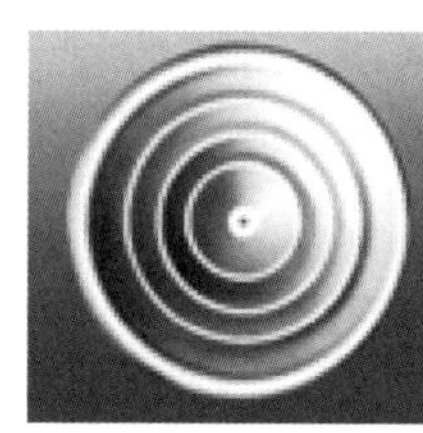
旋流风口	在通风空调系统中可大风量、大温差送风以减少风口数量；可用于3m内的低空间送风，也可用于10m高的大空间送风	

2. 其他各类配件与部件

风阀、调节阀主要起调节风量及风速的作用，其中钢制蝶阀气流为贴附（平送）型，适用于吊顶送风系统；多叶对开调节阀则适用于冷暖送风，常安装在顶棚上，可以供给较大的风量。

风机与风管应采用软连接，以减少风机的振动对风管的影响。

无论是空调送风管道还是新风送风管道，无论是空调机组还是新风机组，均应采用消声弯头、消声风管、静压箱和消声器。

典型风系统配件及部件如图2-32所示。

图 2-32　风系统配件与部件

二、中央空调风系统分类

(一) 按风量的控制形式不同分类

1. 定风量系统

前面涉及的普通集中式空调系统的送风量是全年固定不变的，并且按房间最大热湿负荷确定送风量，称为定风量系统。

实际上房间热湿负荷不可能经常处于最大值，而是在全年的大部分时间低于最大值。当室内负荷降低时，定风量系统是靠调节再热量以提高送风温度（减小送风温差）来维持室温不变的。这样既浪费热量，又浪费冷量。由此，变风量系统就应运而生了。

2. 变风量系统

当室内负荷降低时，变风量系统不需改变送风状态，而只需减少送风量就可以维持室内温度不变。这种系统不仅节省了提高送风温度所需的能量，而且由于处理风量的减少，降低了风机功率电耗以及制冷机的冷量。对于大容量的空调装置，节能效果尤为明显。

从设备设置来看，变风量系统除有中央空调机房外，在送风的末端还设有变风量装置，称为末端装置。中央空调机房把空气处理到送风状态后，由风道把空气输送到各个房间，各房间送风量的大小由末端装置调节，以适应冷负荷的变化，维持室温不变。

末端装置有三种基本类型，即节流型、旁通型和诱导型。其中以节流型的节能效果为好。

（1）节流型末端装置　节流型末端装置是通过改变流通空气的通流截面面积而改变风量的。图 2-33 所示为一种典型的节流型末端装置工作原理。

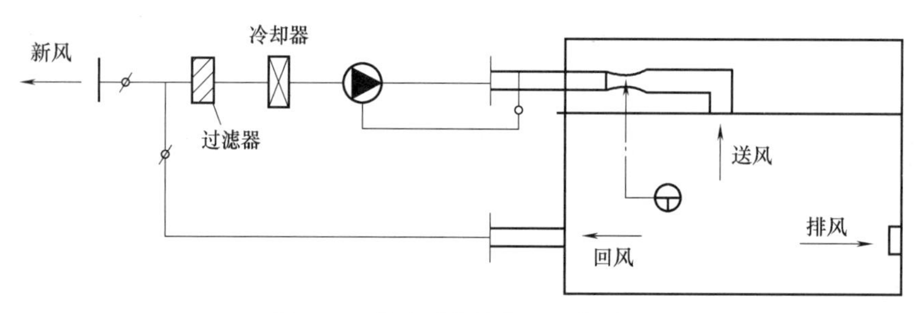

图 2-33　节流型末端装置工作原理

节流型末端装置有如下特点：

1）节流型末端装置一般都有定风量装置，能够自动平衡管道内的压力，故实际上不需要进行风道阻力平衡，设计和施工得以简化。

2）当风量过小时，会产生以下不利影响：新风量不易保证；对于散湿量大的房间，难以保持一定的相对湿度；室内气流组织会受到一定的影响。要克服上述缺点，需要增加房间风量控制系统、系统风量及最小新风量控制系统，致使自动控制系统较复杂，造价较贵。

3）送风口节流后，风机与风道联合工作的特性变化了，使管内静压升高，为了进一步节能，应在风道内设静压控制器调节风机风量。

（2）旁通型末端装置　图 2-34 所示是旁通型末端装置工作原理。该装置风机的风量是一定的，当室内负荷降低时，通过送风口的分流机构来减少送入室内的空气量，其余部分则送入顶棚内转而进入回风管循环。

旁通型末端装置有如下特点：

1）即使负荷变化，风道的静压也大致不变化，不会增加噪声，风机不需要调节。

2）当室内负荷降低时，不必增加再热量（与定风量系统相比较），但风机动力没有节约且需要增设回风道。

3）大容量的装置采用旁通型时经济性不强，旁通型末端装置适合于小型的并采用直接蒸发式冷却器的空调装置。

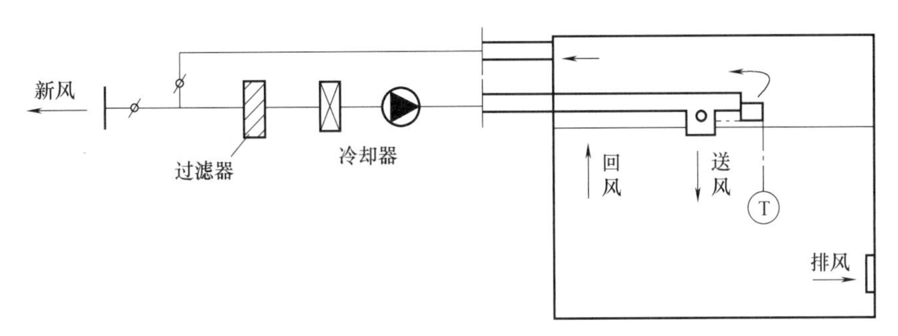

图 2-34　旁通型末端装置工作原理

（3）诱导型末端装置　图 2-35 所示是诱导型末端装置的工作原理。这种系统可以利用吊顶内的热风加热房间，必要时也可与照明灯具结合，直接利用照明的热量。由末端装置送来的一次风诱导吊顶内的空气作为二次风，一次风与二次风混合后再送入室内。室内负荷降低时，逐渐开大二次风阀门，提高送风温度，以维持要求的室温。

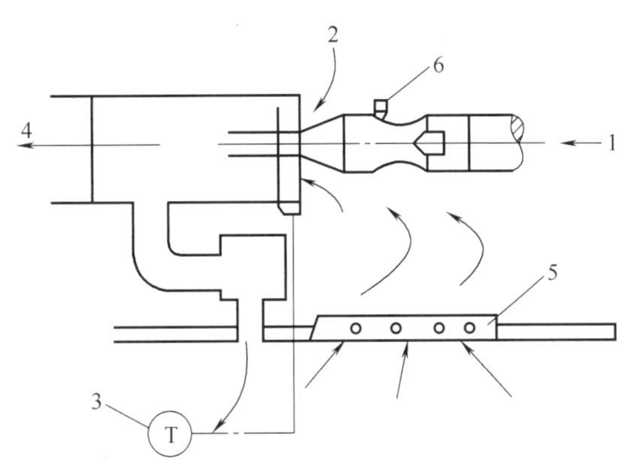

图 2-35　诱导型末端装置工作原理

1—一次风　2—二次风　3—室内感温元件　4—混合空气　5—灯罩　6—定风量装置

诱导型末端装置有如下特点：

1）由于一次风温度可以很低，所以需要的风量少，同时采用高风速，所以风道断面面积小，然而要达到诱导作用必须提高风机压头。

2）由于可以利用室内热量，特别是照明热量，故适用于高照度的办公大楼等场合。

3）不能对室内空气（二次风）进行有效的过滤。

4）即使负荷降低，房间风量变化也不大，对气流分布的影响较节流型末端装置小。

（4）变风量系统的特点和适用性

1）运行经济，由于风量随负荷的降低而减小，所以冷量、风机功率能接近建筑物空调负荷的实际需要，在过渡季节也可以尽量利用室外新风冷量。

2）各个房间的室内温度可以个别调节，每个房间的风量调节直接受装在室内的恒温器控制。

3）具有一般低速集中式空调系统的优点，如，可以进行较好的空气过滤、消声等，便于集中管理。

4）不像其他系统那样，始终能保持室内换气次数、气流分布和新风量，当风量过低而影响气流分布时，则只能以末端装置再热来代替进一步减少风量。

在高层和大型建筑物的内区，由于没有多变的建筑传热、太阳辐射等负荷，室内全年或多或少有余热，全年需要送冷风，用变风量系统比较合适。但在建筑物的外区有时仍可以用定风量系统或空气-水系统等，以满足冬季和夏季内区和外区的不同需求。

（二）按气流组织形式不同分类

空间气流组织的形式有多种，取决于送风口的形式及送、回风口的布置方式。

1. 上送下回系统

由空间上部送入空气、下部排出的送风形式是传统的基本方式。图 2-36 为三种不同的上送下回方式，其中图 2-36a、c 可根据空间的大小扩大为双侧，图 2-36b 可增加散流器的数目。上送下回的气流分布形式的特点是送风气流不直接进入工作区，有较长的与室内空气混掺的距离，能够形成比较均匀的温度场和速度场，图 2-36c 尤其适用于温湿度和洁净度要求高的场所。

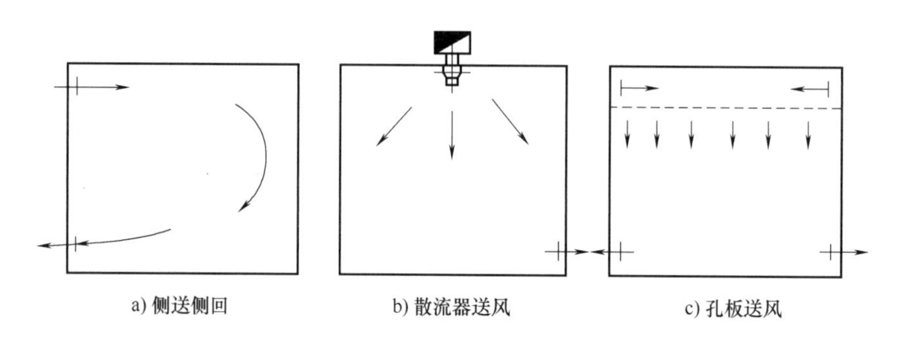

图 2-36　上送下回气流组织方式

2. 上送上回系统

上送上回方式的特点是可将送排（回）风管道集中于空间上部，如图 2-37 所示。图 2-37b 可设置吊顶使管道暗装，虽然施工方便，但影响房间的净空使用，且如果设计计算不准确，则会造成气流短路，影响空调质量。在工程中，采用下回风方式布置管路有一定的困难时，常采用上送上回方式。

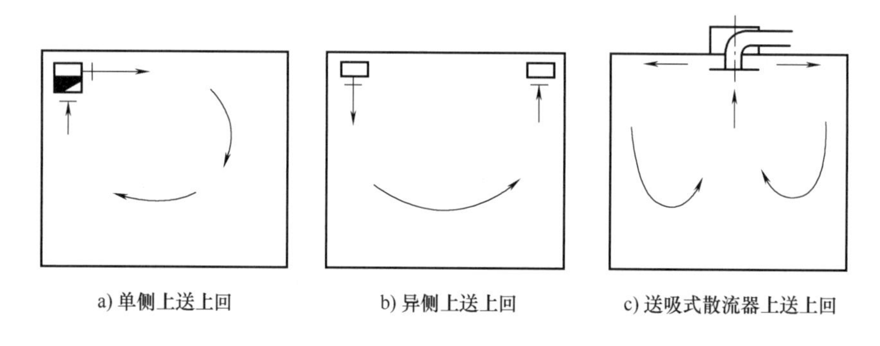

图 2-37　上送上回气流组织方式

3. 下送上回系统

图 2-38 所示为三种下送上回气流组织方式。下送方式除图 2-38b 外，要求降低送风温差，控制工作区内的风速，但其排风温度高于工作区温度，故具有一定的节能效果，同时有利于改善工作区的空气质量。

4. 中送风系统

在某些高大的空调房间内，若实际工作区在下部，则不需将整个空间都作为控制调节的对象，只需在房间高度的中部位置采用侧送风口或喷口的中送风气流组织方式（图 2-39），便可节省能耗。但这种气流分布会造成空间竖向温度分布不均匀，存在着温度分层现象。

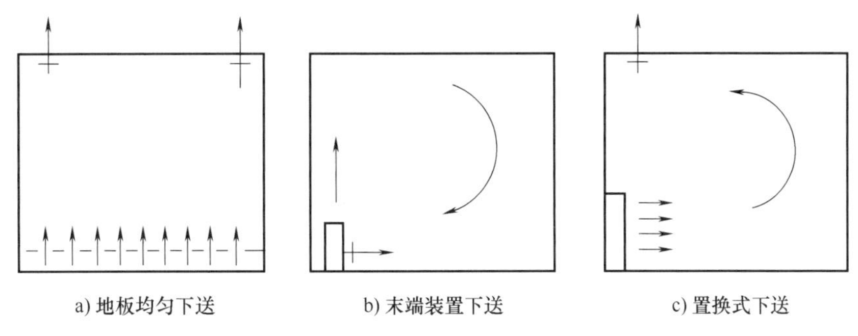

图 2-38 下送上回气流组织方式

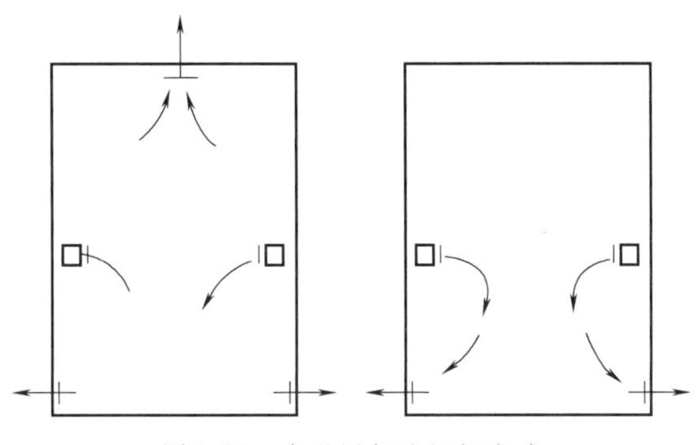

图 2-39 中送风气流组织方式

课题三 中央空调水系统

相关知识

大型中央空调系统是以水为介质在建筑物之间和建筑物内部传递冷量或热量，所以循环水系统是中央空调系统中重要的一部分。

一、中央空调冷热水系统

水系统的组成视频

水冷式中央空调系统（图 2-40）的循环水系统包括冷却水系统和冷冻水/热水系统，简称中央空调冷热水系统。空冷式或空冷热泵式中央空调的循环水系统则只包括冷冻水/热水系统。除循环水系统（冷冻水/热水系统、冷却水系统）外，中央空调水系统还包括空调末端装置在夏季工况时用来排出冷凝水的管路系统。

中央空调常采用冷热水做介质，通过水系统将冷、热源产生的冷、热量输送给换热器、空气处理设备等，并最终将这些冷、热量供应至用户。

（一）中央空调冷热水系统的组成

中央空调水系统由冷热水源、输送系统和末端装置组成。输送系统主要包括供回水管道、阀门、仪表、水泵、集箱等。对于高层建筑，该系统通常为闭式循环环路，除循环泵外，还设有膨胀水箱、分水器、集水器、自动排气阀、除污器、水过滤器、水量调节阀及控制仪表等。对于冷水水质要求较高的冷水机组，还应设软化水制备装置、补水水箱和补水泵等。

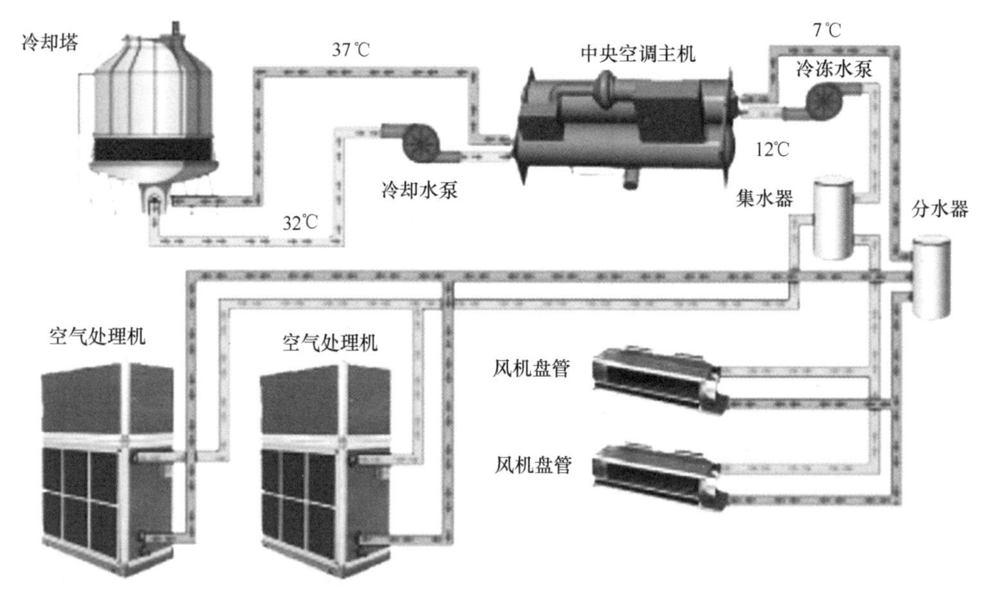

图 2-40　水冷式中央空调系统

以冷冻水（冷源）系统为例，该系统由冷冻泵、室内风机及冷冻水管道等组成。从主机蒸发器流出的低温冷冻水由冷冻泵加压送入冷冻水管道（出水），进入室内进行热交换，带走房间内的热量，最后回到主机蒸发器（回水）。室内风机用于将空气吹过冷冻水管道，降低空气温度，加速室内热交换。

（二）中央空调冷热水系统的分类

中央空调冷热水系统可按以下方式进行分类：①按循环方式分类，可分为开式循环系统和闭式循环系统；②按供回水制式（管数）分类，可分为两管制水系统、四管制水系统和分区两管制水系统；③按供回水管路的布置方式分类，可分为同程式系统和异程式系统；④按运行调节的方法分类，可分为定流量系统和变流量系统；⑤按系统中循环泵的配置方式分类，可分为一级泵系统和二级泵系统。中央空调冷热水系统按串联水泵的级数和输送系统是否变流量进行分类，如图 2-41 所示。

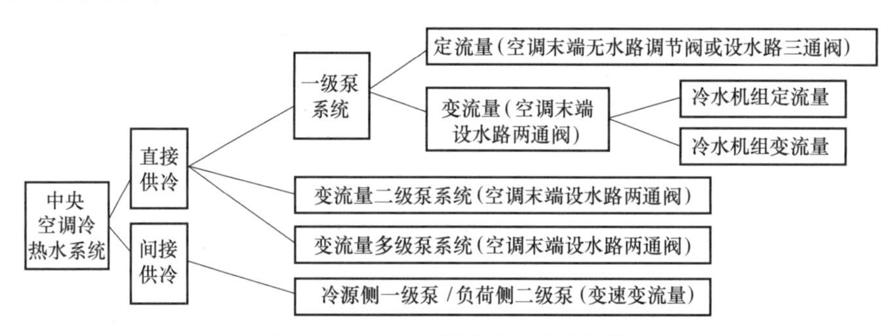

图 2-41　中央空调冷热水系统分类

1. 开式循环系统和闭式循环系统

（1）开式循环系统　开式循环系统（图 2-42）的下部设有回水箱（或蓄冷水池），它的末端管路是与大气相通的。空调冷水流经末端设备（如风机盘管机组等）释放出冷量后，回水靠重力作用集中进入回水箱或蓄冷水池，再由循环泵将回水打入冷水机组的蒸发器，经重新冷却后的冷水被输送至整个系统。例如，采用蓄冷水池方案的，或者空气处理机组采用喷水室处理空气的，其水系统是开式的。

开式循环系统的特点是：①水泵扬程高（除克服环路阻力外，还要提供几何提升高度和末端资用压头），输送耗电量大；②循环水易受污染，水中总含氧量高，管路和设备易受腐蚀；③管路容易引起水锤现象；④该系统与蓄冷水池连接比较简单（当然蓄冷水池本身存在无效耗冷量）。

（2）闭式循环系统　闭式循环系统（图 2-43）的冷水在系统内进行密闭循环，不与大气接触，仅在系统的最高点设膨胀水箱（其功用是接纳水体积的膨胀，对系统进行定压和补水）。

闭式循环系统的特点是：①水泵扬程低，仅需克服环路阻力，与建筑物总高度无关，故输送耗电量小；②循环水不易受污染，管路腐蚀程度轻；③不用设回水池，制冷机房占地面积减小，但需设膨胀水箱；④系统本身几乎不具备蓄冷能力，若与蓄冷水池连接，则系统比较复杂。

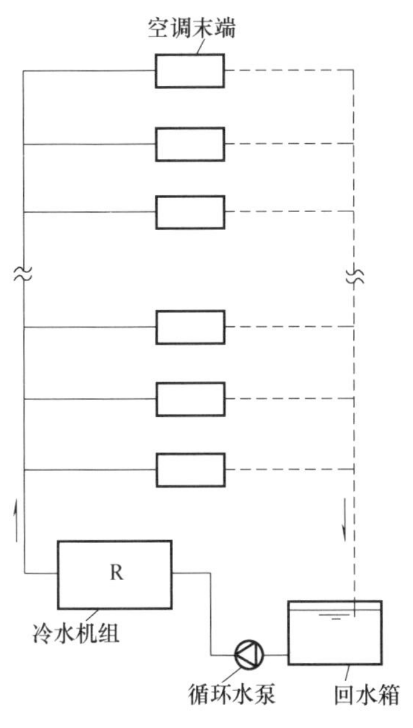

图 2-42　开式循环系统

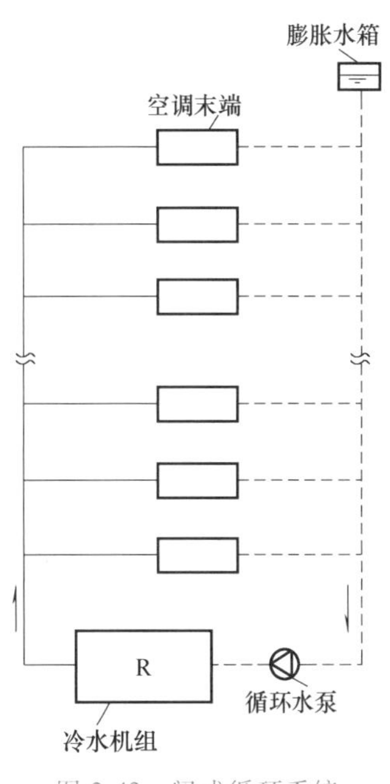

图 2-43　闭式循环系统

空调冷水系统有开式循环和闭式循环之分，热水系统只有闭式循环。

《民用建筑供暖通风与空气调节设计规范》（GB 50736—2012）8.5.2 条指出："除采用直接蒸发冷却器的系统外，空调水系统应采用闭式循环系统。"当必须采用开式循环系统时，应设置蓄水箱，蓄水箱的蓄水量宜按系统循环水量的 5%～10%确定。

2. 两管制、四管制及分区两管制水系统

（1）两管制水系统　两管制水系统（图 2-44）是指仅有一套供水管路和一套回水管路的水系统，供水管路夏季供冷水，冬季供热水；回水管路是夏季和冬季合用的，在机房内进行夏季供冷或冬季供暖的工况切换，过渡季节不使用。这种系统构造简单，布置方便，占用建筑面积及空间小，节省初投资。运行时冷、热水的水量相差较大。缺点是该系统不能实现同时供冷和供暖。

《民用建筑供暖通风与空气调节设计规范》（GB 50736—2012）8.5.3条指出："当建筑物所有区域只要求按季节同时进行供冷和供热转换时，应采用两管制的空调水系统。"我国高层建筑，特别是高层旅馆建筑大量建设的实践表明，从我国的国情出发，两管制水系统能满足绝大部分旅馆的空调要求，同时也是多层或高层民用建筑广泛采用的空调水系统方式。

工程上也曾采用过三管制水系统（图2-45），是指冷水和热水供水管路分开设置，回水管路共用的水系统。该系统在末端设备接管处进行冬、夏工况自动转换，实现末端设备独立供冷或供暖。这种系统存在的问题是：①系统冷、热量相互抵消的情况极为严重，能量损耗大；②末端控制和水量控制较为复杂；③较高的回水温度直接进入冷水机组，不利于冷水机组的正常运行。因此，目前在空调工程中几乎不予采用。

（2）四管制水系统　四管制水系统（图2-46）是指冷水和热水的供回水管路全部分开设置的水系统。就末端设备而言，有单一盘管和冷、热盘管分开的两种形式。冷水和热水可同时独立送至各个末端设备。

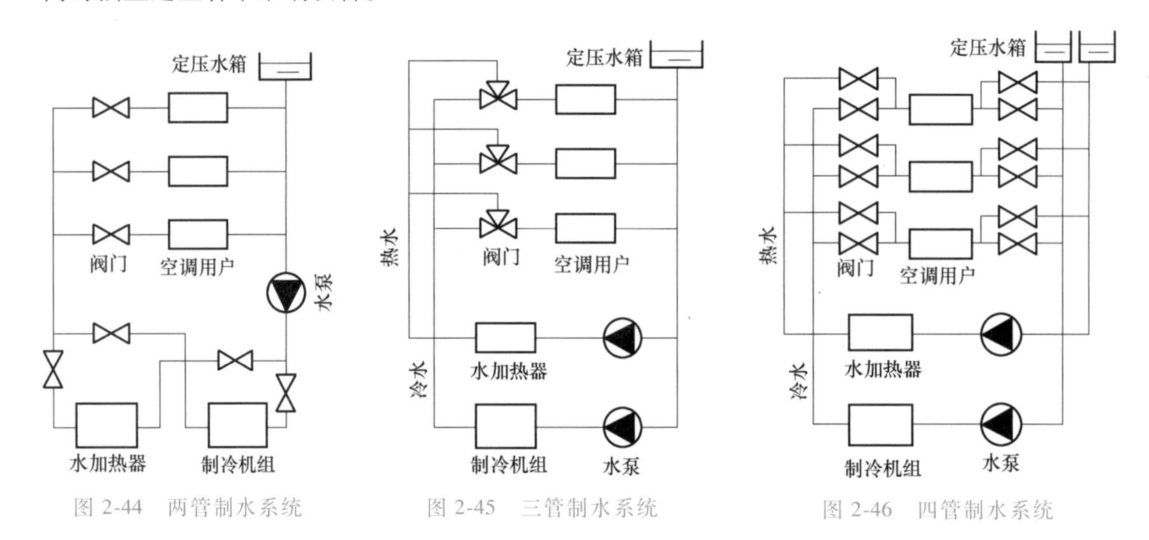

图2-44　两管制水系统　　图2-45　三管制水系统　　图2-46　四管制水系统

四管制水系统的优点是：①各末端设备可随时自由选择供暖或供冷的运行模式，相互没有干扰，所服务的工作区均能独立控制温度等参数；②节省能量，系统中所有能耗均可按末端的要求提供，不存在三管制水系统冷、热量抵消的问题。

四管制水系统的缺点是：①投资较大（主要包括由于各一套水管环路而带来的管道及附件、保温材料、末端设备、占用面积及空间等所增加的投资），运行管理相对复杂；②由于管路较多，系统设计变得较为复杂，管道占用空间较大。这些缺点使该系统的使用受到一些限制。

《公共建筑节能设计标准》（GB 50189—2015）和《民用建筑供暖通风与空气调节设计规范》（GB 50736—2012）同时规定：全年运行过程中，供冷和供热工况频繁交替转换或需同时使用的空气系统，宜采用四管制水系统。因此，四管制水系统较适用于内区较大或建筑空调使用标准较高且投资允许的建筑中。

（3）分区两管制水系统　为了克服两管制水系统调节功能不足的缺点，同时不像四管制水系统那样增加很多的投资，出现了一种分区两管制水系统。分区两管制水系统是指按建筑物空调区域的负荷特性将空调水路分为冷水和冷热水合用的两种两管制水系统。需全年供

冷水区域的末端设备只供应冷水，其余区域末端设备根据季节转换，供应冷水或热水，如图 2-47 所示。进深较大的重要空调区域，内区和外区存在同时需要分别供冷和供热的情况，采用一般的两管制水系统是无法解决的，而分区两管制水系统既可满足同时供冷供热的要求，又比四管制水系统节省投资和空间。

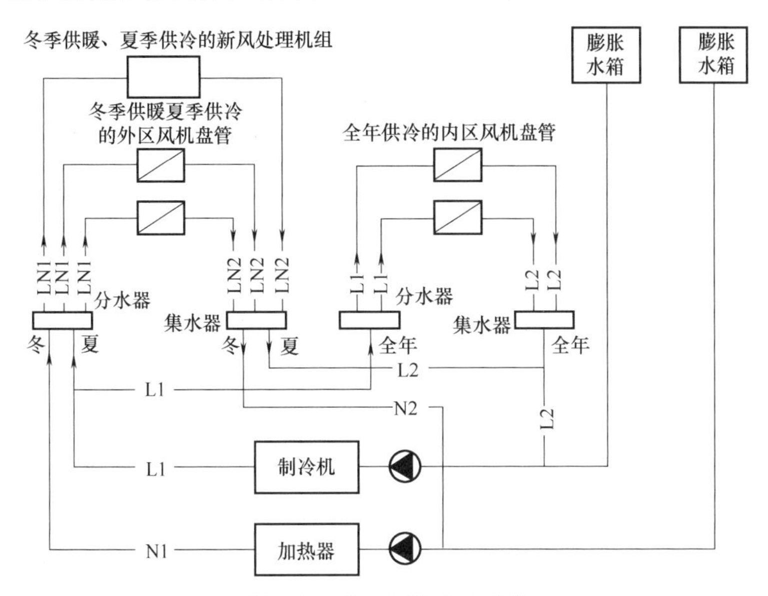

图 2-47　分区两管制水系统

分区两管制水系统兼具了两管制水系统和四管制水系统的一些特点，其调节性能介于四管制水系统和两管制水系统之间。因为从调节范围来看，四管制水系统是每台末端设备独立调节，两管制水系统只能整个系统一起进行冷、热转换，而分区两管制水系统则可实现不同区域的独立控制。如果在一个建筑里，因内、外区和朝向引起的负荷差异都比较明显，也可以考虑分三个区。

分区两管制水系统与现行两管制水系统相比，其初投资和占用建筑空间与两管制水系统相近，在分区合理的情况下调节性能与四管制水系统相近，是一种既能有效提高空调标准，又不明显增加投资的方案，其设计与相关空调新技术相结合，可以使空调系统更加经济合理。

《公共建筑节能设计标准》（GB 50189—2015）规定，当建筑所有区域只要求按季节同时进行供冷和供热转换时，应采用两管制水系统；当建筑内一些区域的空调系统需全年供冷、其他区域仅要求按季节进行供冷和供热转换时，可采用分区两管制水系统。

3. 同程式系统和异程式系统

（1）同程式系统　水流通过各末端设备时的路程都相同（或基本相同）的系统称为同程式系统。同程式系统各末端环路的水流阻力较为接近，有利于水力平衡，因此系统的水力稳定性好，流量分配均匀。但这种系统管路布置较复杂，管路长，初投资相对较大。一般来说，当末端设备支环路的阻力较小，负荷侧干管环路较长，且阻力所占的比例较大时，应采用同程式。

同程式与异程式系统工作流程动画

同程式系统的管路布置如图 2-48 所示，有垂直（竖向）同程式和水平同程式两种形式。垂直同程式主要解决各个楼层之间的末端设备环路的阻力平衡问题；水平同程式则解决每一组末端设备之间环路的阻力平衡问题。如果受土建竖井尺寸的影响，按垂直同程式总立管布置不下，总立管也可不用垂直同程式，则必须人为地将总立管的管径型号放大，以求得各楼层之间的水力平衡。如果土建条件允许，则应尽可能地将系统管路布置成同程式，使各环路的阻力平衡从系统构造上得到保证，从而确保该系统按设计要求进行流量分配。

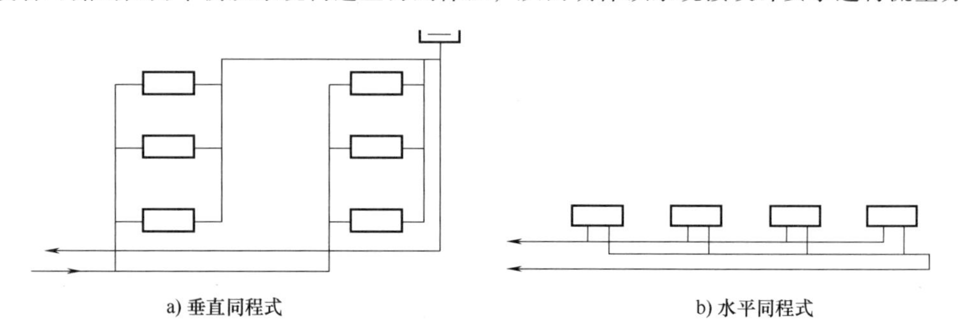

图 2-48　同程式系统的管路布置

（2）异程式系统　在异程式系统中，水流经每个末端设备的路程是不相同的，如图 2-49 所示。

异程式系统的主要优点是管路配置简单，管路长度短，初投资低。主要缺点是由于各环路的管路总长度不相等，故各环路的阻力不平衡，导致流量分配不均。若在支管上安装流量调节装置，增大并联支管的阻力，可使流量分配不均匀的程度得以改善。

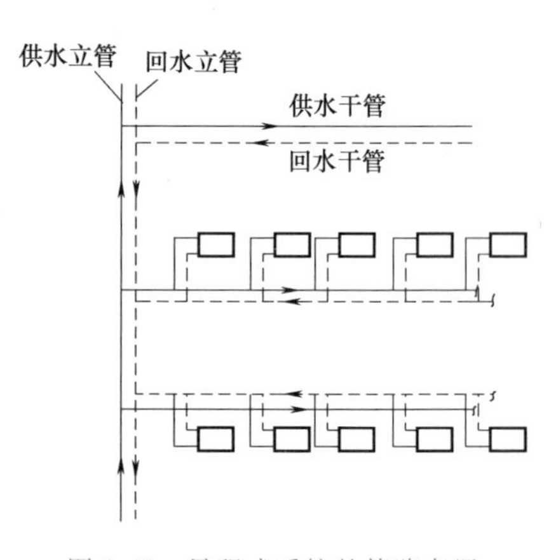

图 2-49　异程式系统的管路布置

一般来说，当管路系统较小，支管环路上末端设备的阻力大，其阻力占负荷侧干管环路阻力的 2/3～4/5 时，可采用异程式系统。例如，在高层民用建筑中，裙房内由空调机组组成的环路通常采用异程式系统。另外，如果末端设备都设有自动控制水量的阀门，也可采用异程式系统。

4. 定流量系统和变流量系统

整个冷水循环环路可分为两个部分：①从集水器经过冷水机组至分水器，即负责制备冷水的冷源侧环路；②从分水器经空调末端设备返回集水器，即负责输送冷水的负荷侧环路。

冷源侧需要保证冷水机组蒸发器的传热效率，避免蒸发器因缺水而冻裂，保持冷水机组工作稳定，所以应保持定流量运行。因此，空调水系统是按定流量还是按变流量运行均指负荷侧环路而言。

（1）定流量系统　定流量系统是指系统中循环水量保持不变，当空调负荷变化时，通过改变供回水的温差来适应。

定流量系统简单、操作方便，不需要复杂的自控设备，但是输水量是按照最大空调冷负荷确定的，因此循环泵的输送能耗处于最大值，特别是当空调系统处于部分负荷时，运行费用高。

该系统一般适用于间歇性使用建筑（如体育馆、展览馆、影剧院、大会议厅等）的中央空调系统，以及空调面积小，只有一台冷水机组和一台循环水泵的系统。高层民用建筑应

尽可能少采用这种系统。

（2）变流量系统　变流量系统是指系统中供回水温差保持不变，当空调负荷变化时，通过改变供水量来适应。变流量系统管路内流量随系统负荷变化而变化，因此输送能耗也随着负荷的降低而减少，水泵容量及电耗也相应减少。系统的最大输水量是按照综合最大冷负荷计算的，循环泵和管路的初投资降低。

《民用建筑供暖通风与空气调节设计规范》（GB 50736—2012）指出："冷水水温和供回水温差要求一致且各区域管路压力损失相差不大的中小型工程，宜采用变流量一级泵系统；单台水泵功率较大时，经技术和经济比较，在确保设备的适应性、控制方案和运行管理可靠的前提下，可采用冷水机组变流量方式。"变流量系统适用于大面积的高层建筑空调全年运行的系统。

5. 一级泵系统和二级泵系统

在冷源侧和负荷侧合用一组循环泵的称为一级泵系统；在冷源侧和负荷侧分别配置循环泵的称为二级泵系统。

（1）一级泵系统　一级泵系统又称为单式泵系统，包括一级泵定流量系统和一级泵变流量系统两种形式。

1）一级泵定流量系统如图 2-50a 所示，在末端设备上设置电动三通阀，使得通过冷水机组的水流量为定值。在机房内进行夏、冬季供冷或供热的转换。适用于各区域管路压力损失相差不大的中小型工程（供回水干管长度不超过 500m）。

2）一级泵变流量系统如图 2-50b 所示，在负荷侧空调末端设备的回水支管上安装电动两通阀，按变流量运行。冷水机组与循环泵一一对应，并将冷水机组设在循环泵的压出口，使得冷水机组和水泵的工作较为稳定。只要建筑高度不太高，这样布置是可行的，也是目前使用较多的一种方式。

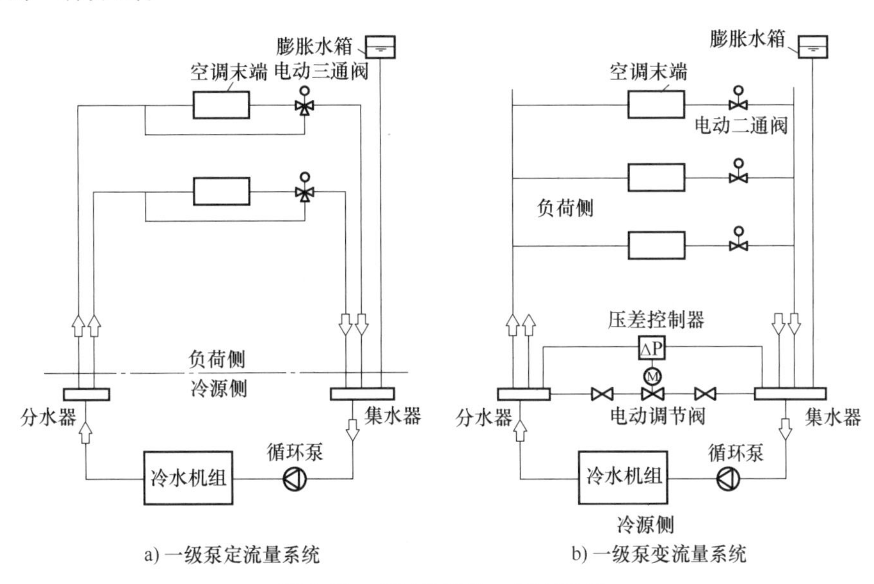

图 2-50　不同类型的一级泵系统

（2）二级泵变流量系统　如图 2-51 所示，二级泵变流量系统采用旁通管 AB 将冷水系统划分为冷水制备和冷水输送两个部分，形成一次环路和二次环路。一次环路由冷水机组、一级泵、供回水管路和旁通管组成，负责冷水制备，按定流量运行；二次环路由二级泵、空调末端设备、供回水管路和旁通管组成，负责冷水输送，按变流量运行。设置旁通管的作用是使一次环路保持定流量运行，并且将一次环路和二次环路连接在一起。就整个水系统而言，其水路是相通的，但两个环路的功能互相独立。一级泵与冷水机组采取“一泵对一机”的配置方式，而二级泵的配置不必与一级泵的配置相对应，它的台数可多于冷水机组数，有利于适应负荷的变化。

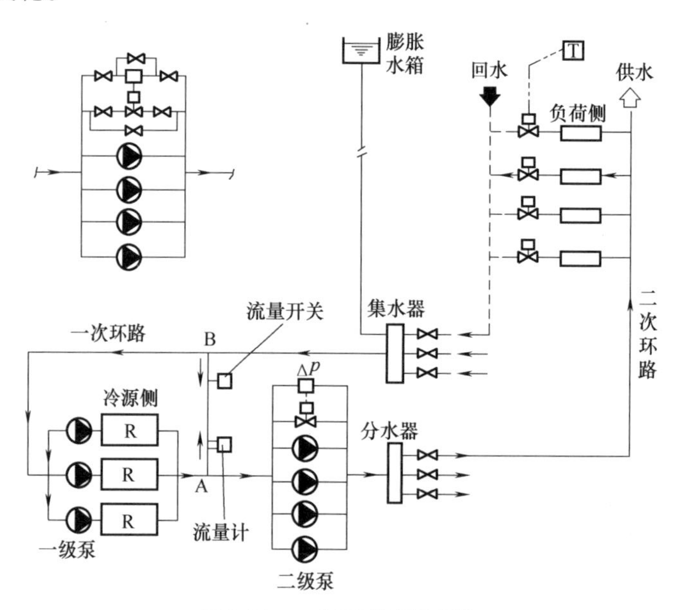

图 2-51　二级泵变流量系统

二级泵变流量系统较复杂，自控程度较高，初投资大，在节能和灵活性方面具有优点。它可以实现变水量运行工况，降低水系统输送能耗；水系统总压力相对较低；能适应供水分区不同压降的需要，具有相应的自动控制系统来辅助发挥其节能的优势。

因此，凡系统作用半径较大、设计水流阻力较高、各环路负荷特性（如不同时使用或负荷高峰出现的时间不同）相差较大、压力损失相差悬殊（阻力相差 100kPa 以上）或环路之间使用功能有重大区别以及区域供冷的情况，均应采用二级泵变流量系统。

当各环路的设计水温一致且设计水流阻力接近时，二级泵宜集中设置；当各环路的设计水流阻力相差较大或各系统水温、温差要求不同时，宜按区域或系统分别设置二级泵。二级泵宜根据流量需求的变化采用变速变流量调节方式。对于冷源设备集中设置且给用户分散的区域供冷等大规模空调冷水系统，当二级泵的输送距离较远且各用户管路阻力相差较大，或者水温（温差）要求不同时，可采用多级泵系统。

（三）家用中央空调水系统和氟系统的比较

家用中央空调水系统和家用中央空调氟系统是比较常见的两类家用中央空调系统，其区别见表 2-2。

表 2-2　家用中央空调水系统和家用中央空调氟系统的区别

比较项	家用中央空调水系统	家用中央空调氟系统
能效比	初投资较低，适合大空间使用，使用率越高越节能（水的热容比较大）	小户型使用（变频技术，按需输出，在小户型上较水系统更为节能）

（续）

比较项	家用中央空调水系统	家用中央空调氟系统
舒适性	二次冷媒系统，室内末端为水和空气换热，室内温度变化比较慢，风机盘管室内控制温度精度为±2℃	一次冷媒系统，室内末端为氟利昂和空气换热，室内空调效果实现快，室内机控制温度精度为±0.5℃
是否支持地暖	是地暖采暖的最佳配套方案	不支持地暖采暖
循环系统	水机（水循环系统）	氟机（氟利昂等冷媒循环系统）
可靠性	水机系统单台主机容量大，即使考虑最低开启率，仍可满足小容量空调系统的实际开启需求	多联机系统化整为零，最少可仅启动一台室外机模块，考虑最低开启率后，可实现系统小容量、低能耗、低成本运行，但并联主机损毁一台后，冷媒会失压，效果显著降低
安全性	制冷系统庞大，系统选用零部件更为重要，施工要求较为严格	运用全新理念，集一拖多技术、智能控制技术、多重健康技术、节能技术和网络控制技术等多种高新技术于一身，满足了消费者对舒适性、方便性等方面的要求
设计寿命	水机的设计寿命是20年；主机启动频率低，更换防冻剂之后不需要放水清洗	氟机设计寿命是12年
维护情况	外机较稳定，安装合格无漏水隐患，维护较简单	性能比较稳定，维护成本低，但一旦发生管道泄漏，没有太好的补救措施
制热效果	结合增焓等技术，水系统制热温度可达到50℃，另结合地板采暖效果更佳	氟系统制热范围较窄，为5~45℃，容易结霜，一般必须开启电辅热
热效率	升温（降温）较慢	升温（降温）很快

二、中央空调冷却水系统

空调冷却水系统是指利用冷却塔向冷水机组的冷凝器供给循环冷却水的系统，该系统专为水冷式冷水机组或水冷直接蒸发式空调机组而设置，其主要作用是将冷水机组中冷凝器的散热带走，以保证冷水机组的正常运行。该系统是由冷却塔、冷却水箱（池）、冷却水泵和冷水机组冷凝器等设备及其连接管路组成的。

（一）冷却水系统的组成

目前的民用建筑特别是高层民用建筑，大量采用循环水冷却方式，以节省水资源。冷却水循环系统组成如图2-52所示。来自冷却塔的较低温度的冷却水通常为32℃。经冷却水泵加压后进入冷水机组。带走冷凝器的散热量。高温的冷却水回水通常为37℃。重新送至冷却塔上部喷淋，冷却塔风扇的运转使冷却水在喷淋下落的过程中不断与塔下部进入的室外空气进行热湿交换，冷却后的水落入冷却塔。积水盘中有水泵重新将冷却水送入冷水机组循环使用。每循环一次都要损失部分冷却水量，主要原因是蒸发和飘损。损失的水量一般占冷却水量的0.3%~1%。对于损失的水量可通过自来水来补充。

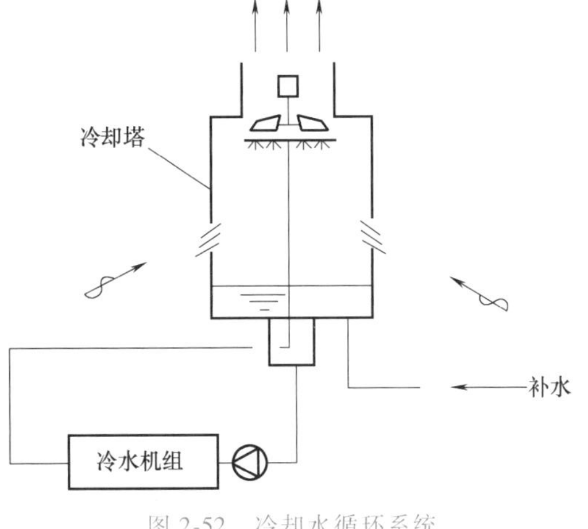

图2-52　冷却水循环系统

冷却塔是冷却水系统中的一个重要设备。冷却塔的性能对整个空调系统的正常运行都有一定的影响。根据水与空气相对运动的方式不同，冷却塔可分为逆流式冷却塔和横流式冷却塔两种。

逆流式冷却塔的构造如图 2-53 所示。在风机的作用下，空气从塔下部进入，从顶部排出。空气与水在冷却竖向方向逆向而行。热交换效率高，冷却塔的补水设施对气流有阻力。采用螺旋式补水器时，由于补水器靠出水的反向作用力推动运转，因此要求进水压力为 0.1MPa 左右。对喷射式冷却塔喷嘴要求进水压力为 0.1~0.2MPa。逆流式冷却塔的特点有：①冷却效率优于其他形式的冷却塔；②噪声较大；③空气阻力较大；④检修空间小，维护困难；⑤喷嘴阻力大，水泵扬程大；⑥造价较低。因此，适用于工矿企业和对环境噪声要求不太高的场所。

图 2-53　逆流式冷却塔构造示意图

横流式冷却塔的构造如图 2-54 所示。其工作原理与逆流式冷却塔基本相同，空气从水平方向横向穿过填料层，然后从冷却塔顶部排出，水从上至下穿过填料层，空气与水的流向

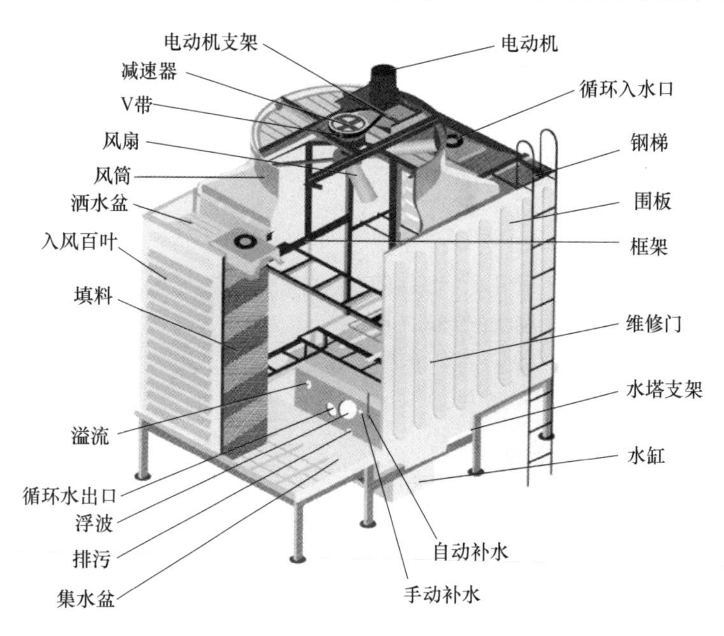

图 2-54　横流式冷却塔构造示意图

垂直。热交换效率不如逆流式冷却塔。横流式冷却塔气流阻力较小，布水设施维修方便。冷却水阻力不大于0.05MPa。一般大型的冷却塔采用横流式冷却塔。

冷却塔一般放在通风良好的室外，在高层建筑中多放在裙楼或主楼的屋顶。在布置时，首先要保证其排风口上方无遮挡物。避免排出的热风被遮挡而由进风口重新吸入影响冷却效果，在进风口周围至少应有1m以上的净空。以保证进风气流不受影响，且进风口处不应有大量的高湿热空气的排气口。冷却塔大都采用玻璃制造，难以达到非燃要求，因此要求消防排烟风口必须远离冷却塔。

（二）冷却水系统的分类

1. 按供水方式分类

（1）直流供水系统　直流供水系统的冷却水经过冷凝器等用水设备后，直接排入原水体（不得造成污染），管路系统简单，一般适用于水源水量充足（如有丰富的江、河、湖泊等地面水源或地下水源）的地方。

（2）循环冷却水系统　循环冷却水系统是将通过冷凝器后的温度较高的冷却水，经过降温处理后再送入冷凝器循环使用的冷却系统。冷却水循环使用，只需要补充少量补给水。

2. 按通风方式分类

（1）自然通风冷却循环系统　自然通风冷却循环系统是采用自然通风冷却塔或冷却喷水池等构筑物使冷却水降温后再送入冷凝器的循环冷却系统。该系统适用于当地气候条件适宜的小型冷却机组。

（2）机械通风冷却循环系统　机械通风冷却循环系统是采用机械通风冷却塔或喷射式冷却塔使冷却水降温后再送入冷凝器的循环冷却系统。该系统适用于气温高、湿度大，采用自然通风冷却方式不能达到冷却效果的情况。

3. 按冷却水箱（池）的设置位置分类

（1）下水箱（池）式冷却水系统　制冷站为单层建筑，冷却塔设置在屋面上。当冷却水水量较大时，为便于补水，制冷机房内应设置冷却水箱（池）。此时，冷却水的循环流程为：来自冷却塔的冷却供水→机房冷却水箱（加药装置向水箱加药）→除污器→冷却水泵→冷水机组的冷凝器→冷却回水返回冷却塔，如图2-55a所示，适用于制冷站建筑高度不高的开式系统，这种系统也适用于制冷站设在地下室，冷却塔设在室外地面上或室外绿化地带的场合。

这种系统的优点是冷却水泵从冷却水箱（池）吸水后，将冷却供水压入冷凝器，水泵总是充满水，可避免水泵吸入空气而产生水锤。

（2）上水箱（池）式冷却水系统　当制冷站的建筑高度较高时，可将冷却水箱设在屋面上［就成了上水箱（池）式冷却水系统］，这样可减少冷却水泵的扬程，节省运行费用。如图2-55b所示，制冷站设在地下室，冷却塔设在高层建筑主楼裙房的屋面上（或者设在主楼的屋面上），冷却水的循环流程与下水箱（池）式冷却水系统一样。冷却水箱也设在屋面上冷却塔的近旁。显然，这种系统冷却塔的供水自流入屋面冷却水箱后，靠重力作用进入冷却水泵，然后将冷却供水压入冷凝器，有效地利用了从水箱至水泵进口的位能，减小水泵扬程，节省了电能消耗。同时，保证了冷却水泵内始终充满水。

三、中央空调冷凝水系统

各种空调设备（一般为末端设备）在运行过程中，其表面式冷却器的表面温度通常低

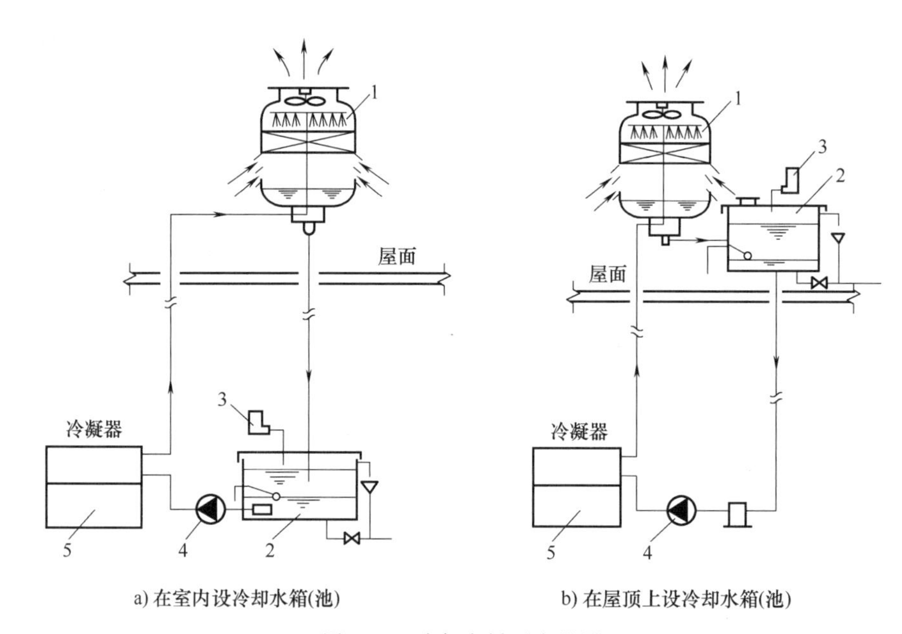

图 2-55 冷却水循环流程图

1—冷却塔 2—冷却水箱（池） 3—加药装置 4—冷却水泵 5—冷水机组

于空气的露点温度，因而其表面会结露产生冷凝水。冷凝水一般从室内机蒸发器下面的集水盘流出，通过冷凝管排出，如图 2-56 所示。冷凝水管通常选用聚氯乙烯（PVC）塑料管或者钢管。对于很少有变动的工厂等场所，可用镀锌钢管丝接；对于经常会有变动的工程，最好用 PVC 管胶接。

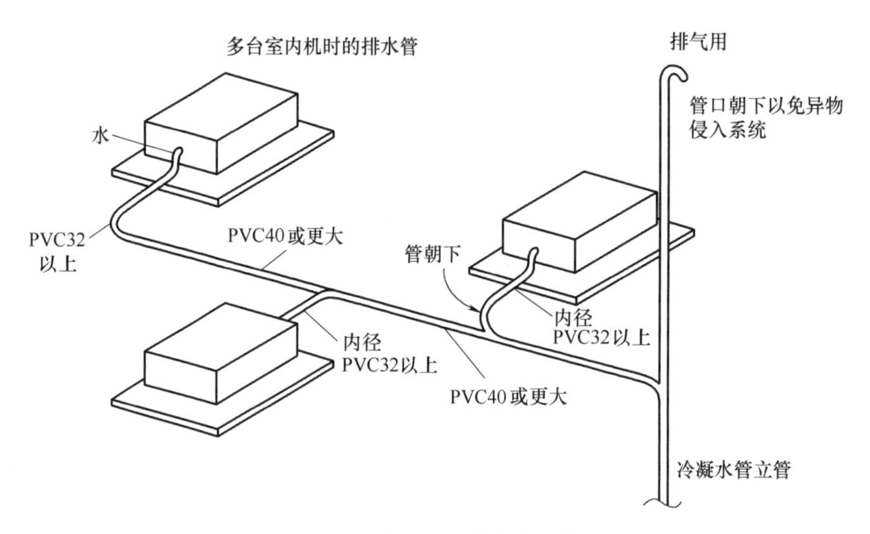

图 2-56 中央空调冷凝水系统

如图 2-57 所示，正常运转状态下的冷凝水系统需满足：①A 的水封高度所产生的压力是系统中的负静压；②C 的水封高度所产生的压力至少是系统最大负静压的 2 倍；③A 与 C 的压力差值至少是正常运转的负静压，按照经验，压力差值要高于正常运转的负静压。原因是肮脏的过滤网或风机启动时水封的跳跃会导致负静压升高。

对于使用功能较多、综合性较强的酒店等的中央空调工程，冷凝水排放一般有以下三种方式：

1）单独设置冷凝水排放的管路系统并排入指定排水沟。此种方式不受其他因素的影响，有利于冷凝水的排放，但安装现场应有足够的空间，安装位置必须有保证。有条件的应优先采用这种排放方式。

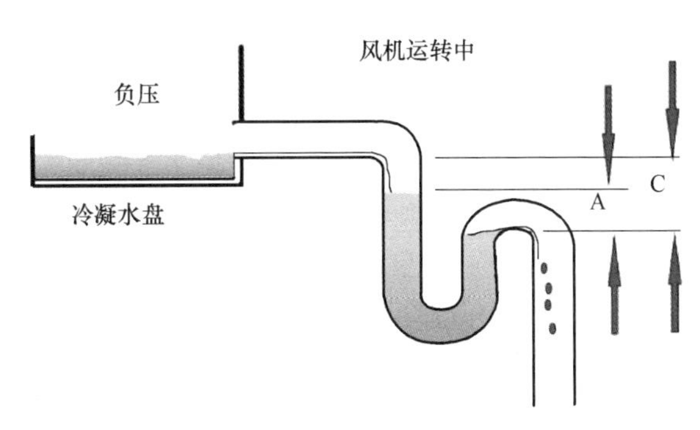

图 2-57　冷凝水系统的水封

2）各楼层设置冷凝水排放的管路，汇总后接入大楼某层的污水排水主管内。为保证污水排水主管在楼层内的水平管不结露，应在水平主管外加装适当厚度的保温层。

3）在各末端安装处就近接入附近的排水管内。此方式简单便捷，但必须考虑因冷凝水排放可能在排水管外造成的结露问题。

应注意的是，完成楼层部分的排水管安装任务后，应做灌水试验，以检查排水坡度是否足够，排水是否通畅，发现问题及时整改。

实训项目　中央空调系统认知实训

——参观中央空调系统现场

一、实训目的

1）了解中央空调系统的工作环境。
2）熟悉中央空调系统的结构和工作原理。
3）记录室外机和室内机参数。
4）培养生产实际中的观察、分析、实践、创新等能力。

二、实训设备、工具及材料

中央空调系统认知实训设备、工具及材料。

表 2-3　中央空调系统认知实训设备、工具及材料

序号	名　称	数　量	备　注
1	格力 LSBLG270HE/Nb 螺杆式中央空调	1 套	
2	风机盘管	1 个	
3	水冷冷凝器(含冷却塔)、风冷冷凝器	各 1 套	
4	活塞式、螺杆式、离心式压缩机模型	各 1 个	
5	热力膨胀阀、电磁阀	各 1 个	

三、实训步骤

1）在中央空调系统运行管理的现场，听取讲解，初步了解中央空调的工作原理及组成部分，能识别压缩机、冷凝器、蒸发器、节流阀等主要部件。

2）通过参观，分析中央空调系统中各个设备的铭牌，将所见中央空调系统的设备名称、型号及参数记录在表2-4中。

表2-4 所见中央空调系统的设备名称、型号及参数记录表

序号	名　称	型　号	主要参数
1			
2			
3			
4			
5			
6			
7			
8			
9			
10			
11			

3）通过听取讲解，初步了解活塞式、螺杆式、离心式压缩机的基本原理，并通过实践，操作活塞式、螺杆式、离心式压缩机模型，理解其工作过程。

4）认识风机盘管、水冷冷凝器（带冷却塔）、风冷冷凝器、热力膨胀阀、电磁阀等主要部件，并分析其工作流程。

5）记录收获体会，并清理实训现场，整理工具设备。

将参观的收获与体会填写在表2-5中。

表2-5 参观情况记录表

<table>
<tr><td colspan="2">课　题</td><td colspan="6">中央空调系统的认知实训</td></tr>
<tr><td>班级</td><td></td><td>姓名</td><td></td><td>学号</td><td></td><td>日期</td><td></td></tr>
<tr><td>参观后的
心得体会</td><td colspan="7"></td></tr>
<tr><td>建议</td><td colspan="7"></td></tr>
</table>

四、实训评价

根据实训，填写实训操作情况评议表（表 2-6）。

表 2-6 实训操作情况评议表

序号	项目	测评要求	配分	评分标准	得分
1	认识中央空调系统及其设备	正确说出中央空调系统工作原理并正确指认各设备	20	1）正确说出中央空调系统的工作流程，否则扣 10 分 2）正确指认现场的设备，否则扣分/次，扣完 10 分为止	
2	中央空调系统设备名称、型号及参数的记录	正确规范填写	20	1）找到各设备铭牌，正确记录各设备的名称、作用、参数，否则扣 10 分 2）漏写一台设备扣 5 分	
3	活塞式、螺杆式、离心式压缩机的工作原理	正确说出压缩机的原理并正确操作压缩机模型	20	1）正确说出不同类型压缩机的工作过程，否则扣 5 分 2）手动运转压缩机模型，否则扣 10 分	
4	认识主要换热设备及阀门	正确指认各类换热设备及阀门	20	1）正确指认换热设备及阀门，否则扣 10 分 2）简述换热设备及阀门的作用和工作原理，否则扣 10 分	
5	撰写实训心得，清扫与整理	总结实训的收获与心得，清理现场	20	1）实训心得不少于 200 字，条例清晰，否则扣 10 分 2）及时整理实训设备及工具，打扫现场，否则扣 10 分	
安全文明操作		违反安全文明操作规程（视实际情况进行扣分）			
开始时间		结束时间		实际时间	成绩
综合评议意见					
评议人				日期	

单元小结

1）掌握中央空调系统的组成，了解主要设备的工作原理及分类。

2）熟悉集中式、半集中式、分散式空调系统的原理及特点。

3）了解中央空调风系统的组成与分类，能识别风系统的主要设备。

4）熟悉冷冻水、冷却水、冷凝水系统的组成及工作过程。

5）了解中央空调系统送回风口的形式，以及不同气流组织形式的特点及适用性。

思考与练习

一、填空题

1. 空调系统的任务是保持房间内空气的________、________、________、与________等稳定在一定的范围内，以满足生产和生活的需要。

2. 中央空调系统按空气处理设备的设置情况不同分为____________________、____________________、____________________。

3. 对于________（舒适性/工艺性）空调，一般无严格的送风温差要求，可以采用最大的温差送风，即不需要设置再热器，消除了冷热量抵消造成的能量损失，且此时可以减小送风量。

4. 空调管道的保温结构由______层、______层、______层、______层组成。

5. 变风量系统的末端送风装置有________型、________型、________型三种基本类型。

6. 当建筑内一些区域的空调系统需全年供冷、其他区域仅要求按季节进行供冷和供热转换时，可采用________（两管制/分区两管制）水系统。

二、名词解释

1. 二次回风式空调系统。
2. 定风量系统。
3. 开式循环系统。

三、问答题

1. 试画出一次回风式空调系统空气处理示意图。

2. 请分别分析圆形风管与矩形风管的优、缺点及适用性。

3. 中央空调冷冻水系统按运行调节的方法不同可分为哪两类系统？试分别写出它们的特点及适用范围。

4. 试分析中央空调冷却水系统的组成，并对比分析自然通风冷却循环系统与机械通风冷却循环系统的应用情况。

5. 请分析末端设备运行时产生冷凝水的原因，并作图分析冷凝水排放需满足的条件有哪些。

单元三

中央空调风系统清洗与消毒

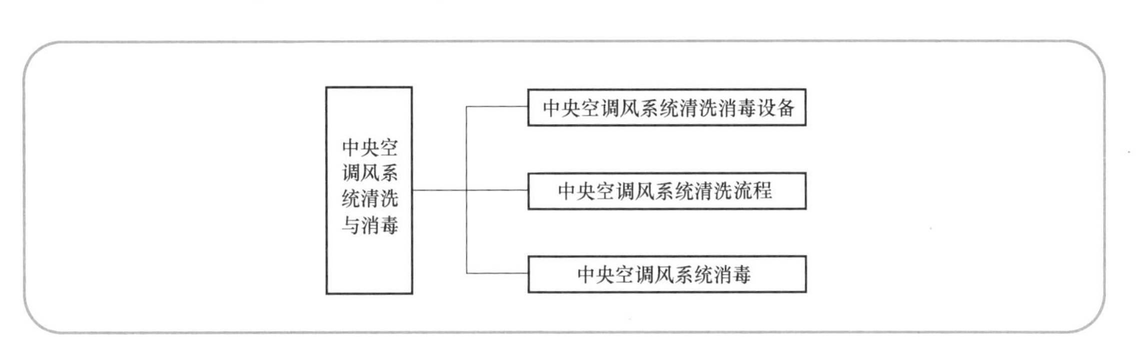

知识目标

1. 了解中央空调风系统清洗消毒设备使用方法。
2. 掌握中央空调风系统的清洗流程及验收标准。
3. 掌握中央空调风系统的消毒流程及验收标准。

能力目标

1. 能编制中央空调风系统的清洗方案。
2. 能独立完成各类风管的清洗消毒操作。

素养目标

1. 培养安全规范的职业素养和低碳节能的环保意识。
2. 培养爱岗敬业、精益求精的工匠精神。

重点与难点

1. 中央空调风系统的清洗消毒方案编制。
2. 中央空调风系统清洗消毒操作。

课题一　中央空调风系统清洗消毒设备

相关知识

中央空调风系统消毒设备

中央空调风系统由于受工作时间、工作环境等方面因素影响，风系统内极易堆积灰尘和污物。一旦灰尘、污物过多，经风道送入室内的空气质量便会有所下降，长期在这种环境下生活，极易引发呼吸道疾病，因此中央空调系统在使用一段时间后，一定要对风系统进行清洗。

根据风系统清洗部位不同，可将风系统清洗消毒设备分为风管清洗消毒设备和空调末端与风口清洗消毒设备。

一、风管清洗消毒设备

根据风管清洗消毒过程，将风管清洗消毒设备分为风管检测设备、风管清洗设备及风管消毒设备。常见的风管清洗工艺有两种，分别是扬尘循环式清洗法和接触式负压清洗法。扬尘循环式清洗法使用封堵气囊封住要清洗网管的两端，然后用扬尘式清洁机器将风管内的灰尘扬起，再由集尘设备将扬起的灰尘吸入集尘袋，其清洗消毒设备使用示意如图 3-1 所示。接触式负压清洗法使用接触式负压清洗机器人的刷头将黏附在风管顶部、两侧以及底部的灰尘依次刷掉，由与机器人相连的工业吸尘器将掉落的灰尘吸入吸尘器内的集尘袋中，其清洗消毒设备使用示意如图 3-2 所示。

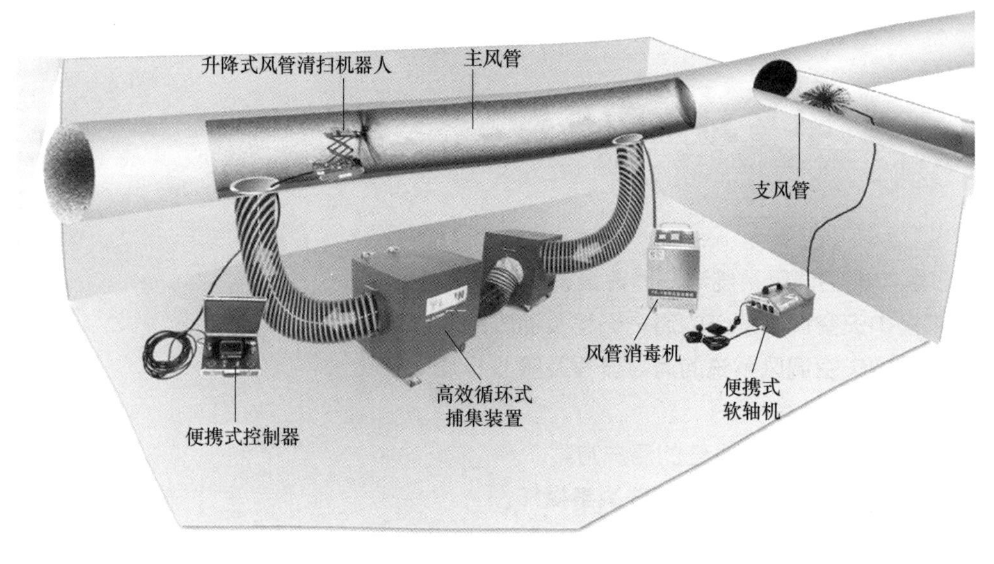

图 3-1　扬尘循环式清洗法

（一）风管检测设备

风管检测设备包括采样检测机器人和风系统检测套装（包括红外测温仪、风管检测仪、测风测温仪、灰尘样本采集套件等），如图 3-3 所示。采样检测机器人采用履带式行进结构小车（装有高清红外摄像头）进入风管进行采样，并传输数据。风管检测仪是现场检测的

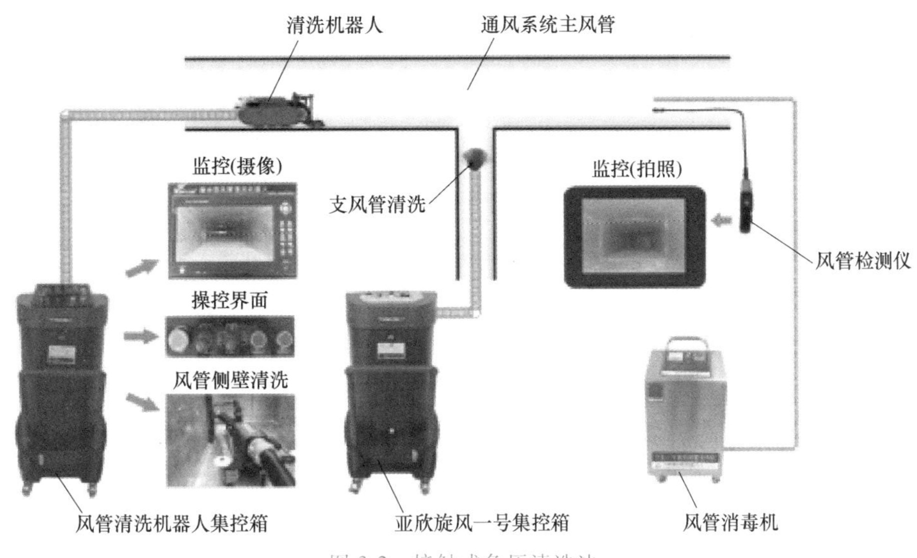

图 3-2 接触式负压清洗法

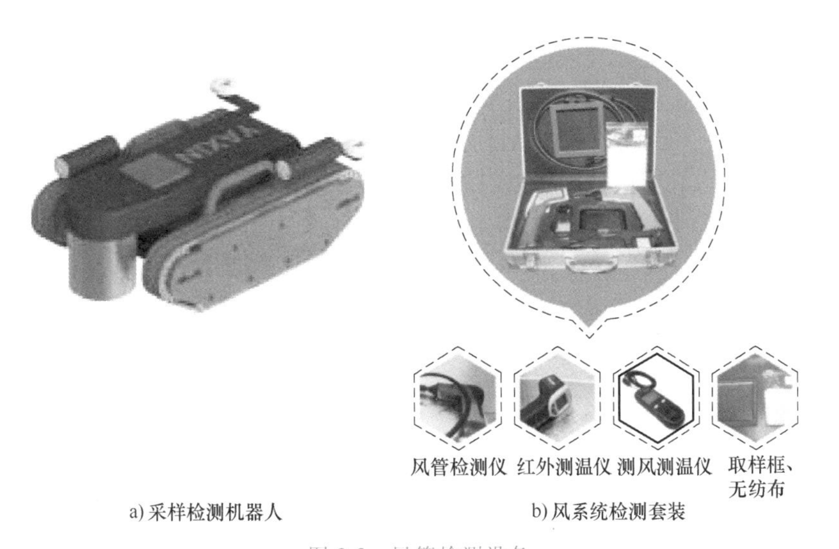

图 3-3 风管检测设备

便携设备，具有拍照、摄像等功能。红外测温仪用于测量出风口的温度。测风测温仪用于测量出风口的风速。灰尘样本采集套件是用于采集风管中的积尘样本的辅助工具，包括取样框和无纺布。

（二）风管清洗设备

风系统（风道）结构复杂，且风道管径较小，采用常规的人工清洁方法十分困难。因此，针对风系统（风道）的清洁，有很多专业的清洁工具（设备）。扬尘式清洁机器和风道清洁机器人是使用率较高的专业清洁工具（设备）。

1. 扬尘式清洁机器

扬尘式清洁机器主要包括高效循环式捕集装置和软轴机，如图 3-4 所示。高效循环式捕集装置主要用于采用扬尘循环式清洗方法时捕集灰尘或作为接触式负压清洗的前置净化。软轴机主要用于风管内扬尘，它配备不同直径的刷头，在风管内边行进边扬尘，风管另一头配备组合式超净集尘器同步吸尘，极大地提高了在狭、窄、小施工环境中，对分支类小风管进行清洗的实用性，适合于工作空间狭窄或登高作业时使用。

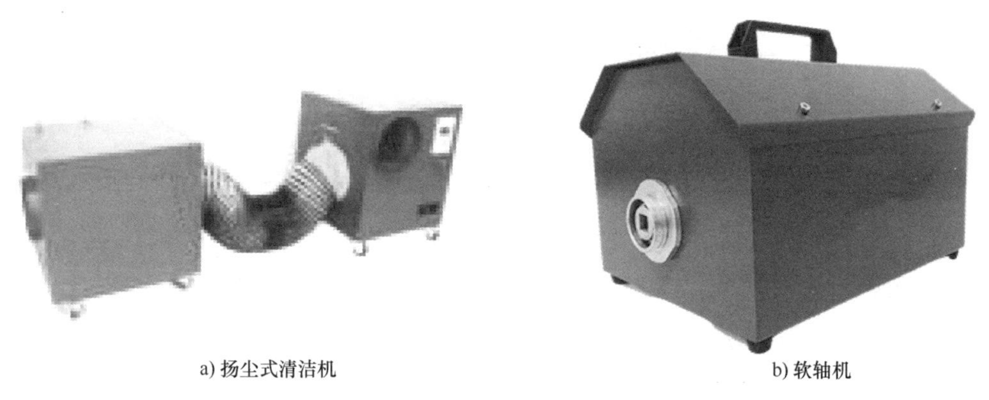

a) 扬尘式清洁机　　b) 软轴机

图 3-4　扬尘式清洁机器

2. 风道清洁机器人

风道清洁机器人主要用于接触式负压清洗。图 3-2 所示为风道清洁机器人清洁风道示意图。风道一端的作业口安装连接风道吸尘器进行清洁时，对风道进行封堵处理，然后将风道清洁机器人从风道另一端的作业口放入风道内，工作人员即可通过机器人集控箱对风道清洁机器人进行遥控作业，风道清洁机器人上安装的摄像头随时将风道内的情况传送给风道外操控的工作人员，工作人员即可根据风道内的情况对风道清洁机器人进行控制，风道清洁机器人在轮子或履带的带动下在风道内移动，并通过清洁旋转刷、喷雾器等装置对风道进行清洁，随着风道清洁机器人的行进，清洁下来的灰尘都被风道吸尘器吸走，最终达到清洁风道的目的。这种清洁方法非常适用于狭长且弯曲的风道环境，而对于风道过于狭小且管道路面不平整的情况很难适应。

针对清洗的风管形状大小不同以及风管安装位置不同，可分别选择不同类型的清洗机器人，如图 3-5 所示。扁平矩形管道清洗机器人主要用于水平方向中小型方形风管清洗不可爆

a) 扁平矩形管道清洗机器人

b) 小型支风管清洗机器人

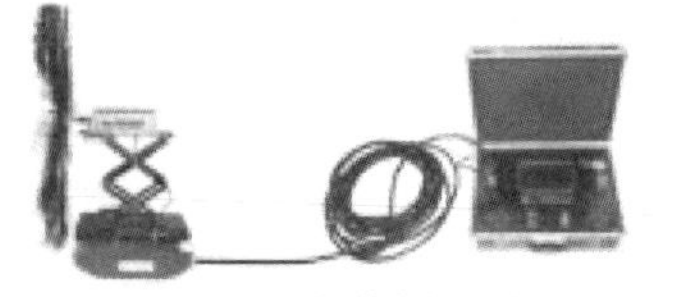

c) 圆形风管清洗机器人

d) 矩形风管清洗机器人

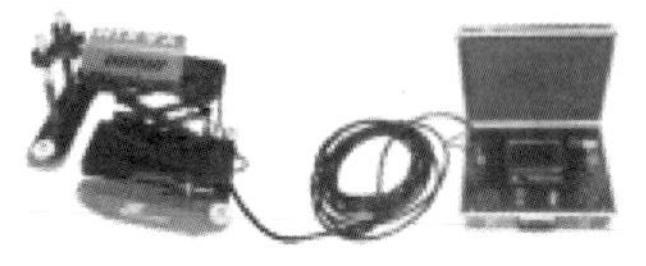

e) 非水平风管清洗机器人

图 3-5　各种类型的清洗机器人

类浮尘、非油性积尘等多种污垢；小型支风管清洗机器人主要用于各类分支小风管，是分支类小风管的首选清洗设备；圆形风管清洗机器人主要用于水平方向大中型圆形风管清洗不可爆类浮尘、非油性积尘等多种污垢；矩形风管清洗机器人主要用于水平方向大中型矩形风管清洗不可爆类浮尘、非油性积尘等多种污垢；非水平风管清洗机器人主要用于竖直方向大中型矩形铁皮风管清洗不可爆类浮尘、非油性积尘等多种污垢。

图 3-6　风管消毒设备

（三）风管消毒设备

风管消毒设备（图 3-6）是专用于中央空调通风管道及空气净化的消毒设备，设备内部采用最新型臭氧发生器件和多种保护功能电路，具有优良的性能和极长的工作寿命，可以广泛应用于各类大型风管清洗后需要消毒的场所。

二、空调末端与风口清洗消毒设备

空调末端与风口清洗消毒设备主要有智能变频清洗机、便携式空调清洗机、空调专用蒸汽清洗机、可视化免拆卸风机盘管清洗机等，如图 3-7 所示。

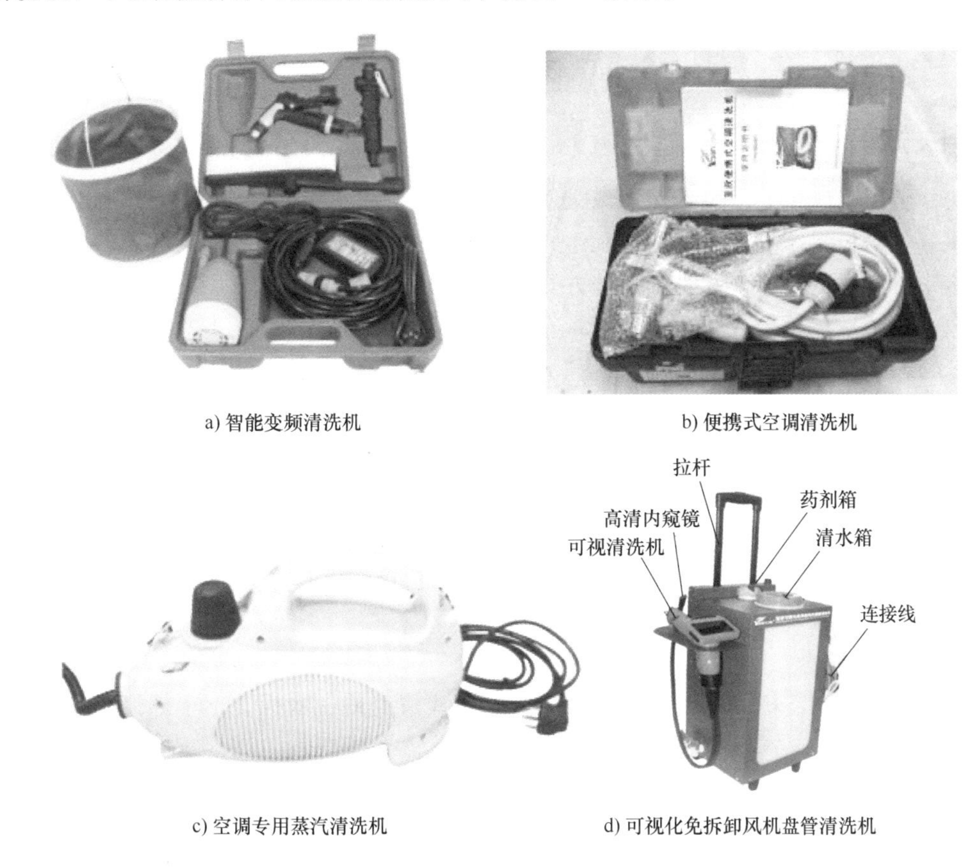

图 3-7　空调末端与风口清洗消毒设备

（一）智能变频清洗机

智能变频清洗机水泵采用工业级别水冷方式，可长时间使用而无过热现象；可离水空

转，防干烧，内置过滤网能有效拦截水中杂质，水压强劲。连接件全部采用快插接头，方便拆换，整机采取桶机分离，适合各种使用工况。

（二）便携式空调清洗机

便携式空调清洗机采用人性化设计，使用永磁电动机驱动高压泵。它具有体积小、质量小、扭矩大、压力强、结构紧凑、性能稳定、携带方便等优点。

（三）空调专用蒸汽清洗机

空调专用蒸汽清洗机利用锅炉产生的高温蒸汽对空调进行杀菌消毒；配备多功能刷，能适应各种表面的清洁。它主要用于家用空调室内机及中央空调风机盘管末端的清洗消毒。

（四）可视化免拆卸风机盘管清洗机

清洗枪上设计了蛇管、摄像头及喷嘴，摄像头和喷嘴固定在蛇管顶端。清洗风机盘管末端时，可在风机与翅片之间的钣金上开一个小孔，将蛇管伸进机器内部，从而达到免拆卸清洗风机盘管的翅片换热器。摄像头可窥视被清洗部位的污染程度，实时查看清洗过程中被清洗部位的清洁程度。

课题二 中央空调风系统清洗流程

相关知识

中央空调风系统主要由风管和空调末端组成，常见的空调末端有风机盘管、风柜和空气处理机组，在对风系统进行清洗的过程中，需要对它们进行逐一清洗。而风冷主机通过室外风循环带走冷凝器的热量，并且其清洗方式和空调末端的清洗类似，所以将风冷主机的清洗归类于风系统清洗。

一、风机盘管的清洗

中央空调风机盘管清洗

风机盘管清洗作业流程如图 3-8 所示。

（一）施工准备程序

1. 安全防护

施工人员应配备 2 人以上，进场前应佩戴头灯、口罩、手套，穿长裤、劳保鞋，裤腿下垂至脚踝，颈脖、手腕无饰品。

2. 施工用具

施工用具包括清洗机、喷壶、空调保养液、翅片清洗剂、水桶、十字螺钉旋具、扳手、钳子、抹布、测温仪、风速仪、内六角扳手等。

3. 检查风机盘管

开启电源，检测风机盘管是否正常运转，用测温仪、风速仪进行出风口温度和风速测量并编号记录；如有故障应记录症状并做检修方案交由客户认可。施工前关闭控制面板系统电源，并张贴“正在施工，禁止开机”的警示标识。

4. 现场防护与隔离

采用隔离布或者临时搭起的木墙作为防护隔离装置，并在靠近客户的一面挂上醒目标识

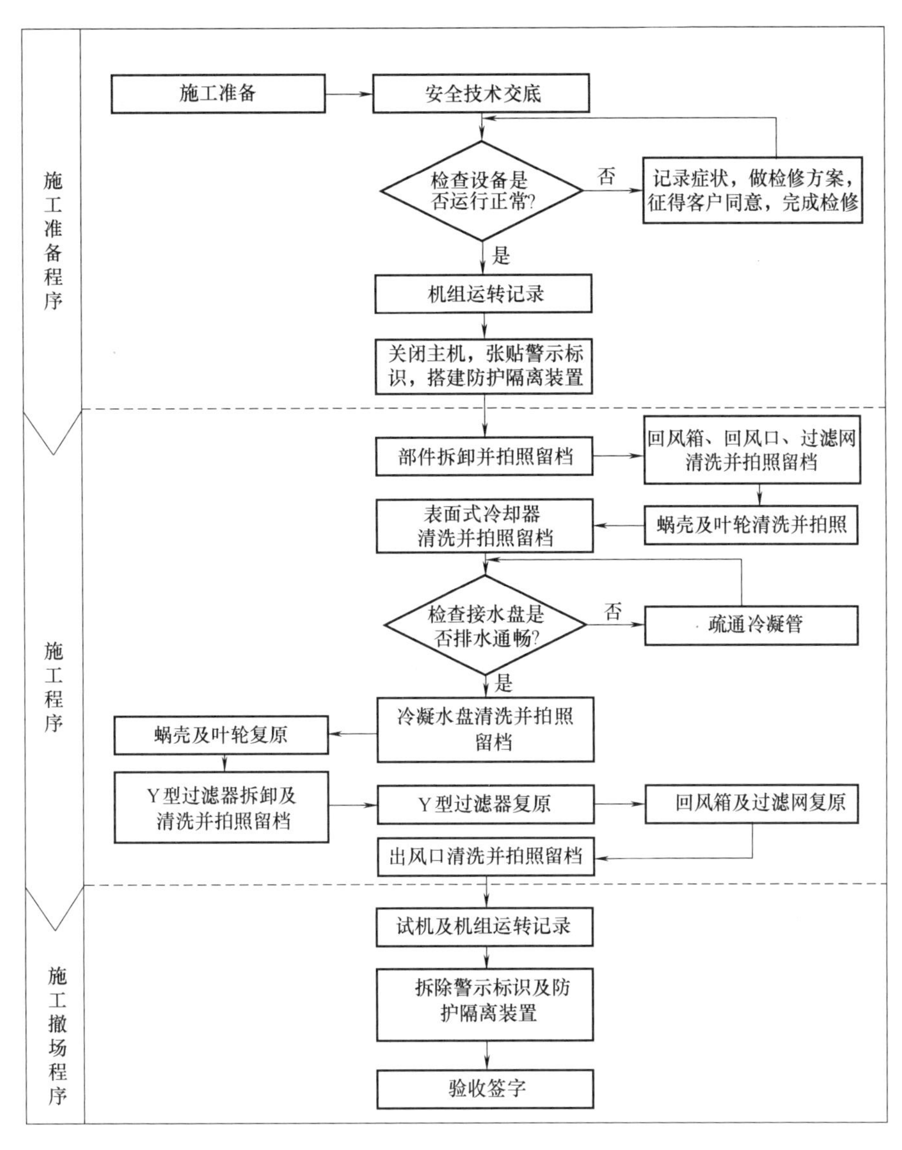

图 3-8 风机盘管清洗作业流程

“正在施工，注意安全”“施工带来不便，请多谅解”等字样。对超出作业区的室内地板、设备和器物进行保护性覆盖。

（二）施工程序

1）拆卸回风口、出风口。

2）拆卸回风箱、风轮（风轮基座），风轮如图 3-9 所示。

3）清洗翅片、冷凝水盘。

4）清洗回风口、出风口及风柜。

5）安装风轮（风轮基座）、回风箱，复原回风口、送风口。

6）拆卸清洗堵塞的 Y 型过滤器，如图 3-10 所示。

7）安装复原 Y 型过滤器。

图 3-9　风轮

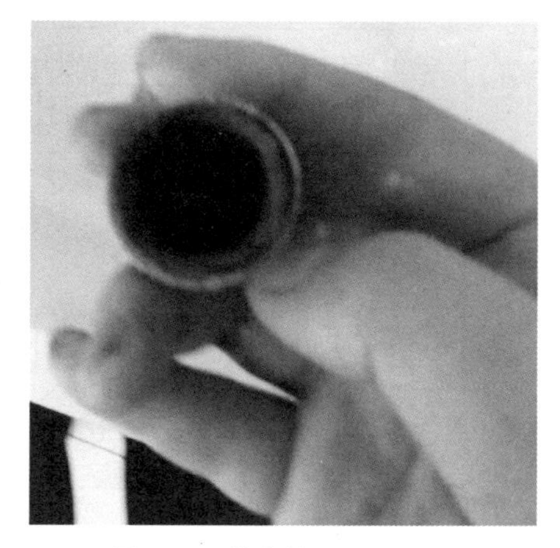

图 3-10　堵塞的 Y 型过滤器

（三）施工撤场程序

清洗完毕后，开启控制面板系统电源，确认中央空调出风正常无异响，交由甲方负责人验收，验收通过后关闭控制面板电源。将防护隔离物、警示标识及所有清洗工具收拾整理整齐放至墙边。将施工现场打扫干净，带上防护隔离物、警示标识及清洗工具撤离现场。

（四）验收标准

风机盘管清洗的验收应符合下列要求：

1）过滤网和送、回风口采用白手套擦拭，无颗粒、无油污且无灰尘等。

2）水过滤器无堵塞。

3）表面式冷却器翅片无堵塞，通风顺畅。

二、风柜的清洗

中央空调
风柜清洗

风柜清洗作业流程如图 3-11 所示。

（一）施工准备程序

1. 安全防护

施工人员应配备 2 人以上，进场前应佩戴头灯、口罩、手套，穿长裤、劳保鞋，裤腿下垂至脚踝，颈脖、手腕无饰品。

2. 施工工具

施工工具包括清洗机、喷壶、空调保养液、翅片清洗剂、水桶、十字螺钉旋具、扳手、钳子、抹布、测温仪、风速仪、内六角扳手、长毛刷、手推车、吸尘器等。

3. 检查风柜

开启电源，检测风柜是否正常运转，用测温仪、风速仪进行出风口温度和风速测量并编号记录；如有故障应记录症状并做检修方案交由客户认可。施工前关闭控制面板系统电源，并张贴“正在施工，禁止开机”的警示标识。

4. 现场防护与隔离

采用隔离布或者临时搭起的木墙作为防护隔离装置，并在靠近客户的一面挂上醒目标识“正在施工，注意安全”“施工带来不便，请多谅解”等字样。对超出作业区的室内地板、设备和器物进行保护性覆盖。

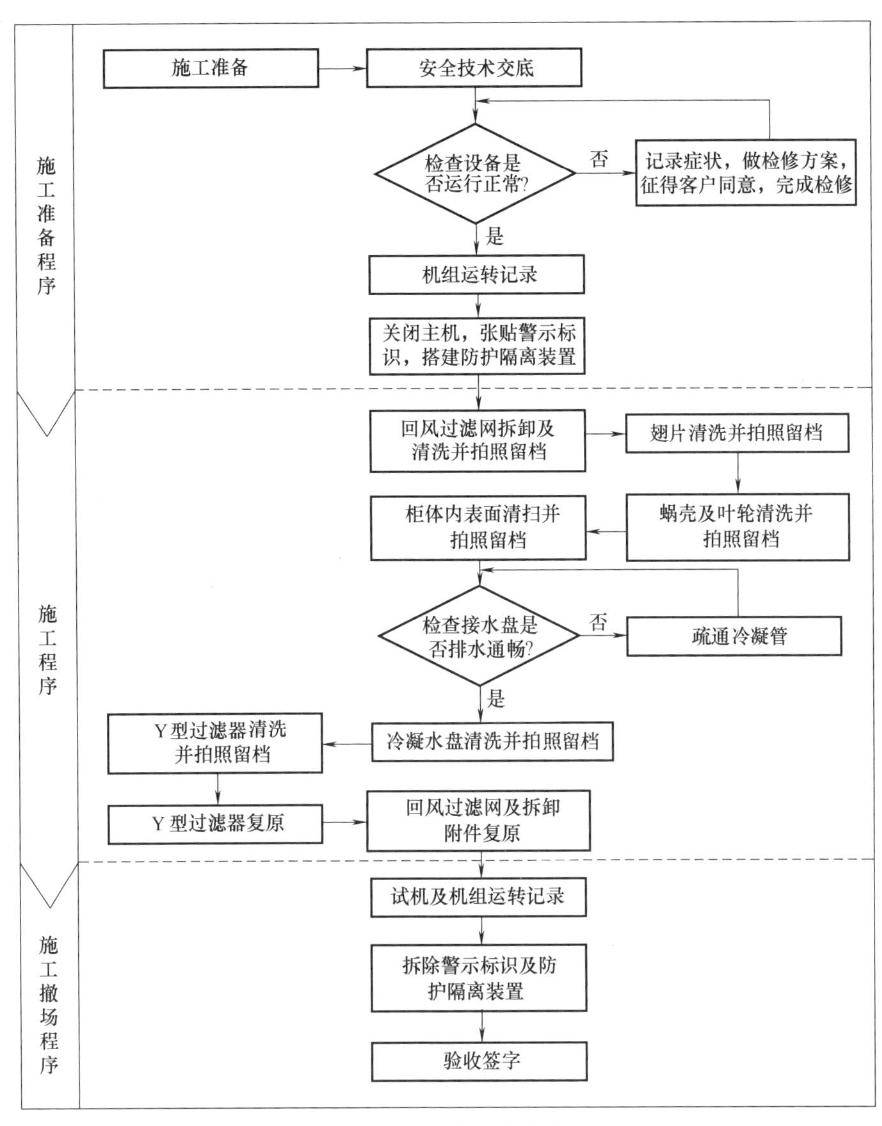

图 3-11 风柜清洗作业流程

（二）施工程序

1）拆卸、清洗回风过滤网。

2）清洗翅片。

3）清洗蜗壳及叶轮。

4）清洗冷凝水盘。

5）拆卸清洗 Y 型过滤器。

6）复原 Y 型过滤器、回风过滤网。

（三）施工撤场程序

清洗完毕后，开启控制面板系统电源，确认中央空调出风正常无异响，交由甲方负责人验收，验收通过后关闭控制面板电源。将防护隔离物、警示标识及所有清洗工具收拾整理整齐放至墙边。将施工现场打扫干净，带上防护隔离物、警示标识及清洗工具撤离现场。

（四）验收标准

风柜清洗的验收应符合下列要求：

1）过滤网、翅片干净无污垢，无滴水。

2）蜗壳、叶轮干净，无污渍、水渍残留，送风电动机干燥。

3）冷凝水管畅通，内部无泥沙、污垢。

4）Y 型过滤器内过滤网干净无污垢。

5）回风过滤网扣紧不松动。

中央空调组合式空调机组清洗

三、空气处理机组的清洗

空气处理机组作业流程如图 3-12 所示。

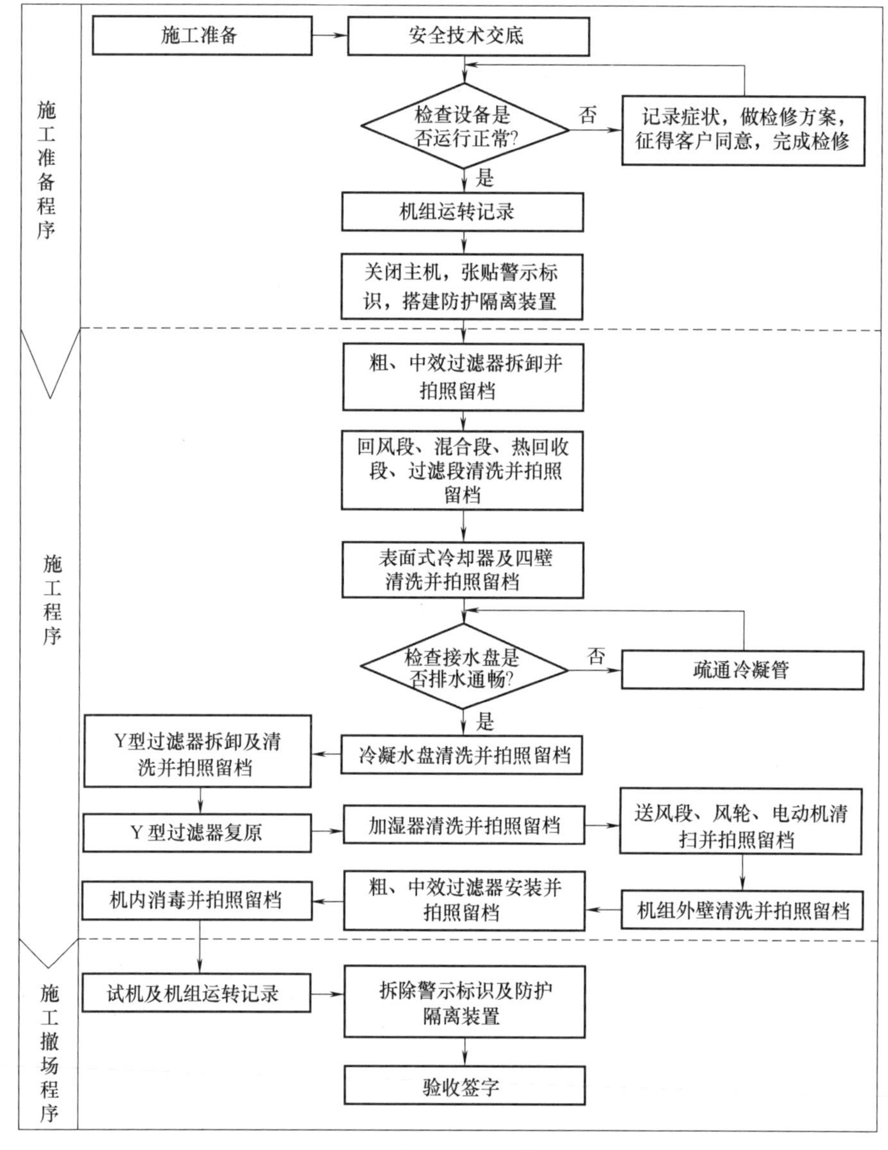

图 3-12　空气处理机组作业流程

(一) 施工准备程序

1. 安全防护

施工人员应配备2人以上，进场前应佩戴头灯、口罩、手套，穿长裤、劳保鞋，裤腿下垂至脚踝，颈脖、手腕无饰品。

2. 施工工具

施工工具包括清洗机、吸尘器、翅片清洗机、中央空调消毒液、翅片清洗剂、喷壶、水桶、十字螺钉旋具、扳手、钳子等。

3. 检查机组

运行机组，观察是否正常启动、有无异响，并记录状态；如有故障应记录症状并做检修方案交由客户认可。施工前关闭机组电源以及静电除尘电源，并张贴"正在施工，禁止开机"的警示标识。

4. 现场防护与隔离

采用隔离布或者临时搭起的木墙作为防护隔离装置，并在靠近客户的一面挂上醒目标识"正在施工，注意安全""施工带来不便，请多谅解"等字样。对超出作业区的室内地板、设备和器物进行保护性覆盖。

(二) 施工程序

1) 拆卸粗、中效过滤器。

2) 回风段、混合段、热回收段、过滤段清洗。

3) 表面式冷却器及四壁清洗。

4) 冷凝水盘清洗。

5) Y型过滤器拆卸、清洗、复原。

6) 加湿器清洗，送风段、风轮、电动机清扫。

7) 机组内部消毒。

8) 粗、中效过滤器复原。

9) 机组外壁清洗。

(三) 施工撤场程序

清洗完毕后，开启控制面板系统电源，确认机组工作正常无异响，交由甲方负责人验收，验收通过后复原控制面板设置。将防护隔离物、警示标识及所有清洗工具收拾整理整齐放至墙边。将施工现场打扫干净，带上防护隔离物、警示标识及清洗工具撤离现场。

(四) 验收标准

空气处理机组的验收应符合下列要求：

1) 过滤网、翅片干净无污垢，无滴水。

2) 表面式冷却器及四壁干净，无污渍、水渍残留。

3) 冷凝水管畅通，内部无泥沙、污垢。

4) Y型过滤器内过滤网干净无污垢。

5) 加湿器干净无污垢，无水渍残留。

6) 机组外壁无颗粒、无油污且无灰尘。

中央空调风管清洗

四、风管的清洗

风管清洗作业流程如图3-13所示。

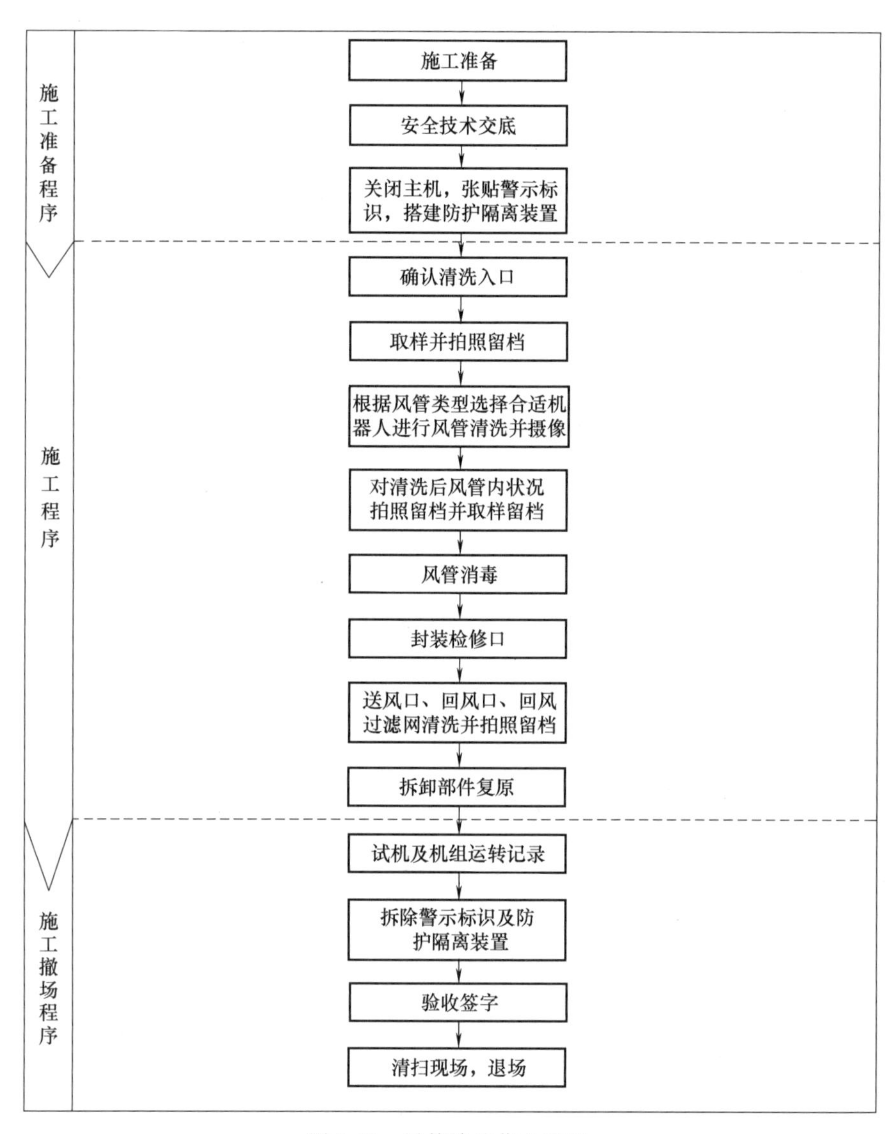

图 3-13 风管清洗作业流程

（一）施工准备程序

1. 安全防护

施工人员应配备 2 人以上，进场前应佩戴头灯、口罩、手套，穿长裤、劳保鞋，裤腿下垂至脚踝，颈脖、手腕无饰品。

2. 施工工具

施工工具包括风管清洗机器人、支风管清洗机、风管消毒机、手电钻、取样袋、取样框、铆钉枪、铆钉、铁皮、锡箔纸、金属板切割器等。

3. 检测风管系统

运行机组，观察是否正常启动、有无异响，并记录状态；如有故障应记录症状并制定检修方案交由客户认可。对风管进行分段标记，确定风管清洗机器人入口。施工前关闭机组电源以及静电除尘电源，并张贴“正在施工，禁止开机”的警示标识。

4. 现场防护与隔离

采用隔离布或者临时搭起的木墙作为防护隔离装置，并在靠近客户的一面挂上醒目标识“正在施工，注意安全”“施工带来不便，请多谅解”等字样。对超出作业区的室内地板、设备和器物进行保护性覆盖。

（二）施工程序

1）拆除风管外部进、出风口。

2）确定清洗入口，有检修口的，打开检修口进行风管清洗；没有检修口或检修口不适合作业，应开孔进行清洗。

3）对风管底面积尘取样。

4）清洗主风管、支风管。

5）清洗完成后再次对风管底面积尘取样。

6）如有开孔，则应进行封口。

7）进、出风口清洗并复原。

（三）施工撤场程序

清洗完毕后，开启控制面板系统电源，确认机组工作正常无异响，交由甲方负责人验收，验收通过后复原控制面板设置。将防护隔离物、警示标识及所有清洗工具收拾整理整齐放至墙边。将施工现场打扫干净，带上防护隔离物、警示标识及清洗工具撤离现场。

（四）验收标准

风管清洗的验收应符合下列要求：

1）风管内表面干净无污垢，用白手套擦拭风管内壁无明显痕迹。

2）风管内表面积尘残留量应小于 $1g/m^2$。

3）封口严实、不漏风，铆钉紧固、整齐美观。

4）进、出风口清洗干净无污垢，安装位置正确、紧固、干净、无滴水。

5）进、出风表面细菌总数、真菌总数应小于 $100CFU/m^2$。

中央空调风冷主机清洗

五、风冷主机的清洗

风冷主机清洗作业流程如图 3-14 所示。

（一）施工准备程序

1. 安全防护

施工人员应配备 2 人以上，进场前应佩戴头灯、口罩、手套，穿长裤、劳保鞋，裤腿下垂至脚踝，颈脖、手腕无饰品。

2. 施工工具

施工工具包括清洗机、喷壶、毛刷、空调保养液、翅片清洗剂、水桶、十字螺钉旋具、扳手、钳子、抹布等。

3. 检查机组

开启电源，检测机组是否正常运转并记录；如有故障应记录症状并做检修方案交由客户认可。施工前关闭控制面板系统电源，并张贴“正在施工，禁止开机”的警示标识。

4. 现场防护与隔离

采用隔离布或者临时搭起的木墙作为防护隔离装置，并在靠近客户的一面挂上醒目标志

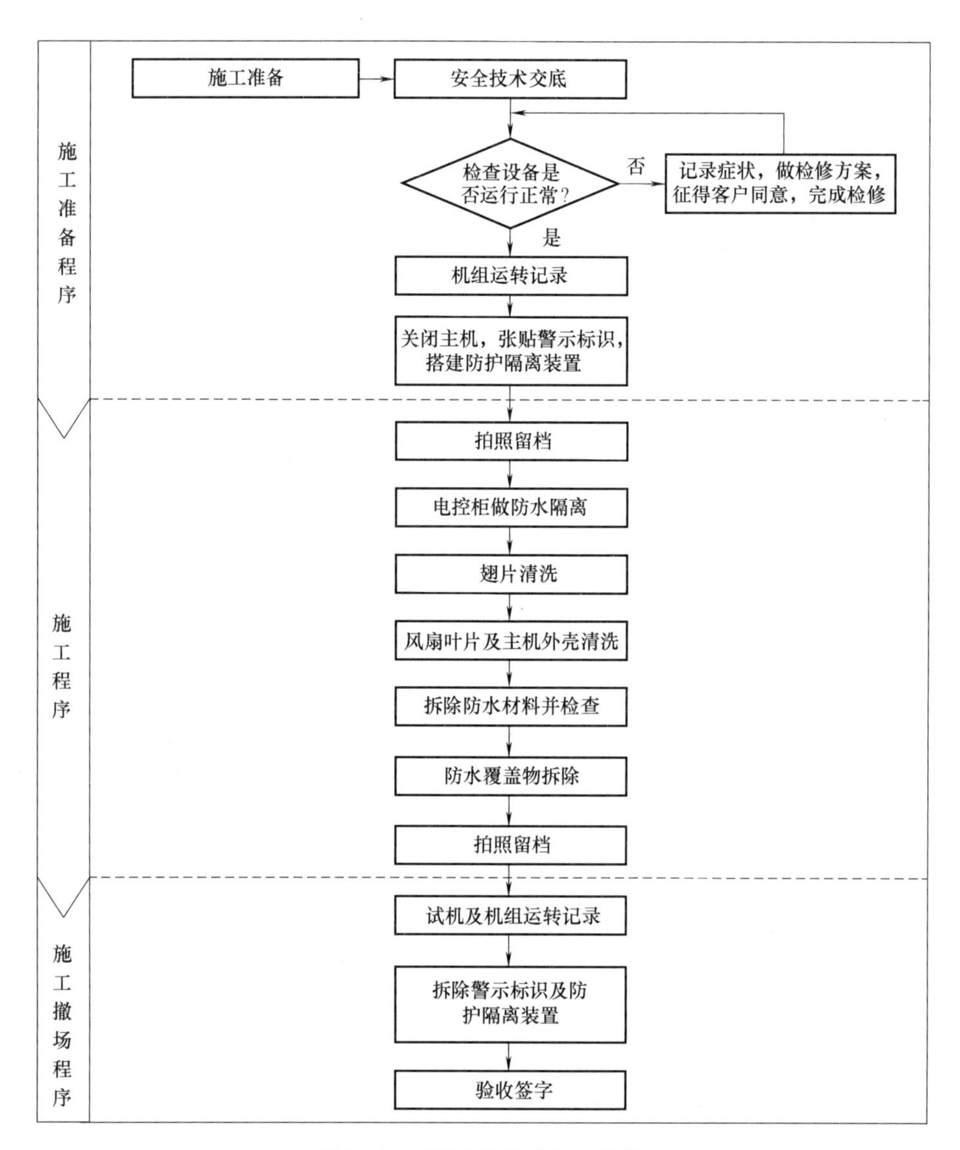

图 3-14　风冷主机清洗作业流程

“正在施工，注意安全”“施工带来不便，请多谅解”等字样。对超出作业区的室内地板、设备和器物进行保护性覆盖。对电控柜、电动机等电气部位做防水隔离。

（二）施工程序

1）清洗翅片。

2）清洗风扇叶片和主机外壳。

3）检查电控柜、电动机等电气部位是否进水。

（三）施工撤场程序

清洗完毕后，开启控制面板系统电源，确认机组工作正常无异响，交由甲方负责人验收，验收通过后复原控制面板设置。将防护隔离物、警示标识及所有清洗工具收拾整理整齐放至墙边。将施工现场打扫干净，带上防护隔离物、警示标识及清洗工具撤离现场。

（四）验收标准

风冷主机的验收应符合下列要求：

1）机组翅片干净，无灰尘，通风正常。

2）各部件无灰尘或污物，送风清新舒适。

课题三　中央空调风系统消毒

相关知识

中央空调风系统在长时间使用过程中，会滋生大量微生物。风系统在运行过程中会将病原体排到室外，有可能导致流行病的发生；同时风系统在运行过程中，各房间空气流通会导致空调使用者发生交叉感染。所以，需要在风系统清洗完后对其进行消毒，消灭停留在风管内壁或空调末端的病原体，借以切断传播途径，阻止和控制传染的发生，保证室内空气品质。

一、中央空调风系统消毒流程

（一）消毒剂的选择

公共场所等负责消毒工作的人员，需严格遵循消毒产品说明书，按照有关规定科学合理使用消毒剂。为避免消毒剂的滥用，消毒产品只能用在说明书标识的对象上，不可超范围使用。每种消毒剂应单独使用，不要混合使用不同种类消毒剂。严格按照说明书浓度配置消毒剂，保证说明书要求的最短消毒时间。

目前风系统中使用的消毒剂主要有季铵盐类消毒剂、二氧化氯消毒剂、含氯消毒剂。

1. 季铵盐类消毒剂

季铵盐类消毒剂是一种阳离子表面活性剂，国内于20世纪60年代开始大量生产应用，属于低效消毒剂，可杀灭多数细菌繁殖体、亲脂性病毒，成分温和，不刺激。

季铵盐类消毒剂由于具有用途广泛，气味温和，安全、无毒、无刺激，溶于水，无残留，耐储藏等多种优点，被大家广泛接受。

使用范围及方法：无明显污染物时，使用浓度1000mg/L；有明显污染物时，使用浓度2000mg/L。无须配置，可直接使用，对金属部件、工具、设备进行喷洒、擦拭、浸泡。

2. 二氧化氯消毒剂

二氧化氯消毒剂是国际上公认的高效消毒灭菌剂，它可以杀灭大部分微生物，包括细菌繁殖体、细菌芽孢、真菌、分枝杆菌和病毒等，并且这些细菌不会产生抗药性。二氧化氯对微生物细胞壁有较强的吸附穿透能力，可有效地氧化细胞内含巯基的酶，还可以通过快速地抑制微生物蛋白质的合成来破坏微生物。

使用范围及方法：将药剂投入已盛有清洁冷水的非金属容器中，搅拌至药剂完全溶解，静置活化5~10min，配置浓度为100mg/L，配置比例（药剂∶水）为1∶1000。对非金属部件、工具、设备进行喷洒、擦拭、浸泡，对废弃物进行喷洒或浸泡。

3. 含氯消毒剂

含氯消毒剂是指溶于水能产生具有灭杀微生物活性的次氯酸的消毒剂，它灭杀微生物有效成分常以有效氯表示。次氯酸分子量小，易扩散到细菌表面并穿透细胞膜进入菌体内，使菌体蛋白氧化导致细菌死亡。含氯消毒剂可杀灭多种微生物，包括细菌繁殖体、病毒、真菌、结核杆菌和抗力最强的细菌芽孢。其使用方法与二氧化氯消毒剂类似。

（二）施工准备

1. 施工组织准备

1）对所要清洗的设备、管道的使用年限、材质、型式、保养情况了解清楚。

2）查阅设备图样，了解设备、管道中水汽流程，以便规划清洗介质的注入、排出和循环回路。

3）了解所洗设备的水处理方式、清洗间隔时间和运行管理情况。

4）采集不同部位的代表性样品进行分析。

5）根据化验结果制订清洗方案，通过静态、动态模拟试验确定清洗参数。

6）对清洗方案进行验证，确保化学药剂对所清洗金属材质的腐蚀率符合表 3-1 规定。

表 3-1 腐蚀率及腐蚀量指标

设备材质	腐蚀率 $K/[g/(m^2 \cdot h)]$		腐蚀量 $A/(g/m^2)$
	实验室验证结果	现场实测结果	
碳钢	≤2	≤5	≤80
不锈钢	≤1	≤1.5	≤20
纯铜	≤1	≤1.5	≤20
铜合金	≤1	≤1.5	≤20
铝及铝合金	≤1	≤1.5	≤20

7）对施工现场所处环境条件，所存在的健康、安全和环境因素进行充分识别，配备合理的应急物资，制订有针对性的预防性应急措施。

8）编制清洗工艺操作规程、安全规范、应急措施，呈报客户与技术主管批准。

9）组织清洗人员学习工艺操作规程、安全规范、应急措施，培训上岗。

2. 施工入场安全防护

1）进入施工场所应佩戴一次性医用口罩。

2）在指定场所穿戴防护用品，穿戴时，人员应间隔 1m 以上距离。

3）防护用具应按以下顺序依次穿戴：戴呼吸防护面罩——→穿连体防护服——→戴化学安全防护眼镜——→戴安全帽——→穿鞋套——→戴内层医用手套（聚氯乙烯手套或乳胶手套或聚酯手套）——→戴劳保防割手套，将手套套在防护服袖口外面。

4）戴手套的手不应触摸鼻子、面部，不应触摸或调整其他个人防护装备（如眼镜等）。

5）穿戴完成，应拍全身照片留档。

（三）风系统的消毒

风系统的消毒方法

风系统的消毒主要有使用机器人进行消毒、使用风刀消毒技术进行消毒、烟雾熏蒸消毒、臭氧消毒四种方法。

1. 使用机器人进行消毒

使用专用消毒机器人或给清洗机器人加装加压喷雾器进行喷洒消毒，或者将消毒药剂喷洒在擦布上，使用擦拭机器人进行擦拭消毒。使用机器人进行消毒操作如图 3-15 所示。

图 3-15　使用机器人进行消毒操作

2. 使用风刀消毒技术进行消毒

将高压气泵与风刀的高压气刀式喷头相结合，作业中可产生雾状气体。为了使金属管道不腐蚀，不留异味，消毒之后再通过喷头反复吹干风管。

3. 烟雾熏蒸消毒

利用醛氯烟雾剂、酸氯烟雾剂等点燃后产生的烟雾对风管进行消毒。

4. 臭氧消毒

如图 3-16 所示，将臭氧浓度控制在 20~30mg/L，将风管消毒机输气管放置在回风口处，开启风机，打开风管消毒机，根据消毒空间容积设定好消毒的时间，人员离场，消毒时间到后，关闭风管消毒机，打开门窗通风半小时。

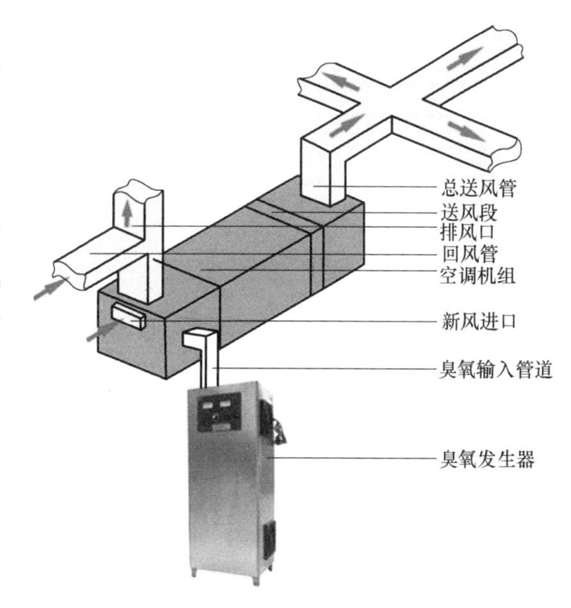

图 3-16　臭氧消毒示意图

（四）安全退场程序

1）应对施工过程中使用过的设备、工具、施工用防护用具、收集到的废弃物进行消毒并处理，具体要求按照表 3-2 执行。

表 3-2　退场消毒要求

物　　品	消毒工艺	消毒后处理
不可水洗的设备、工具表面	擦拭	收纳
可水洗的大型设备、工具表面	喷洒	收纳
可水洗的小型设备、工具	浸泡	收纳
从风系统清理出来的废弃物	喷洒或浸泡	施工单位为医疗机构或有疑似、确诊病例的场所，按医疗垃圾处理，其他场所按普通垃圾中的有害垃圾处理
废弃物专用袋内的废弃物	喷洒或浸泡	
专用容器内的防护物品	喷洒或擦拭	消毒后收纳于专用收纳箱

2）完成步骤 1）后应按照以下顺序，在指定区域依次对穿戴的防护用品进行如下操作：

脱掉安全帽，放入专用容器——→脱掉劳保防割手套，将里面朝外，放入废弃物专用袋——→脱掉化学安全防护眼镜，放入专用容器——→脱下鞋套，将鞋套里面朝外，放入废弃物专用袋——→脱掉连体防护服，将里面朝外，放入废弃物专用袋——→脱掉呼吸防护面罩，将替换芯卸下来放入废弃物专用袋，将呼吸防护面罩放入专用容器——→脱掉内层医用手套，将里面朝外，放入废弃物专用袋——→用香皂和流水洗手——→佩戴一次性医用口罩。

3）对脱下的个人防护用具进行消毒并处理。

4）完成后，用香皂和流水洗手。

二、中央空调风系统清洗消毒验收标准

（一）目测要求

目测无明显灰尘，用手触摸后无明显灰尘。

（二）清洗效果要求

风管清洗后，风管内表面积尘残留量宜小于 $1g/m^2$。

（三）消毒效果要求

中央空调系统消毒后，其自然菌去除率应大于90%，风管内表面细菌总数、真菌总数应小于 $100CFU/m^2$。部件清洗后，表面细菌总数、真菌总数应小于 $100CFU/m^2$。检测无致病微生物。

实训项目一　中央空调风系统清洗消毒设备的使用

一、实训目的

1）了解风系统清洗设备结构和工作原理。

2）掌握风系统清洗设备的基本操作方法。

3）熟练使用设备对风系统进行清洗。

4）了解设备使用注意事项。

二、实训设备

扁平矩形管道清洗机器人、小型支风管清洗机器人、圆形风管清洗机器人、升降式风管清扫机器人、非水平风管清洗机器人、软轴机、智能变频清洗机、风管消毒机、采样检测机器人。

三、实训步骤

1. 扁平矩形管道清洗机器人操作步骤

1）打开机箱取出机器人和便携式控制器。

2）连接便携式控制器和行走机器人，将电缆两端接头分别插入便携式控制器和行走机器人的电气插座内，拧紧螺母。

3）连接吸尘器和行走机器人，将吸尘管一端插入吸尘器，另一端接上行走机器人。

4）电源线插入220V电源插座。

5）将行走机器人放入风管内，右旋开启电源带锁开关，按下清扫按钮，通过前进左右摇杆控制行走机器人的行走运动，打开吸尘器进行吸尘工作，待风管清扫完成后取出行走机器人。

6）清洗风管顶面或侧面时，将航空接头、吸尘管、刷头支架、自扫式刷头取下，将直刷刷头用沉头螺丝固定到刷头支架上，将加长的吸尘管连接机身和刷头，把加长杆装入卡槽位置，用内六角螺丝锁固，根据风管高度及清洗需求，用内六角螺钉将刷头支架固定到加长杆上，即可进行清扫吸尘工作。

2. 小型支风管清洗机器人操作步骤

1）连接吸尘软管。

2）摊直软管。

3）接好电源。

4）按下电源开关。

5）根据管道的宽度设定自动正反转时间（默认值为5s）。

6）依次打开吸尘开关、电动机电源开关，如需手动调整正反转，还要将手/自动正反转开关切换至手动状态。

7）手持吸尘软管，将刷头部分送入风管内。

3. 圆形风管清洗机器人操作步骤

1）打开机箱取出机器人和控制电缆。

2）安装便携式控制器及行走机器人的电缆接头，将电缆接头插入电气插座，拧紧螺母。

3）电源线插入220V电源插座。

4）将行走机器人放入需要清洗的风管内，右旋开启电源带锁开关，按下清扫开关，开始清扫工作，通过摇杆控制行走机器人的运动。

4. 升降式风管清扫机器人操作步骤

1）打开机箱取出机器人和控制电缆。

2）安装便携式控制器及行走机器人的电缆接头，将电缆接头插入电气插座，拧紧螺母。

3）电源线插入220V电源插座。

4）将行走机器人放入需要清洗的风管内，右旋开启电源带锁开关，按下清扫开关，开始清扫工作，通过右侧摇杆控制行走机器人前进、后退、左转、右转；通过左侧摇杆控制机器人升降和清扫刷360°旋转。

5. 非水平风管清洗机器人操作步骤

1）打开机箱取出机器人、控制电缆、提升机。

2）将提升机钢丝绳和机器人通过连接销连接好。

3）将提升机在高处牢固位置固定好。

4）用控制电缆连接便携式控制器和机器人的电缆接头，将电缆接头插入电气插座，拧紧螺母。

5）电源线插入220V电源插座（注意插座需接地）。

6）将机器人放在需要清洗的风管壁上，吸附住；右旋开启电源带锁开关，开始清扫工作，通过摇杆控制机器人的运动。清扫过程中一边摇动提升机一边放线和收线。

7）使用前和使用中及时清理皮带上的灰尘，防止出现打滑现象。

6. 软轴机操作步骤

1）将驱动软轴方形接头插入方孔中，拧紧滚花螺母。

2）根据管径选用合适的刷头，刷头插入软轴接头孔中，拧紧紧定螺钉，放入管道。

3）脚踏开关插头插入插座，拧紧螺母。

4）将调速开关调整到最小，插头插入 AC 220V 电源插座。

5）将软轴摊直，按下电源开关，指示灯亮，软轴开始转动。

6）根据管道清洗的情况，将调速开关左右旋转调整到适合的位置。

7）双手握紧软轴套管，在管道内不断人工调整通炮刷的前后位置即可清洁管道。

8）关闭电源开关，拔出电源插头；拆卸软轴及刷头；将调速开关调到最小位置；软轴盘成圆圈形状，用尼龙扎带扎紧；清洁设备。

7. 智能变频清洗机操作步骤

1）把水管一头的快捷接头装到电动机奶嘴上，将电动机潜入水中。

2）此款清洗机的工作电压是 12V，可连接车载电源工作。在清洗空调时接的是家庭电压 220V，因此连接电源时要将电动机电源线点烟器插头与变压器（220V 转 12V）连接，再将变压器插入电源插座。

3）将水枪插入水管另一头的快捷接头，打开电动机尾部的开关，开始清洗。旋转水枪枪头带螺纹部分，调节水枪的出水形状。

4）使用毛刷时，先关掉电动机尾部开关，握紧水枪把手，把枪体内的水压出控干。将毛刷手柄奶嘴插入快捷接头内，在毛刷泡沫壶内装好清洗用的清洁剂，把毛刷拧到毛刷手柄上，打开电动机尾部开关，按毛刷开关箭头指示打开毛刷，开始清洗。

8. 风管消毒机操作步骤

1）选择好消毒点（回风管的最末端回风口）。

2）将消毒机移至消毒区接通电源，设备面板的电压表显示当前电压。

3）在没有设定设备定时运转的情况下，设备中的空压机会开始运转，臭氧出气孔会有空气吹出。

4）将导气管连接好，出口端固定至消毒点内，开启送风机组风机。

5）根据风管体积计算出消毒时间，打开消毒机开关，设置消毒时间。

6）消毒完成后关闭电源，回收好机器。

9. 采样检测机器人操作步骤

1）打开机箱取出机器人和便携式控制器。

2）安装便携式控制器及行走机器人的电缆接头，将电缆接头插入电气插座，拧紧螺母。将吸尘管一端插入吸尘器，另一端接上行走机器人。

3）电源线插入 220V 电源插座。

4）将行走机器人顶盖打开装上称好质量的集尘袋后将集尘板放回，盖上顶盖。

5）确认行走机器人采样头处于最高位置，将行走机器人放入需要检测的风管内，右旋开启电源带锁开关，通过上下摇杆控制行走机器人采样头的上下运动，通过前进左右摇杆控制行走机器人的行走运动。

6）将行走机器人控制到需要采样位置后把采样头降到最低，按下清扫开关，采样头内部开始工作，打开吸尘器，待吸尘器工作 20s 后关掉吸尘器，再次按下清扫开关使采样头停止工作，把摇杆向上拨动抬起采样头，退出行走机器人，将顶盖打开拿出集尘袋进行取样称重，完成取样工作。

四、实训记录

将风系统清洗消毒设备及工具实训操作情况填入表 3-3 中。

表 3-3　风系统清洗消毒设备及工具实训操作情况记录表

设备名称	规格型号	适用范围	操作要领
扁平矩形管道清洗机器人			
小型支风管清洗机器人			
圆形风管清洗机器人			
升降式风管清扫机器人			
非水平风管清洗机器人			
软轴机			
智能变频清洗机			
风管消毒机			
采样检测机器人			

五、实训评价

风系统清洗消毒设备及工具实训操作情况评议表见表 3-4。

表 3-4　风系统清洗消毒设备及工具实训操作情况评议表

内容	评分细则	分值	得分
安全防护	佩戴防尘口罩，未戴者不计分	1	
	佩戴安全帽，未戴者不计分	1	
	佩戴劳保手套，未戴者不计分	1	
	穿着工作服、长裤、安全鞋，未穿者不计分	1	
扁平矩形管道清洗机器人	取出机器人和便携式控制器	1	
	连接便携式控制器和行走机器人，将电缆两端接头分别插入便携式控制器和行走机器人的电气插座内，拧紧螺母	2	
	连接吸尘器和行走机器人，将吸尘管一端插入吸尘器，另一端接上行走机器人	2	
	电源线插入 220V 电源插座	1	
	将行走机器人放入风管内，右旋开启电源带锁开关，按下清扫按钮，通过前进左右摇杆控制行走机器人的行走运动，打开吸尘器进行吸尘工作，待风管清扫完成后取出行走机器人	2	
	清洗风管顶面或侧面时，将航空接头、吸尘管、刷头支架、自扫式刷头取下，将直刷刷头用沉头螺钉固定到刷头支架上，将加长的吸尘管连接机身和刷头，把加长杆装入卡槽位置，用内六角螺钉锁固，根据风管高度及清洗需求用内六角螺钉将刷头支架固定到加长杆上	3	

（续）

内容	评分细则	分值	得分
小型支风管清洗机器人	连接吸尘软管并摊直	1	
	接好电源，按下电源开关	1	
	根据管道的宽度设定自动正反转时间（默认值为5s）	2	
	依次打开吸尘开关、电机电源开关	1	
	手持吸尘软管，将刷头部分送入风管内	2	
	将手/自动正反转开关切换至手动状态	2	
	手持吸尘软管，将刷头部分送入风管内，手动调整正反转	2	
圆形风管清洗机器人	取出机器人和控制电缆	2	
	安装便携式控制器及行走机器人的电缆接头，将电缆接头插入电气插座，拧紧螺母	2	
	电源线插入220V电源插座	1	
	将行走机器人放入需要清洗的风管内，右旋开启电源带锁开关，按下清扫开关，开始清扫工作，通过摇杆控制行走机器人的运动	2	
升降式风管清扫机器人	取出机器人和控制电缆	1	
	安装便携式控制器及行走机器人的电缆接头，将电缆接头插入电气插座，拧紧螺母	2	
	电源线插入220V电源插座	1	
	将行走机器人放入需要清洗的风管内，右旋开启电源带锁开关，按下清扫开关，开始清扫工作，通过右侧摇杆控制行走机器人前进、后退、左转、右转；通过左侧摇杆控制机器人升降和清扫刷360°旋转	3	
非水平风管清洗机器人	取出机器人、控制电缆、提升机	1	
	将提升机钢丝绳和机器人通过连接销连接好	2	
	将提升机在高处牢固位置固定好	2	
	用控制电缆连接便携式控制器和机器人的电缆接头，将电缆接头插入电气插座，拧紧螺母	2	
	电源线插入220V电源插座（注意插座需接地）	1	
	将机器人放在需要清洗的风管壁上，吸附住；右旋开启电源带锁开关，开始清扫工作，通过摇杆控制机器人的运动。清扫过程中一边摇动提升机一边放线和收线	3	
	使用前和使用中及时清理皮带上的灰尘，防止出现打滑现象	1	
软轴机	将驱动软轴方形接头插入方孔中，拧紧滚花螺母	2	
	根据管径选用合适的刷头，刷头插入软轴接头孔中，拧紧紧定螺钉，放入管道	2	
	脚踏开关插头插入插座，拧紧螺母	1	
	将调速开关调整到最小，插头插入AC 220V电源插座	1	
	将软轴摊直，按下电源开关，指示灯亮，软轴开始转动	1	
	根据管道清洗的情况，将调速开关左右旋转调整到适合的位置	2	
	双手握紧软轴套管，在管道内不断人工调整通炮刷的前后位置，清洁管道	2	
	关闭电源开关，拔出电源插头；拆卸软轴及刷头；将调速开关调到最小位置；软轴盘成圆圈形状，用尼龙扎带扎紧；清洁设备	2	

（续）

内容	评分细则	分值	得分
智能变频清洗机	把水管一头的快捷接头装到电机奶嘴上，将电动机潜入水中	2	
	连接电源时将电动机电源线点烟器插头与变压器（220V 转 12V）连接，再将变压器插入电源插座	2	
	将水枪插入水管另一头的快捷接头，打开电机尾部的开关，开始清洗。旋转水枪枪头带螺纹部分，调节水枪的出水形状	2	
	使用毛刷时，先关掉电动机尾部开关，握紧水枪把手，把枪体内的水压出控干。将毛刷手柄奶嘴插入快捷接头内，在毛刷泡沫壶内装好清洗用的清洁剂，把毛刷拧到毛刷手柄上，打开电动机尾部开关，按毛刷开关箭头指示打开毛刷，开始清洗	3	
风管消毒机清洗	选择好消毒点（回风管的最末端回风口）	2	
	将消毒机移至消毒区接通电源，设备面板的电压表显示当前电压	2	
	在没有设定设备定时运转的情况下，设备中的空压机会开始运转，臭氧出气孔会有空气吹出	2	
	将导气管连接好，出口端固定至消毒点内，开启送风机组风机	2	
	根据风管体积计算出消毒时间，打开消毒机开关，设置消毒时间	2	
	消毒完成后关闭电源，回收好机器	1	
采样检测机器人	取出机器人和便携式控制器	1	
	安装便携式控制器及行走机器人的电缆接头，将电缆接头插入电气插座，拧紧螺母。将吸尘管一端插入吸尘器，另一端接上行走机器人	2	
	电源线插入 220V 电源插座	1	
	将行走机器人顶盖打开装上称好质量的集尘袋后将集尘板放回，盖上顶盖	2	
	确认行走机器人采样头处于最高位置，将行走机器人放入需要检测的风管内，右旋开启电源带锁开关，通过上下摇杆控制行走机器人采样头的上下运动，通过前进左右摇杆控制行走机器人的行走运动	2	
	将行走机器人控制到需要采样位置后把采样头降到最低，按下清扫开关，采样头内部开始工作，打开吸尘器，待吸尘器工作 20s 后关掉吸尘器，再次按下清扫开关使采样头停止工作，把摇杆向上拨动抬起采样头，退出行走机器人，将顶盖打开拿出集尘袋进行取样称重	2	
整理清扫	对使用过的清洗机进行泄压，将工具、备件、防护品整理归位，清扫现场	5	
总分		100	
评议人		日期	

实训项目二　中央空调风系统的清洗

一、实训目的

1）熟悉清洗工具设备的使用。

2）掌握风机盘管（风柜）、风管清洗的工艺要求。

3）掌握风机盘管（风柜）、风管清洗方法。

4）了解风机盘管（风柜）、风管清洗安全防护要求。

5）熟悉风机盘管（风柜）、风管清洗的过程。

二、实训设备及材料

清洗机、喷壶、空调保养液、翅片清洗剂、水桶、十字螺钉旋具、扳手、钳子、抹布、测温仪、风速仪、内六角扳手、长毛刷、手推车、吸尘器、翅片清洗机、中央空调消毒液、风管清洗机器人、支风管清洗机、风管消毒机、手电钻、取样袋、取样框、铆钉枪、铆钉、铁皮、锡箔纸、金属板切割器等。

三、实训步骤

（一）风机盘管、风柜清洗步骤

1）穿戴安全防护品。

2）选择实训设备及材料。

3）开机检测检查风机盘管（风柜）运行情况，做好记录后关机。

4）拆卸回风口（回风过滤网）、出风口。

5）拆卸回风箱、风轮（风轮基座）。

6）清洗翅片、冷凝水盘。

7）清洗回风口（回风过滤网）、出风口及风柜。

8）安装风轮（风轮基座）、回风箱，复原回风口、送风口。

9）拆卸清洗 Y 型过滤器。

10）安装复原 Y 型过滤器。

11）开机检测、检查风机盘管（风柜）运行情况，确认中央空调出风正常无异响，做好记录。

12）收拾整理工具设备，清扫现场。

（二）风管清洗步骤

1）穿戴安全防护品。

2）根据不同风管类型选择清洗工具设备。

3）对风管进行分段标记，确定清洗机器人入口。

4）拆除风管外部进出风口。

5）确定清洗入口，有检修口的打开检修口进行风管清洗；没有检修口或检修口不适合作业，应开孔进行清洗。

6）对风管底面积尘取样。

7）清洗主风管、支风管。

8）清洗完成后再次对风管底面积尘取样。

9）如有开孔，则应进行封口。

10）进出风口清洗并复原。

11）收拾整理工具设备，清扫现场。

四、实训评价

风机盘管及风管清洗评分记录表分别见表 3-5 和表 3-6。风柜清洗评分可参考风机盘管清洗评分记录表。

表 3-5　风机盘管清洗评分记录表

内容	评分细则	分值	得分
安全防护	佩戴防尘口罩，未戴者不计分	1	
	佩戴安全帽，未戴者不计分	1	
	佩戴劳保手套，未戴者不计分	1	
	穿着工作服、长裤、安全鞋，未穿者不计分	1	
工具选择	选择便携式专业清洗套装、工具箱、测风仪、测温仪、翅片清洗剂、喷壶、美工刀、包扎带、抹布、扫把、簸箕，并将工具放到风机盘管清洗工作准备区	2	
开机	开机测试盘管运行状态，用检测仪检测风速、温度并记录，关机；检测时，检测仪应紧贴出风口正中位置，检测位置不正确或结果未记录则不计分	2	
设备调试	安装好便携式清洗机的管线，将水泵置于水桶中，接通电源，调试好水枪出水模式。顺序错误不计分，管线断开不计分	2	
回风箱及涡壳叶轮拆卸	拆卸回风口及过滤网并将过滤网放置于接水物料箱	2	
	拆卸回风箱	2	
	拆卸两个涡壳叶轮并放置于接水物料箱	2	
回风箱清洗	用抹布将回风箱内外擦拭干净	2	
	用水枪将过滤网打湿	2	
	用喷壶将翅片清洗剂喷洒在过滤网上	2	
	用水枪将过滤网冲洗干净	2	
	用干抹布将过滤网上面的水擦拭干净	2	
涡壳及叶轮清洗	用水枪将 2 个涡壳叶轮打湿	2	
	用喷壶将翅片清洗剂喷洒在叶轮上	2	
	用水枪将涡壳叶轮冲洗干净	2	
	用干抹布将涡壳叶轮上面的水擦拭干净	2	
表面式冷却器清洗	用水枪将表面式冷却器翅片打湿	2	
	用喷壶将翅片清洗剂喷洒在表面式冷却器翅片上	2	
	用水枪将表面式冷却器翅片冲洗干净	2	
冷凝水盘清洗	用抹布将冷凝水盘内污渍擦拭干净	2	
	用清洗机水枪对准冷凝水盘排水口，对排水管进行疏通	2	
涡壳及叶轮安装	将叶轮套在电动机轴上，拧紧紧固螺钉	2	
	调整涡壳与叶轮间的间隙，用手转动叶轮，叶轮转动灵活、无异响	3	
Y 型过滤器拆卸及清洗	将接水物料箱置于盘管下方，关闭进水阀门和回水阀门	2	
	打开排气阀，排气口无水流出后，关闭排气阀	2	
	取下 Y 型过滤器外部的包扎带和保温层	2	
	拆卸 Y 型过滤器螺帽	2	
	取出并清洗 Y 型过滤器里面的过滤网	2	
	将排污管道的接水口接至 Y 型过滤器下方，排水口放入接水物料箱	2	
	打开回水阀门，将盘管内部污水排出	2	
	关闭回水阀门	2	

（续）

内容	评分细则		分值	得分
Y 型过滤器拆卸及清洗	打开进水阀门，将管道内部污水排出		2	
	关闭进水阀门		2	
Y 型过滤器复原	将清洗后的过滤网复原，并拧紧螺帽		2	
	打开进水阀门		2	
	打开排气阀，待排气口出水正常，关闭排气阀		2	
	打开回水阀门		2	
	应无漏水现象，漏水则不计分		2	
	根据 Y 型过滤器的尺寸自制保温层，应尺寸合适，美观		2	
	用包扎带将自制的保温材料附着在 Y 型过滤器外，要求包扎美观、完整，漏包或重复包扎则不计分		2	
回风箱及过滤网复原	安装回风箱并用螺钉固定		2	
	将过滤网及回风口复原		2	
试机	开机测试盘管运行状态，用检测仪检测风速、温度，并记录，关机；检测时，检测仪应紧贴出风口正中位置，检测位置不正确或结果未记录则不计分		2	
整理清扫	对使用过的清洗机进行泄压，未做则不计分		3	
	将工具、备件、防护品整理归位清扫现场		3	
小计			95	
操作时长	操作时长 30min，实际用时每减少 1min 加 1 分，最多加 5 分		5	
	实际用时	分　　秒		
总分			100	
评议人		日期		

表 3-6　风管清洗评分记录表

内容	评分细则	分值	得分
安全防护	佩戴防尘口罩，未戴者不计分	1	
	佩戴安全帽，未戴者不计分	1	
	佩戴劳保手套，未戴者不计分	1	
	穿着工作服、长裤、安全鞋，未穿者不计分	1	
施工准备	准备风系统检测套装、工具箱、抹布	1	
A 风管清洗	选择支风管清洗机，并放到圆形风管清洗准备位置	1	
	使用风管检测仪对风管内部进行检测，拍照并向裁判展示，照片上风管内部预设的标志应清晰可见，如无标志或标志不清晰则不计分	1.5	
	从机器控制箱上将吸尘管线盘出，盘出管线时打结则不计分	1.5	
	将吸尘管线连接到控制箱吸尘口，连接紧固不漏风	1.5	
	将机器刷头送入风管入口，送入深度不少于 500mm，并将吸尘管道固定于风管入口预制挂钩上。吸尘管道掉落则不计分	1.5	

（续）

内容	评分细则	分值	得分
A 风管清洗	连接电源线，依次打开电源开关、吸尘开关，调节清洗刷头转速，顺序错误则不计分	1.5	
	移动清洗刷头，从风管入口处送至出口处窗口，来回清洗不少于 2 次。未到出口处或未完成 2 次则不计分	2.5	
	清洗结束，将吸尘管道固定于风管入口预制挂钩上，依次关闭清扫开关、吸尘开关、电源开关，切断电源，将刷头拉出风管，顺序错误则不计分	1.5	
	使用风管检测仪对风管清洗效果进行检测，拍照并向裁判展示，照片上风管内部预设的标志应清晰可见，如未见标志或标志不清晰则不计分	1.5	
	将吸尘管道从控制箱吸尘口拆卸下来，整齐均匀地盘绕在控制箱的外围，刷头在上位，盘绕美观，若未完成则不计分	1.5	
	将清洗设备整理归位	1	
B 风管清洗	选择超扁平矩形管道清洗机器人，并放到扁平矩形风管清洗准备位置	1	
	使用风管检测仪对风管内部进行检测，拍照并向裁判展示，照片上风管内部预设的标志应清晰可见，如照片上无标志或标志不清晰则不计分	1.5	
	使用洁净抹布清洗风管入口处，深度不小于 500mm	1.5	
	将吸尘管线盘出连接到吸尘器，若盘出管线时打结则不计分	1.5	
	取出清洗机器人，连接好吸尘管线，若连接不牢固或管线打结则不计分	1.5	
	连接电源线，打开监控开关，调整好前后摄像头位置、显示时间，确认进入录像状态	1.5	
	将机器人送入风管入口处，控制送入深度，避免机器人掉落	1.5	
	依次打开吸尘开关、清扫开关，若顺序错误则不计分	1.5	
	移动机器人清洗风管，从风管入口处走到出口处，来回清洗不少于 2 次，未到出口处或未完成 2 次则不计分	2.5	
	机器人在风管内应行走流畅，机器人卡住不动则不计分	1.5	
	清洗结束，依次关闭清扫开关、吸尘开关、监控开关，切断电源，顺序错误，则不计分	1.5	
	将机器人移出风管	1.5	
	使用风管检测仪对风管清洗效果进行检测，拍照并向裁判展示，照片上风管内部预设的标志应清晰可见，无标志或标志不清晰则不计分	1.5	
	拆下吸尘管线并整齐均匀地盘绕在集控箱的外围	1.5	
	用抹布擦拭机器人外表及履带	1.5	
	将机器人收入集控箱下部箱体内	1.5	
	将清洗设备整理归位	1	
C 风管清洗	选择升降式擦拭机器人，并放到中型矩形风管清洗准备位置	1	
	使用风管检测仪对风管内部进行检测，拍照并向裁判展示，照片上风管内部预设的标志应清晰可见，如无标志或标志不清晰则不计分	1.5	
	使用洁净抹布清洗风管入口处，深度不小于 500mm	1.5	
	取出电缆线连接到控制箱，若电缆线打结则不计分	1.5	
	取出清洗机器人，将擦拭刷头安装好，中途松动、脱落则不计分	1.5	

（续）

内容	评分细则			分值	得分
C风管清洗	将电缆线连接到清洗机器人上，若连接不牢固则不计分			1.5	
	连接电源线，打开电源开关，调整好前后摄像头位置、显示时间，确认进入录像状态			1.5	
	将机器人送入风管入口处，调整调速开关			1.5	
	调整擦拭刷头方向，紧贴风管一侧，移动机器人清洗风管一侧，从风管入口处走到出口处，来回不少于1次，未到出口处或未完成则不计分			2.5	
	调整擦拭刷头方向，紧贴风管另一侧，移动机器人清洗风管另一侧，从风管入口处走到出口处，来回不少于1次，未到出口处或未完成则不计分			2.5	
	调整擦拭刷头方向，紧贴风管底面，移动机器人清洗风管底面，从风管入口处走到出口处，来回不少于2次，未到出口处或未完成2次则不计分			2.5	
	机器人在风管内行走应流畅，若机器人卡住、翻倒则不计分			1.5	
	清洗结束，调速开关旋至最小位置，关闭电源开关，切断电源，将机器人移出风管，若顺序错误则不计分			1.5	
	使用风管检测仪对风管清洗效果进行检测，拍照并向裁判展示，照片上风管内部预设的标志应清晰可见，如无标志或标志不清晰则不计分			1.5	
	拆下控制线整齐盘绕，未整齐盘绕或摆放零乱则不计分			1.5	
	用洁净抹布擦拭机器人外表及履带			1.5	
	将机器人放入设备箱，控制箱置于设备箱上面，控制线置于控制箱上面			1.5	
	将清洗设备整理归位			1	
整理清扫	将工具、备件整理归位，使用过的手套、口罩、抹布置于废料箱，清扫现场			4	
小计				80	
操作时长	操作时长60min，实际用时每减少3min加1分，最多加5分			5	
	实际用时	分　　秒			
清洗效果	清洗后采样检测，集尘量在1g/m²（含）以上，不计分；0.8（含）~1g/m²得0.5分；0.6（含）~0.8g/m²得1分；0.4（含）~0.6g/m²得1.5分；0.2（含）~0.4g/m²得2分；0.2g/m²以下得5分				
	A风管积尘量/（g/m²）		A风管清洗效果	5	
	B风管积尘量/（g/m²）		B风管清洗效果	5	
	C风管积尘量/（g/m²）		C风管清洗效果	5	
总分				100	
评议人			日期		

注：1. A风管：直径200mm的圆形风管。
2. B风管：400mm×200mm的扁平矩形风管。
3. C风管：600mm×400mm的中型矩形风管。

实训项目三　中央空调风管消毒

一、实训目的

1）进一步熟悉消毒工具设备的使用。

2）掌握清洗消毒剂的使用方法。

3）了解风管消毒安全防护要求。

二、实训设备及材料

翅片清洗剂、水桶、十字螺钉旋具、扳手、钳子、抹布、测温仪、风速仪、内六角扳手、长毛刷、手推车、中央空调消毒液、风管消毒机、手电钻、铆钉枪、铆钉、铁皮、锡箔纸、金属板切割器等。

三、实训步骤

风管消毒步骤如下：

1）选择好消毒点（回风管的最末端回风口）。

2）将消毒机移至消毒区接通电源，设备面板的电压表显示当前电压。

3）开启机器，设备中的空压机开始运转，检查臭氧出气孔是否有气体吹出，确认机器正常。

4）将导气管连接好，出口端固定至消毒点内，开启送风机组风机。

5）根据风管体积计算出消毒时间，打开消毒机开关，设置消毒时间，进行风管内部消毒。

6）消毒完成后关闭电源，回收好机器。

7）完成风管内部消毒后，采用普通喷雾消毒剂对风管外部进行消毒。

四、实训评价

风管消毒评分记录表见表 3-7。

表 3-7　风管消毒评分记录表

内容	评分细则		分值	得分
安全防护	佩戴防尘口罩，未戴者不计分		1	
	佩戴安全帽，未戴者不计分		1	
	佩戴劳保手套，未戴者不计分		1	
	穿着工作服、长裤、安全鞋，未穿者不计分		1	
风管消毒机清洗	选择好消毒点（回风管的最末端回风口）		2	
	将消毒机移至消毒区接通电源，设备面板的电压表显示当前电压。		2	
	在没有设定设备定时运转的情况下，设备中的空压机会开始运转，臭氧出气孔会有气体吹出		2	
	将导气管连接好，出口端固定至消毒点内，开启送风机组风机		2	
	根据风管体积计算出消毒时间，打开消毒机开关，设置消毒时间		2	
	消毒完成后关闭电源，回收好机器		1	
整理清扫	将工具、备件、防护品整理归位清扫现场		5	
总分			20	
评议人		日期		

1）掌握风系统清洗设备的工作原理及其使用方法。

2）了解风系统清洗施工安全防护要求。

3）掌握风机盘管、风柜、空气处理机组、风管、风冷主机等的清洗方法及清洗流程。

4）掌握风机盘管、风柜、空气处理机组、风管、风冷主机等的消毒方法及消毒流程。

1. 中央空调风系统清洗消毒常用设备有哪些？并简述其工作原理与操作方法。
2. 简述风机盘管、风柜、空气处理机组、风管、风冷主机的清洗流程。
3. 简述风机盘管、风柜、空气处理机组、风管、风冷主机清洗的验收标准。
4. 简述中央空调风系统消毒流程及验收标准。

单元四 中央空调水系统清洗

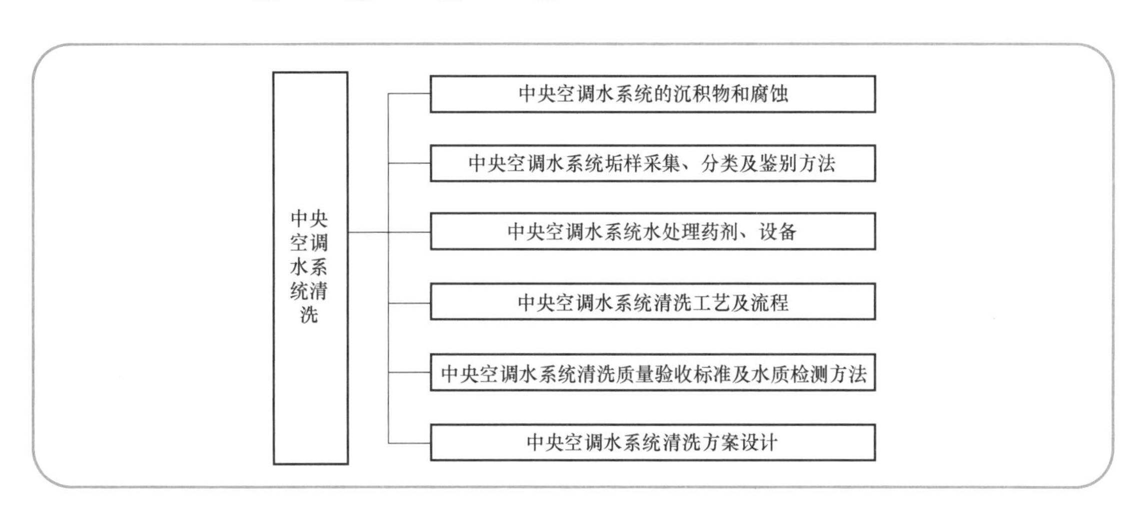

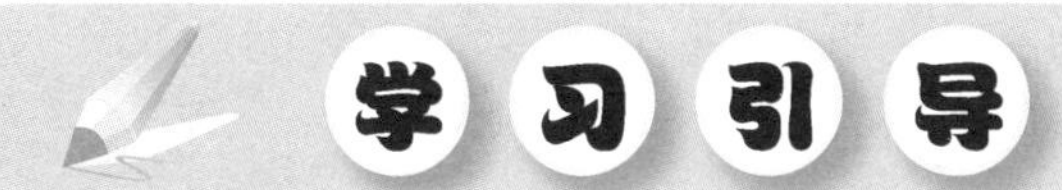

知识目标

1. 熟悉中央空调水系统的沉积物和腐蚀。
2. 掌握中央空调水系统垢样的鉴别方法。
3. 了解中央空调水系统清洗的药剂、设备。
4. 掌握中央空调水系统清洗工艺及流程。

能力目标

1. 能进行空调水系统垢样采集。
2. 能按工艺要求操作中央空调水系统的清洗流程。

素养目标

1. 培养学生的分析、判断、归纳等思维能力，使其能够独立地思考和解决问题。

2. 培养学生的沟通、合作能力，使其能够与他人有效地交流和合作。

重点与难点

1. 中央空调水系统清洗工艺及流程。
2. 中央空调水系统垢样采集、分类及鉴别方法。

课题一　中央空调水系统的沉积物和腐蚀

相关知识

中央空调运行过程中，由于客观环境影响，在水系统会产生大量沉积物，并对系统管道产生腐蚀，严重影响中央空调的安全运行，降低运行效率，增加设备运行能耗。

一、中央空调水系统的沉积物及分类

在中央空调水系统中，会有各种物质沉积在换热器的传热管表面，这些物质统称为沉积物，它们主要由水垢、淤泥、腐蚀产物和生物沉积物构成。通常情况下，中央空调水系统的沉积物主要分为水垢、污垢、微生物垢三大类。

（一）水垢

天然水中溶解有各种盐类，如重碳酸盐、硫酸盐、氯化物、硅酸盐等。其中以溶解的重碳酸盐［如 $Ca(HCO_3)_2$、$Mg(HCO_3)_2$］为最多，也最不稳定，容易分解生成碳酸盐。如果使用含重碳酸盐较多的水作为冷却水，当它通过换热器传热表面时，会受热分解成碳酸钙。反应方程式为

$$Ca(HCO_3)_2=CaCO_3\downarrow+H_2O+CO_2\uparrow$$

冷却水通过冷却塔时，由于气、水直接接触，溶解于水中的 CO_2 气体会逸出，从而使冷却水的 pH 值升高，在碱性条件下，重碳酸盐也会分解成碳酸钙。

当水中含有 $CaCl_2$ 时，$CaCl_2$ 与 CO_2 反应也会生成碳酸钙，当水中溶有适量的磷酸盐时，磷酸根将与钙离子生成磷酸钙。反应方程式为

$$3Ca^{2+}+2PO_4^{3-}=Ca_3(PO_4)_2\downarrow$$

上述反应生成的碳酸钙和磷酸钙均属微溶性盐，这些微溶性盐很容易达到过饱和状态而从水中结晶析出，当水流速度比较小或传热面比较粗糙时，这些结晶沉积物就很容易沉积在传热面上。此外，水中溶解的硫酸钙、硅酸钙、硅酸镁等，当其阴、阳离子浓度的乘积超过其本身溶度积时，也会生成沉淀沉积在传热面上。这些沉积物通常称为水垢。因为这些水垢都是由无机盐组成的，故又称为无机垢；由于这些水垢结晶致密，比较坚硬，也称为硬垢。碳酸钙垢如图 4-1 所示，它们通常牢固地附着在换热器表面上，不易被水冲洗掉。

大多数情况下，换热器表面上形成的水垢是以碳酸钙为主的。这是因为硫酸钙的溶解度远远大于碳酸钙。同时，天然水中溶解的磷酸盐较少，除非向水中投加过量的磷酸盐，否则磷酸钙水垢较少出现。

中央空调冷冻水系统一般为封闭式。冷冻水在封闭系统中循环，水分不蒸发，不浓缩，不存在溶解盐的过饱和问题，水温也很低。因此冷冻水系统的水垢相对较少。

（二）污垢

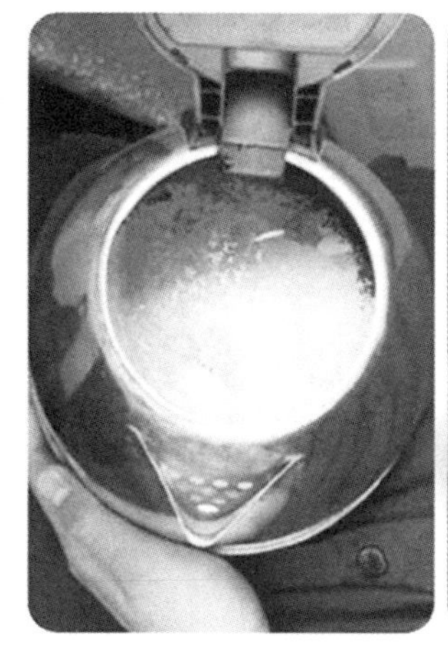
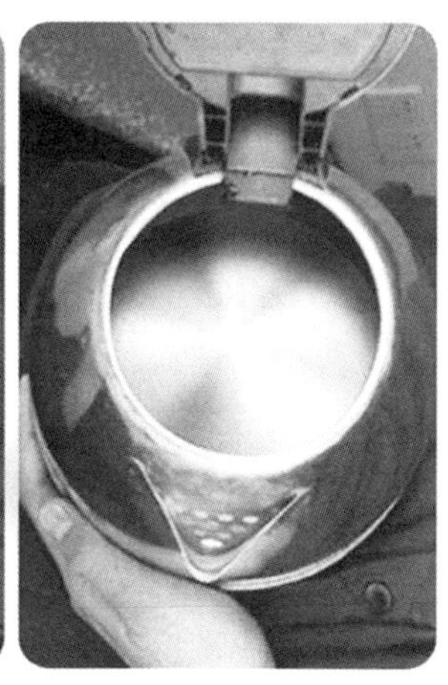
图 4-1 碳酸钙垢

通常人们把淤泥、腐蚀产物和生物沉积物三者统称为污垢，如图 4-2 所示。污垢一般由颗粒细小的泥沙、尘土、不溶性盐类的泥状物、胶状氢氧化物、杂物碎屑、腐蚀产物、油污、菌藻的尸体及其黏性分泌物等组成。水处理控制不当，补充水浊度过高，细微泥沙、胶状物质等进入冷却水系统，或菌藻杀灭不及时，或腐蚀严重、腐蚀产物多，或操作不慎，都会加剧污垢的形成。当这样的水质流经换热器表面时，容易形成污垢沉积物，特别是当水走壳程，流速较慢的部位污垢沉积更多。由于这种污垢体积较大，质地疏松稀软，故又称为软垢。它们是引起垢下腐蚀的主要原因，也是某些细菌如厌氧菌生存和繁殖的温床。由于污垢的质地疏松稀软，所以它们在传热面上黏附不牢，容易清洗，有时只需用水冲洗即可除去。但在运行时，污垢和水垢一样，也会影响换热器的传热效率。

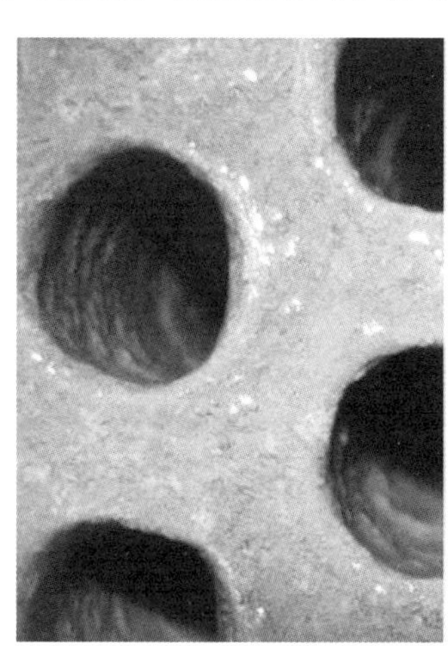
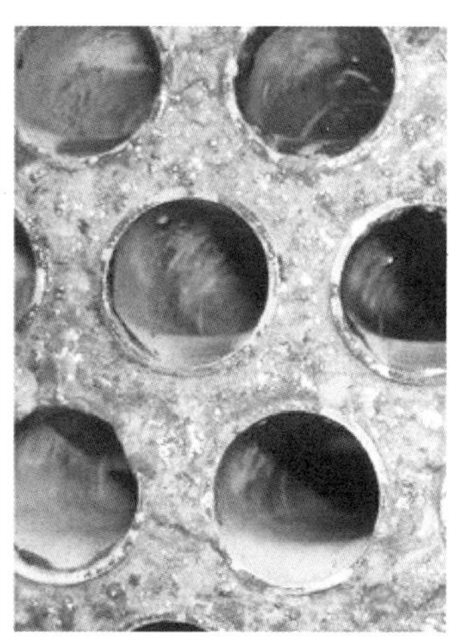

图 4-2 污垢

当防腐措施不当时，换热器的换热管表面经常会有锈瘤附着。其外壳坚硬，但内部疏松多孔，而且分布不均。它们常与水垢、微生物黏泥等一起沉积在换热器的传热表面。这类锈瘤腐蚀产物形成的沉积物，除了影响传热外，更严重的是将助长某些细菌（如铁细菌）的繁殖，最终导致管壁腐蚀穿孔。

（三）微生物垢

补充水和周围空气带入的有机物和无机物供给微生物生长所必需的营养物和离子，生产过程中物料的泄漏也为循环水系统微生物种群提供了养料，管道、热交换器、冷却塔及配水管道系统所提供的表面，有效地促进了微生物种群的生长。在循环水中，微生物滋长给循环水系统带来极大危害，大量微生物分泌的黏液使水中漂浮的杂质和化学沉淀物黏附在换热器的传热面上，即生物黏泥或软垢，如图 4-3 所示。黏泥附着除了会引起腐蚀外，还会使冷却水流量减少，从而降低换热器的冷却效率，严重时还会堵塞管道，迫使停产清洗。

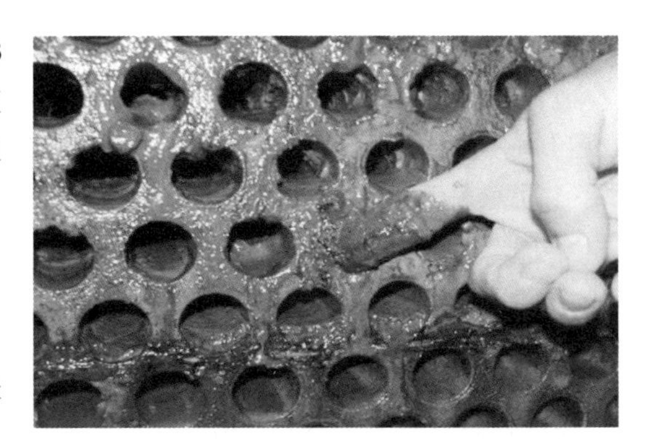

图 4-3　微生物垢

二、中央空调水系统的腐蚀

（一）金属腐蚀速度

腐蚀速度又称为腐蚀速率或腐蚀率，表示金属被腐蚀的快慢程度。

在国际单位制（SI）中，腐蚀速度的单位为 mm/a（毫米/年）和 μm/a（微米/年）。其物理意义为：如果金属表面各处的腐蚀是均匀的，则金属表面每年的腐蚀深度是多少毫米或微米。

（二）常见的金属腐蚀类型

在中央空调的水系统中，大多数设备是金属制造的。对于碳钢、铜或镀锌管等设备，长期使用冷却水和冷冻水会发生腐蚀穿孔，其腐蚀是由多种因素造成的。最常见的有以下几种腐蚀：

1. 均匀腐蚀

均匀腐蚀又称全面腐蚀或普遍腐蚀，是循环冷却水中遇到的最普遍的问题。其一般特点是腐蚀在金属的全部暴露表面上均匀地进行。在腐蚀过程中，金属逐渐变薄，最后被破坏。

对于碳钢而言，均匀腐蚀主要发生在低 pH 值的酸性溶液中。例如，冷却水系统中的碳钢换热器用盐酸、硝酸或硫酸等无机酸进行化学清洗时，如果没有在这些酸中添加适当的缓蚀剂，则碳钢将发生明显的均匀腐蚀。又如，在加酸调节 pH 值的冷却水系统中，当加酸过多，冷却水的 pH 值降到很低时，碳钢的设备也将发生明显的均匀腐蚀。均匀腐蚀在金属正常的腐蚀允许范围内，一般在设计时纳入设计寿命之中，金属均匀腐蚀如图 4-4 所示。

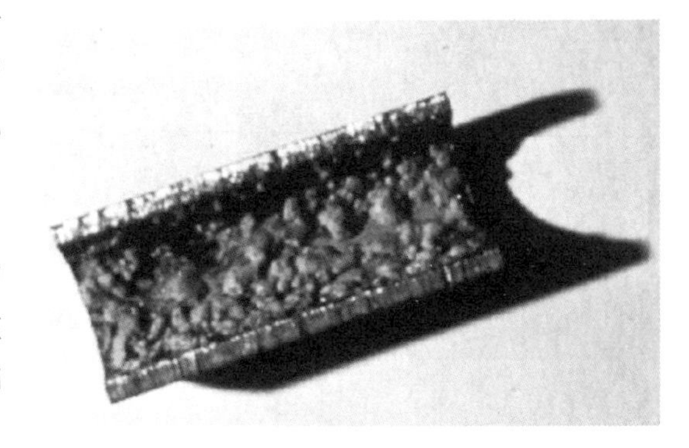

图 4-4　金属均匀腐蚀

2. 孔蚀

孔蚀又称为点蚀或坑蚀。孔蚀是在金属表面上产生小孔的一种极为局部的腐蚀形态。这种孔的直径可大可小，但在大多数情况下都比较小。有些蚀孔孤立地存在，有些蚀孔则紧凑地在一起。

孔蚀是冷却水系统中最常见的一种腐蚀形态，又是破坏性和隐患性最大的腐蚀形态之一。它使设备穿孔破坏，而这时的失重仅占整个结构很小的一部分。孔蚀危害巨大，因为它是一种局部的但是剧烈的腐蚀形态。孔蚀严重的设备会在突然之间发生穿孔，随之而来的物料泄漏，会使人措手不及。

检查和发现蚀孔常常是很困难的，因为蚀孔很小，通常又被腐蚀产物或沉积物覆盖着。

对于碳钢而言，孔蚀主要发生在中性的腐蚀介质中。例如，在未采取防腐措施的冷却水系统中，冷却水中大多数孔蚀和卤素离子有关，其中影响最大的是氯离子、溴离子、硫酸根离子和次氯酸根离子，氟化物和碘化物引起孔蚀的倾向则比较小。金属孔蚀现象如图 4-5 所示。

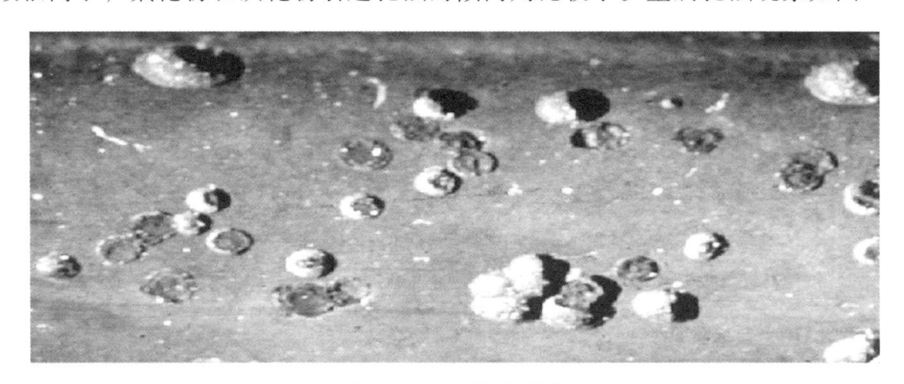

图 4-5 金属孔蚀现象

3. 磨损腐蚀

磨损腐蚀又称冲击腐蚀、冲刷腐蚀或磨蚀，是在高流速条件下形成的。磨损腐蚀的外表特征是：腐蚀的部位呈槽、沟、波纹和山谷形，还常常显示有方向性。许多金属，如铝、不锈钢和碳钢的耐蚀性是依靠生成某些表面膜（钝化膜）。当这些保护性表面膜（钝化膜）受到破坏或磨损后，金属或合金的腐蚀就会以高速进行，形成磨损腐蚀。

在冷却水系统中，泵的叶轮、冷凝器中冷却水入口处铜管的端部、挡板和折流板等处常遭到的冲刷腐蚀可以作为冷却水系统中磨损腐蚀的一些实例。

磨损腐蚀与表面膜、流速、湍流、冲击、金属或合金的性质等因素有关。一般来说，原来耐蚀性能较好的材料将会表现出较好的耐磨损腐蚀性能，比如铜及其合金、海军黄铜、铝黄铜和铜镍合金耐磨损腐蚀性能较强。

4. 缝隙腐蚀

浸泡在腐蚀性介质中的金属表面，当其处在缝隙或其他的隐蔽区域内时，常会发生强烈的局部腐蚀。这种腐蚀常常和孔穴、垫片底面、搭接缝、表面沉积物、金属的腐蚀产物以及螺母、铆钉帽下缝隙内积存的少量静止溶液有关。因此，这种腐蚀形态被称为缝隙腐蚀，有时也被称为垢下腐蚀、沉积腐蚀、垫片腐蚀。

产生缝隙腐蚀的沉积物有：冷却水中的泥沙、尘埃、腐蚀产物、水垢、微生物黏泥和其他固体。沉积物的作用是屏蔽，在其下形成缝隙，为液体不流动创造条件。

循环冷却水系统中碳钢换热器中沉积物下面金属的腐蚀，可以看作缝隙腐蚀的实例。冷却水系统腐蚀监测装置中夹牢碳钢挂片用的螺母及垫片下缝隙内碳钢表面发生的腐蚀，可以看作缝隙腐蚀的又一个实例。依靠氧化膜或钝化膜来增强耐蚀性的金属或合金，特别容易遭受缝隙腐蚀，例如不锈钢和碳钢。

5. 选择性腐蚀

选择性腐蚀又称为选择性浸出，是从一种固体金属中有选择性地去除其中的一种元素的腐蚀。冷却水系统中最常见的选择性腐蚀的实例是主机铜管脱锌。

普通黄铜含锌 30%、铜 70%，也称为 70/30 黄铜。如果黄铜脱锌现象很明显，黄铜就会从原来的黄色变成红色。黄铜脱锌一般分两类：一类是均匀型或层型脱锌，多发生于高锌黄铜，而且总是发生在酸性介质中；另一类是局部型或塞型脱锌，多发生于低锌黄铜，发生在中性、碱性或微酸性介质中。

防止或减轻黄铜脱锌的最初的方法是在70/30黄铜中加入1%的锡（海军黄铜），后来则再加入少量的砷、锑或磷作为缓蚀剂。

6. 电偶腐蚀

电偶腐蚀又称双金属腐蚀或接触腐蚀。当两种不同的金属浸在导电性水溶液中时，两种金属之间通常存在着电位差，如果这些金属互相接触或用导线连接，则该电位差就会驱使电子在它们之间流动，从而形成一个腐蚀电池。

冷却水系统中电偶腐蚀的实例之一是换热器中黄铜换热管和碳钢管板或钢制水室之间在冷却水中发生的电偶腐蚀。在腐蚀过程中，被加速腐蚀的是很厚的钢制管板或水室，而不是薄的铜管。由于钢制管板或水室的壁很厚，因而仍可以长期使用。

7. 应力腐蚀破裂

应力腐蚀破裂是指拉应力和特定腐蚀介质共同作用下引起的金属或合金的破裂。应力腐蚀破裂的特点是，大部分表面实际上未遭破坏，只是有一部分细裂纹穿透金属或合金内部。应力腐蚀破裂的重要因素是温度、溶液成分、金属或合金的成分、应力和金属结构。应力腐蚀破裂有晶间破裂和穿晶破裂两种。晶间破裂沿晶界进行，而穿晶破裂的扩展则没有明显的择优晶界。

冷凝器黄铜管拉制后应力未消除时发生的应力腐蚀可以作为冷却水系统中应力腐蚀破裂的一个实例。

（三）中央空调水系统中金属腐蚀的影响因素

在中央空调的水系统中，需要了解冷却水系统中影响腐蚀的各种因素，知道哪些因素是促进腐蚀的，哪些因素是抑制腐蚀的，从而设法避免不利因素，利用有利因素，以减轻和防止冷却水中金属设备的腐蚀。

冷却水中金属换热设备腐蚀的影响因素很多，概括起来可以分为化学因素、物理因素和微生物因素。

1. pH值

pH值偏酸性时，碳钢表面不易形成保护膜，而H^+又是很好的去极化剂，促进腐蚀电池阴极电子的转移，故pH值偏酸性时，其腐蚀要比pH值偏碱性时强。

2. 阴离子

金属的腐蚀速度与水中的阴离子的种类有密切的关系。冷却水中的Cl^-、Br^-、I^-等活性离子能破坏碳钢、不锈钢和铝等金属或合金表面的钝化膜，促进腐蚀。水中的铬酸根、亚硝酸根、硅酸根和磷酸根等阴离子能钝化钢铁或生成难溶沉淀物而覆盖金属表面，起到抑制腐蚀的作用。

3. 硬度

硬度过高则会结垢，而且在一定条件下会引起垢下腐蚀；硬度太低，缓蚀剂与金属作用在金属表面形成的保护膜难以形成，对缓蚀效果有影响。以磷系配方为例，Ca^{2+}一般不得小于30mg/L，以形成磷酸钙的保护膜而起到缓蚀作用。

4. 金属离子

一些重金属离子，如铜、银、铅、镁、锌这几种常用金属起到有害作用。在酸性溶液中

的 Fe^{3+} 具有强烈的腐蚀性。Zn^{2+} 在冷却水中对碳钢有缓蚀作用，因此锌盐被广泛用作冷却水缓蚀剂。

5. 溶解的气体

（1）氧　水中的溶解氧是引起金属电化学腐蚀的一个主要因素。氧气是一种去极化剂，引起腐蚀电池的阴极去极化，导致金属腐蚀加剧。在一般情况下，水中氧含量越多，金属的腐蚀越严重，而且腐蚀的主要形式是很深的溃疡状腐蚀。

（2）二氧化碳　二氧化碳溶于水生成碳酸或者碳酸氢盐，使水的酸性增加，pH 值下降，造成金属表面膜的溶解、破坏和氢的析出。

（3）氨　溶剂氨会形成铜氨络离子，促进铜的腐蚀。

（4）硫化氢　溶解硫化氢气体会促进碳钢腐蚀。

（5）二氧化硫　溶解二氧化硫会降低循环水的 pH 值，促进金属的腐蚀。

（6）氯离子　氯离子会促进碳钢、不锈钢、铝等金属或者合金的腐蚀（孔蚀、缝隙腐蚀）。

6. 含盐量

中央空调水系统溶解盐类增加会促使水的导电性增加，易发生电化学作用，增加腐蚀电流，促进腐蚀。水系统含盐量增加会影响 $Fe(OH)_2$ 的胶体状沉淀物的稳定性，使保护膜质量变差，促进腐蚀。但是当含盐量增加到一定比例时，溶解度下降，阴极过程减弱，腐蚀速度变小。盐溶液浓度大于 0.5mol/L 后，腐蚀速度开始减小。

7. 悬浮固体

中央空调水系统中悬浮固体的增加会加大腐蚀速度，同时悬浮物的沉积还会引起沉积物下金属的氧浓差电池腐蚀，使局部腐蚀加快。悬浮物的沉积会因阻碍缓蚀剂到达金属表面而影响缓蚀剂的缓蚀效果。因此，循环水系统在运行中要求采取旁滤措施，使浊度控制在 10mg/L 以内，最好在 5mg/L 以内。

8. 流速

中央空调水系统水的流速增加会使金属壁和介质接触面的层流层变薄，从而有利于溶解氧扩散到金属表面。同时流速较大时，可冲去沉积在金属表面的腐蚀、结构等生成物，使溶解氧更易向金属表面扩散，导致腐蚀加速，所以碳钢的腐蚀速度是随着流速的增加而加大的。当流速达到一定值以后，腐蚀速度会降低，这是因为流速过大，向金属表面提供的氧含量足以使金属表面形成氧化膜，起到缓蚀的作用。如果水流速度继续增加，则会破坏氧化膜，使腐蚀速度再次增大。

一般水流速度在 0.6~1m/s 时，腐蚀速度最小。流速过低会使传热效率降低且易出现沉积，故冷却水走管程时流速一般在 1m/s 左右，走壳程时流速在 0.5m/s 以上为宜。

9. 电偶

不同金属或元素具有不同的标准电极电位，具有不同电极电位的金属互相接触形成腐蚀电池。电偶腐蚀的结果使得电位较低的金属（如铁）遭受腐蚀。

10. 温度及热负荷

一般情况下，金属的腐蚀速度随温度的升高而增大。在密闭式循环冷却水中，金属的腐蚀速度随温度的升高而直线上升。因在密闭的系统中，氧在有压力的状态下溶解在水中而不能溢出，温度升高，氧扩散到金属表面的含量增大。但在开放系统中，随着温度的升高，腐蚀率变大，到 80℃时腐蚀率最大，此后随着温度的升高，腐蚀率急剧下降。

热负荷对金属的腐蚀起到促进作用，热负荷大会产生热应力，保护膜易被破坏。同时热负荷大还会使金属表面生成蒸汽泡，对保护膜有机械损伤作用。热负荷大使铁电极电位降低，使腐蚀加速。

11. 微生物

冷却水中的微生物，特别是一些能产生黏泥的微生物会在金属表面沉积（不单是微生物本身，同时也黏附了水中的悬浮物），引起垢下腐蚀。同时一些微生物的新陈代谢过程也参与了电化学过程，促使腐蚀加速。

12. 其他

循环水中往往含有泥土、砂砾、焊渣、腐蚀产物等不溶性物质，这些物质有些是从空气中进入的，有些是安装时带入的，也有可能是在循环中生成的。这些不溶物一方面易在滞留区域沉积造成垢下腐蚀，另一方面随水流冲击管壁，对管壁产生磨损腐蚀。

三、中央空调水系统污垢、腐蚀的危害

中央空调水系统存在的污垢、腐蚀及微生物繁殖会给中央空调的安全运行带来以下严重的危害：

（一）降低换热效率

换热器大多采用碳钢材料，碳钢的热导率为 46.4~52.2W/(m·K)，但碳酸盐垢的热导率为 0.464~0.697W/(m·K)，只有碳钢的 1%左右。由此可见，水垢或其他沉积物的热导率比金属低得多，因此，当水垢或其他沉积物覆盖在换热器的表面时，就会大大降低换热器的换热效率。

（二）使循环水量减小

沉积物或微生物黏泥覆盖在换热器的换热管壁上，甚至堵塞换热器管，使得循环水通道的截面面积和通水量减小，从而使换热效率进一步下降。

（三）降低水处理药剂的使用效果

沉积物以及微生物黏泥覆盖在金属表面，阻止了水中的缓蚀剂、阻垢剂和杀生剂到达金属表面发挥缓蚀、阻垢和杀菌的作用，并且有些微生物还会同一些水处理药剂发生反应，从而破坏和降低了这些药剂的使用效果。

（四）加速腐蚀

沉积物和微生物垢的产生，促使了电池腐蚀的形成及垢下腐蚀的产生，从而使金属的腐蚀加速加剧。

（五）缩短设备的使用寿命

一方面，沉积物和微生物黏泥等覆盖在换热器表面，阻碍了设备的有效换热，从而使换热面上的金属长期处于高温热负荷状态，导致金属疲劳；另一方面，腐蚀的发生会导致设备换热管管壁变薄，尤其是垢下腐蚀会导致设备穿孔泄漏，这些情况的发生，使得设备的使用寿命缩短。

（六）增加运行成本

为使设备保持足够的换热效率，必须采取诸如增加水量等措施，同时维修因腐蚀等原因造成的设备损坏，必然会增加费用，从而增加设备的运行成本。

四、中央空调水系统清洗的作用

（一）明显改善制冷效果，减少事故发生

中央空调水处理可杀菌灭藻，去除污泥，使管路畅通，水质清澈，同时提高中央空调冷凝器、蒸发器的热交换效率，从而避免了系统高压运行、超压停机现象，提高了冷冻水流量，改善了制冷效果，换热器进出的温度差提高 1~2℃，冷媒水温度下降 2~4℃，制冷效果提高 10%~30%，使系统安全高效运行。

（二）大幅度节约能源，减少成本

沉积物的存在会大大降低换热器的效率，增加电力消耗。冷水机组的冷凝器热交换效率降低，致使冷凝压力升高，将导致压缩机的功耗增加，制冷系数降低。

（三）保护设备，延长使用寿命

中央空调水处理可以防锈、防垢，避免设备腐蚀、损坏，特别经预防处理后，设备使用寿命延长一倍，投入缓蚀剂以后，设备系统腐蚀速度下降 90%，消除冷媒水系统“黄水”现象。

（四）大量节省维修费用

未经水处理的中央空调会出现设备管路堵塞、结垢、腐蚀、超压停机等现象，如，运行系统因腐蚀泄漏，产生溶液污染，则需要更换热装置和溶液，中央空调主机维修费一般需要 20 万~50 万元。中央空调水处理后，既可减少维修费用，又可延长设备使用寿命，为用户创造更好的经济效益。

（五）环保排放、有益健康

中央空调经清洗、缓蚀、阻垢、杀菌灭藻水处理后，水质清澈，还能杀灭空调水中对人体危害极大的军团菌，使中央空调所提供的冷暖空气清新、安全，有利于使用者的身体健康。

课题二 中央空调水系统垢样采集、分类及鉴别方法

相关知识

中央空调水系统污垢的种类繁多，特性千差万别，垢样的采集是化学清洗的第一步工作，只有弄清污垢的性质和结污垢原因，才能确定合适的清洗方式。

一、中央空调水系统垢样采集

中央空调水系统垢样采集前，要记录下中央空调的设备、管线、材质、设备的使用年限，形成污垢的工艺介质、生产工艺、污垢的厚度、污垢的形状，这些都是判断污垢类型和成分的最原始的依据。

采集垢样时，最好选择在中央空调停用期间，对设备污垢的采集应选三个具有代表性的地方。垢样采集量应以 100~500g 为宜。采集的垢样应密封在塑料袋中运输，在实验室里应放在广口瓶中，做好编号、记录工作，以免丢失和误拿。

二、中央空调水系统垢样的分类与鉴别方法

水系统垢样的鉴别

（一）水系统垢样的分类

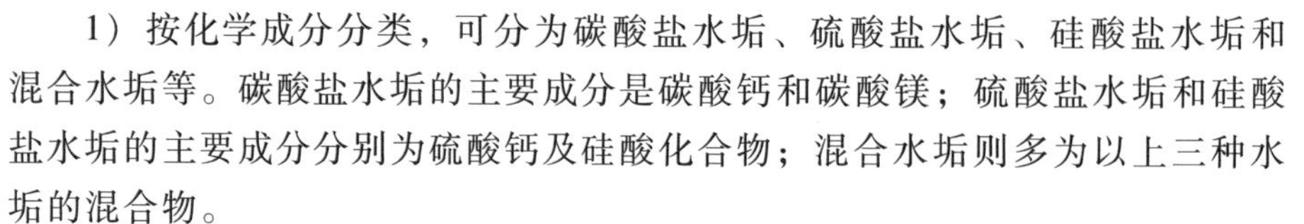

1）按化学成分分类，可分为碳酸盐水垢、硫酸盐水垢、硅酸盐水垢和混合水垢等。碳酸盐水垢的主要成分是碳酸钙和碳酸镁；硫酸盐水垢和硅酸盐水垢的主要成分分别为硫酸钙及硅酸化合物；混合水垢则多为以上三种水垢的混合物。

2）按物理性质分类，有牢固黏结在锅筒壁及管壁上的水垢和质地疏松易于脱落的沉渣两种。

（二）水系统垢样的常用鉴别方法

对采集到的垢样，先做定性分析，根据其基本形状、特征，以及对设备的结构和生产工艺的了解，可以做出初步的定性鉴别。定性鉴别后做溶垢试验，如果有误再进行定量鉴别。表 4-1 以常见水垢为例说明定性鉴别方法。

表 4-1　常见水垢的定性鉴别方法

水垢类别	颜色	鉴别方法
碳酸盐水垢（$CaCO_3$+$MgCO_3$ 占 50%以上）	白色	在 5%的盐酸溶液中大部分可溶解，同时会产生大量气泡，反应结束后，溶液中的不溶物很少
硫酸盐水垢（$CaSO_4$占 50%以上）	黄白色或白色	在盐酸溶液中产生少量气泡，溶解很少，加入 10%氯化钡溶液后，生成大量的白色沉淀物
硅酸盐水垢（SiO_2占 20%以上）	灰白色	在盐酸溶液中不溶解，加热后其他成分部分缓慢溶解，有透明状沙粒沉淀物产生，加入 1%的氟化氢后可有效溶解
磷酸盐水垢	白色	加盐酸溶液后溶解很少，产生少量气泡。加入 10%钼酸铵溶液，再加硝酸，产生黄色磷钼黄沉淀，再加氨水使溶液呈碱性，则沉淀物溶解
氧化铁垢（以铁的氧化物为主，夹杂其他盐类）	棕褐色	加稀盐酸溶液可缓慢溶解，溶液呈黄绿色；加硝酸溶液能很快溶解，溶液呈黄色
氧化铜垢（Cu>20%）	表面有发亮的金属颗粒	加盐酸溶液难溶，加硝酸溶液溶解，溶液呈黄绿色或淡蓝色。加 5%硫氰酸铵溶液数滴，溶液变红色。加 5%铁氰化钾溶液数滴，溶液变蓝色
油垢（含油 5%以上）	黑色	将垢样研碎，加入乙醚后，溶液呈黄绿色

1. 碳酸盐水垢

碳酸盐水垢是一种较为常见的垢种。在常用的茶壶、电热水器中的结垢大多是碳酸盐水垢，在中央空调水系统中沉积的结垢绝大多数也是碳酸盐水垢，如图 4-6 所示。碳酸盐水垢主要产生在热交换系统中。

碳酸盐水垢多为白色或灰白色，有时由于伴有腐蚀发生，会染上腐蚀产物的颜色，氧气充足时，以三氧化二铁为主，呈粉红色、红褐色；氧气不足时，以四氧化三铁为主，呈灰白色或灰色。碳酸盐垢质坚而脆，附着牢固，难以剥离，其断口呈颗粒状，比较厚且当夹杂有腐蚀产物或其他杂质时，断口处可观察到层状沉积。

通过化学成分分析，可以准确地辨别垢样，但需要较长的时间且费用较高，要求不高时，可根据垢样的基本性状结合其特点来对垢样进行定性判别。

（1）定性鉴别　碳酸盐水垢是所有污垢中最易溶于稀酸的，常见的无机酸和有机酸均

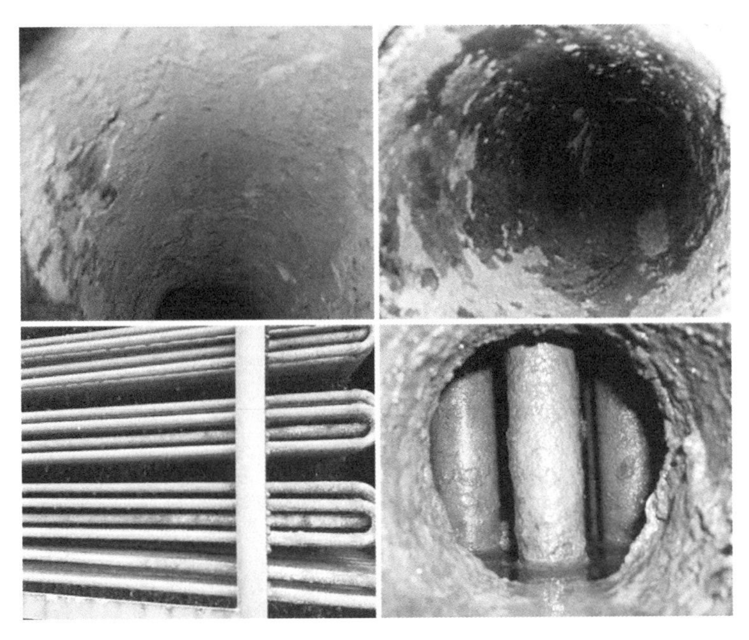

图 4-6　碳酸盐水垢

可以将其溶解，产生大量气泡，即二氧化碳气体。另一个特点是在 800~900℃ 下灼烧时，垢样质量损失近 40%，这主要是水和二氧化碳分解的缘故，通过观察垢样溶解后的少量残渣及垢样灼烧时的气味，可以了解垢样中所含杂质的大致类别。如果残渣呈白色则是硅酸盐，如果呈黑褐色则是腐蚀产物，灼烧时如果嗅到焦煳气味则是有机碳或碳水化合物。

（2）定量分析　首先进行垢样的制备和处理，在研体中放入垢样研细至 140~170 目（颗粒直径在 0.1mm 左右），称取 4 份试样，2 份用于化验，2 份用于灼烧减量的测定，每份试样以 0.5g 为宜，过多不利于灼烧，也难以分离洗涤。用于化验的 2 份试样分别置于 2 个 100mL 烧杯中，加入 10mL 水湿润，再加入 10mL 盐酸，盖上表面皿，使其在室温下溶解，等反应较慢时，用玻璃棒轻轻搅动使其溶解，当含有部分磷酸盐或铁的腐蚀产物时，可加热助溶。

然后进行灼烧减量的测定，碳酸盐水垢以碳酸钙为主，在灼烧时碳酸钙可失重 44% 而变成氧化钙，如含有氢氧化镁，则在灼烧时可失重 41% 而变成氧化镁。具体方法是将两组试样在烘箱中烘去表面水分，各称取 0.5g 置于已恒重的坩埚中，在 850℃ 下灼烧 2h，冷却后称重，以相差 0.4mg 以内为恒重，两份试样的测试结果相差小于 0.1% 为合格。

最后进行氧化钙与氧化镁含量的测定，由于试样已全部溶解，可直接测定经盐酸溶解的试液中的钙、镁含量，对大量碳酸盐水垢测定的经验表明，这种污垢中 90% 以上是碳酸钙，当水中硅酸盐及碳酸盐含量较低且设备不发生严重腐蚀时，其含量可达 95% 左右，因此，可用 EDTA（乙二胺四乙酸）二钠盐滴定试样。将与其作用的物质折算为钙，再另取试样加入氢氧化钠，使镁以氢氧化镁沉淀形式除去，从而分别测出钙、镁含量。

2. 硫酸盐水垢

硫酸盐水垢实际上不是单一的垢种，它一般与其他的垢种同时存在，并且通常所占的比例较小，占 1/3 以下。但是由于它不溶于盐酸、硝酸、硫酸及其他有机酸，也不溶于络合剂，因此污垢中有硫酸盐存在时就变得极难清除，如图 4-7 所示。

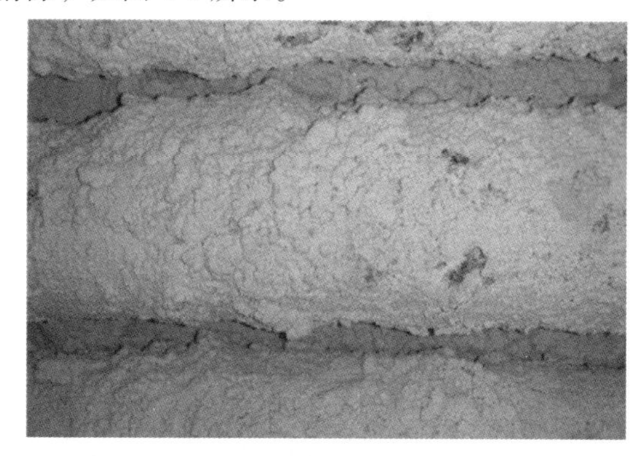

图 4-7　硫酸盐水垢

由于硫酸盐水垢难以溶解去除，对受热面和传热面的热阻影响较大，因此，当它的含量在污垢中达 20%时，便可以认为这种垢是硫酸盐水垢。

硫酸盐水垢通常为白色或灰白色，有时呈粉红色，在受热面或传热面上结成硬质薄层，附着牢固，质脆而硬，敲击铲刮时能成小片状剥离，难以用常规的机械方法清除，也不能用酸洗去除。

当设备无腐蚀现象时，硫酸盐水垢与其他碳酸盐水垢、磷酸盐水垢等较接近，但比它们更坚硬，附着更为牢固；当有腐蚀现象时，尤其是产生附着物下的局部腐蚀时，硫酸盐水垢可能会被染成黑红色或砖红色。

硫酸盐水垢的鉴别特征：首先用 10% 的盐酸溶解，如溶解速度较慢，则应加热助溶，经过上述溶解操作，当试样仍有白色残留物不溶时，可将试样与碳酸钠以 1∶8 的比例混合，在 900℃下加热 2h，硫酸盐与碳酸钠作用转化为碳酸盐和硫酸钠，再加入盐酸，即可以完全溶解。此操作最好在坩埚中进行，为了使熔融物容易从坩埚中溶解脱出，可先将 3 倍垢样量的无水碳酸钠与垢样拌均匀，倒入其中，再在固体混合物上覆盖与垢样大致等量的无水碳酸钠。灼烧应在盖着盖的坩埚中进行，坩埚盖稍微错开一点，防止二氧化碳大量产生时将盖掀掉。

将按上述方法处理过的试样用盐酸溶解，定量到 1L，移取 200mL 试液以沉淀法测硫酸根，换算为硫酸酐；再分别移取适量试液，用分光光度法测二氧化硅（偏硅酸酐）、铁、磷酸根和铜，用 EDTA 二钠盐络合滴定法测钙、镁。

如果仅是定性处理硅酸盐水垢，则也可在盐酸溶解后，将不溶物减少，向其中加入 1%（质量分数）氯化钡溶液，若有大量白色沉淀产生，表明硫酸盐含量较高。

3. 硅酸盐水垢

硅酸盐水垢也不是单一的垢种，在污垢中的含量较低，一般仅为 20%左右，当硅酸盐含量在 20%以上或含 20%以上的二氧化硅时，也称为硅垢，如图 4-8 所示。当设备有腐蚀现象时，尤其是局部腐蚀时，硅酸盐水垢可被染成灰黑色。

图 4-8　硅酸盐水垢

硅酸盐水垢产生于原水二氧化硅含量高的锅炉或中央空调循环冷却水系统中，有的水处理工艺中使用水玻璃作为助凝剂、分散剂或缓蚀剂，因此更容易结硅酸盐水垢。硅酸盐水垢常与硫酸盐水垢、磷酸盐水垢、碳酸盐水垢共存。当硅酸盐含量高时，会使垢层难以清除。

（1）鉴别方法 将垢样置于5%的稀盐酸中，或置于20%的盐酸中，并辅以加热处理，如果仍有一定量白色沉淀不能溶解，则可认为剩余物是硅酸盐或硫酸盐。

将不溶物滤出并清洗，直到向滤液中加入1%硝酸银不产生浑浊时，加入氯化钡溶液也不出现浑浊和沉淀，才表明垢中含硅酸盐。为了避免硅酸盐水垢的生成，通常限制冷却水中二氧化硅的含量，一般以不超过150mg/L为宜。除去硅酸盐水垢常采用热浓碱煮或氢氟酸洗，使其生成易溶的硅化物而除去。

（2）分析方法 将硅酸盐水垢熔融并溶解，然后将处理后的试样定容到1L。分别移取试样，用分光光度法测定二氧化硅、铁（及铝）、硅酸根（酐）和铜，用EDTA二钠盐络合滴定法测钙、镁。

4. 磷酸盐水垢

在天然水中，磷酸根含量很低，一般不会生成磷酸盐水垢，但在许多水质处理过程中，常在循环冷却水系统中投入聚磷酸盐作为缓蚀剂或阻垢剂，而聚磷酸盐在水中会水解成为正磷酸盐，使水中有磷酸根离子存在，它与钙离子结合会生成溶解度很低的磷酸钙析出附着在基体表面上，就形成了磷酸钙水垢。这种污垢影响传热不易清除，因此，在投加聚磷酸盐药剂的循环冷却水系统中，必须注意磷酸钙水垢生成的问题。

磷酸盐水垢也可产生于采取水质稳定处理的热水锅炉和中央空调供热系统中。磷酸盐水垢往往和碳酸盐水垢共存。

磷酸盐水垢外观为灰白色，质地较为疏松。仅有碳酸盐水垢和磷酸盐水垢呈灰白色，这是由于磷灰石是灰色的。如果伴有腐蚀产物，则呈灰红色或红褐色。向水中加氧化剂时，污垢的颜色多呈灰黑色。

磷酸盐水垢附着力较差，容易用机械或人工除去。不受热部分的磷酸盐水垢松软，呈堆积状。但磷酸盐水垢随受热面的热流强度和金属温度升高而结垢严重，垢质也变得坚硬难除。

（1）鉴别方法 磷酸盐水垢与碳酸盐水垢外形相似，而且常常含有一定量的碳酸盐水垢，两者的区别在于常温下，磷酸盐水垢不能在5%以下的稀酸溶液中全部溶解，需要加热助溶或者用10%以上的酸且在较高温度条件下才能全溶。在用酸溶解磷酸盐水垢时，通过产生的气泡情况可以了解其中碳酸盐水垢所占比例的大小，如果基本不冒气泡，则是单独的磷酸盐水垢。

由水处理工艺也可以判断磷酸盐水垢，天然水中基本不含磷酸盐，除非人工投加磷酸盐，否则在受热面或传热面上不会产生磷酸盐水垢。

（2）分析方法 磷酸盐水垢溶解后，不能按照常规的系统分析方法进行测定。对测定二氧化硅后的滤液以氨水沉淀铁离子、铝离子，这是由于试液中的钙离子、镁离子和磷酸根离子，会在试液碱化时以磷酸盐沉淀的形式析出，容易误把Ca、Mg的磷酸盐沉淀当成$Al(OH)_3$，即所谓的铝垢。

当测定SiO_2的滤液通过氢型强酸阳离子交换柱时，用比交换树脂体积略多的无机盐水冲洗，冲洗液与滤液混合在一起，用以测定磷酸根、硫酸根；用5%的盐酸再生和淋洗交换柱，将进入阳树脂的 Fe^{2+}、Al^{3+}、Ca^{2+}、Mg^{2+}、Cu^{2+}等阳离子置换出来，使其成为对应的氯化物，然后对其进行分析测定。

磷酸盐水垢往往混有碳酸盐水垢，因此，也有必要进行灼烧减量测定，以便于分析结果的校核。

如前所述，将磷酸盐水垢的阴阳离子分离之后，滤液用于测阳离子时可将其定容到 1L，再从其中移取少量试液以比色法测定磷酸根，折算为磷酸酐（P_2O_5）的百分含量。磷酸根的测定可使用沉淀法，以 $BaSO_4$的形式测试后折算为硫酸酐（SO_2），阳离子由离子交换树脂置换出来后，可分别用 EDTA 二钠盐络合滴定法测定 Fe、Al、Ca、Mg，Cu 可用碘量法测定，Fe、Cu 含量低时可用比色法测定或分光光度法测定。

5. 铁铜垢

当水垢中 Fe 和 Cu 的氧化物含量超过 90%时，这种垢就称为铁铜垢，通常将其视为腐蚀产物，如图 4-9 所示。实际上，在腐蚀坑中采集的附着物以设备腐蚀产物为主，在一般受热面上采集的垢样，则兼有设备腐蚀产物和外来沉积物两部分，腐蚀产物与设备、系统的材质有关，常见的成分是 Fe、Cu 的氧化物和其他 Ca^{2+}、Mg^{2+}盐类。

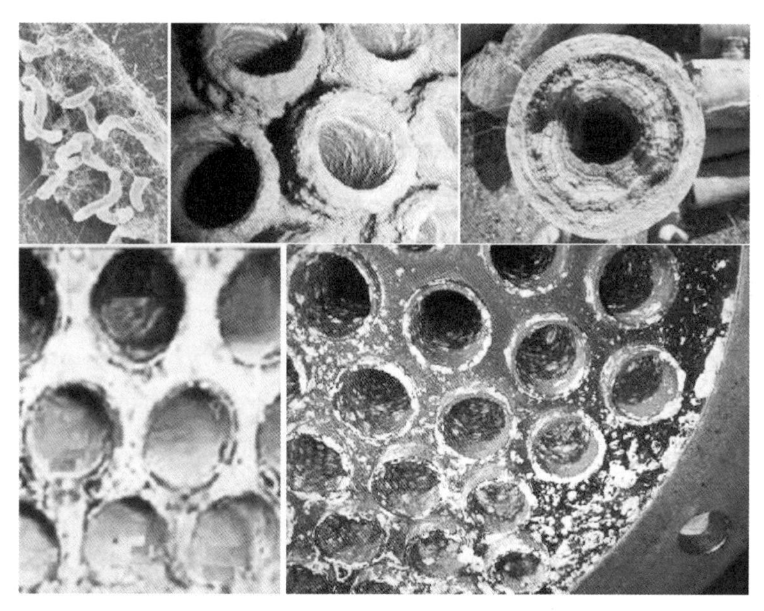

图 4-9　铁铜垢

（1）基本性状　铁铜垢可以产生于任何受热面和传热金属表面，但是在介质温度较低的设备上，它仅作为垢中夹杂物存在，随着介质温度升高，设备腐蚀加重，腐蚀产物即铁、铜的氧化物在垢中含量也显著增加。

铁铜垢以黑褐色为主，当水中含有丰富的氧时多呈红色；在一般的锅炉和热交换器中氧的供应不足，多呈黑色。如果铁铜垢中含铜较多，则铜可通过电化学作用以金属形态存在，腐蚀产物呈紫红色，并能看到金属光泽。如果在腐蚀坑中采集得到，附着物层常呈贝状，边缘薄而中间厚。

（2）鉴别特征　铁铜垢的外观与钙、镁类垢明显不同，容易鉴别。由颜色变红或变黑，可以得知铁铜垢是以高价铁为主还是低价铁为主；如果垢样呈紫红色金属光泽，则其含铜量可达到 50%以上，可以认为是铜垢；其他水垢灼烧时质量减少，而铁铜垢灼烧时质量则常增加。这是因为灼烧时垢样中铜氧化为氧化铜，氧化亚铁氧化为氧化铁，另外，磁性氧化铁可以看作是氧化铁和氧化亚铁的复合物，它在灼烧时质量也有所增加。

铜氧化为氧化铜时质量增加 25.14%，氧化亚铜氧化后质量增加 11.18%，氧化亚铁氧化为氧化铁时质量增加 11.5%；磁性氧化铁氧化为氧化铁时质量增加 3.44%，在粗略地定量垢样中铁铜的存在形式时，可通过其含量与灼烧增量按上述关系推知。

铁铜垢较硅酸盐水垢和硫酸盐水垢易溶，但是比碳酸盐水垢和磷酸盐水垢难溶得多，它甚至难溶于常温的盐酸中，加热接近沸腾温度时，它可溶于 20%以上的浓盐酸中，但耗时较长。在盐酸中加入少量硝酸并加热可使之溶解，这是由于在溶解过程中，亚铜离子和亚铁离子被氧化为高价化合物，破坏了溶解平衡的缘故。

铁铜垢溶解后溶液常呈现一定的颜色，当污垢中以铁为主时，溶液呈淡黄色；当以铜为主时，呈淡绿色。

用氨水中和铁铜垢的酸溶液可辅助鉴别，铁在中和至 $pH \geqslant 6$ 时，可产生棕红色絮状氢氧化铁沉淀；若 pH 值继续升高，铜可生成蓝色氢氧化铜沉淀，当含铜量较高时，在过量的氨水中可生成深蓝色的铜氨离子。

（3）分析方法 铁铜垢实际上是腐蚀产物，其中混杂有钙、镁盐类和对应的磷酸根，其他成分较少。

铁铜垢可利用灼烧增量的方法进行定量分析，铁铜垢的灼烧氧化反应比碳酸盐水垢灼烧热分解速度慢。因此，应使用底面积较大的瓷石坩埚盛试样，将试样尽量摊成薄层，灼烧时间延长 3~4h。

铁铜垢即使在热的 10%盐酸中其溶解速度也较慢，因此，应将磨细的试样置于 100mL 烧杯中，用水湿润后，加入 10mL15%的盐酸在水浴上加热分解，再加少许浓硝酸以加速垢样分解。将试液稀释定容到 1L 后，分别称取试样，用 EDTA 二钠盐测定铁、铝、钙、镁、锌，由于铝、铜、磷酸根等含量较少，故可用分光光度法测定。

课题三 中央空调水系统水处理药剂、设备

相关知识

为解决中央空调运行中产生的结垢、腐蚀、微生物生长三大问题，使用水处理药剂是目前最为经济有效的处理方法。在相同循环水量的情况下，该方法可以提高换热（传热）效率，延长设备、管线及冷却管的使用年限，极大地降低运行、维护成本，杀菌消毒，净化空气。

一、中央空调水系统水处理药剂

中央空调水系统水处理常用的药剂主要有阻垢剂、缓蚀剂、杀生剂等。

（一）阻垢剂

阻垢剂具有分散水中的难溶性无机盐，阻止或干扰难溶性无机盐在金属表面沉淀、结垢的功能，是维持金属设备良好传热效果的一类药剂。

1. 阻垢剂作用机理

（1）静电斥力作用　静电斥力作用是共聚物溶于水后吸附在无机盐的微晶上，使微晶间斥力增加，阻碍它们的聚结，使它们处于良好的分散状态，从而防止或减少垢物的形成。

（2）络和增溶作用　络和增溶作用是共聚物溶于水后发生电离，生成带负电性的分子链，它与钙离子形成可溶于水的络合物或螯合物，从而使无机盐的溶解度增加，起到阻垢作用。

（3）晶格畸变作用　晶格畸变作用是由分子中的部分官能团在无机盐晶核或微晶上占据一定位置，阻碍和破坏无机盐晶体的正常生长，减慢晶体的增长速率，从而减少盐垢的形成。

2. 阻垢剂种类

在水处理中常用的阻垢剂有聚磷酸盐、有机磷酸、有机磷酸酯、聚羧酸等。

（1）聚磷酸盐　常用的聚磷酸盐有三聚磷酸钠和六偏磷酸钠。聚磷酸盐在水中生成长链阴离子容易吸附在微小的碳酸钙晶粒上，同时这种阴离子易于和碳酸根离子置换，从而防止碳酸钙的析出。

（2）有机磷酸　常用的有机磷酸有 ATMP、HEDP、EDTMP、DTPMPA、PBTCA、BH-MT 等，对抑制碳酸钙、水合氧化铁或硫酸钙的析出或沉淀有很好的效果。

（3）有机磷酸酯　有机磷酸酯抑制硫酸钙水垢的效果较好，但抑制碳酸钙水垢的效果较差。其毒性低，易水解。

（4）聚羧酸　聚羧酸类化合物对碳酸钙水垢有良好的阻垢作用，用量也极少。常用的有聚丙烯酸 PAA、水解马来酸酐 HPMA、AA/AMPS、多元共聚物等。

阻垢剂的分类与特性见表 4-2。

表 4-2　阻垢剂分类与特性

<table>
<tr><th>类别</th><th colspan="2">化(聚)合物</th><th>用量/(mg/L)</th><th>特　性</th></tr>
<tr><td rowspan="2">聚磷酸盐</td><td colspan="2">六偏磷酸钠[$(NaPO_3)_6$]</td><td>1~5</td><td rowspan="2">1. 在结垢不严重或要求不太高的情况下可单独使用
2. 低浓度时起阻垢作用,高浓度时起缓蚀作用</td></tr>
<tr><td colspan="2">三聚磷酸钠($Na_5P_3O_{10}$)</td><td>2~5</td></tr>
<tr><td rowspan="3">有机磷酸</td><td rowspan="2">含氮</td><td>氨基三甲叉磷酸(ATMP)</td><td rowspan="3">1~5</td><td rowspan="3">1. 不宜单独使用,一般与锌、铬或磷酸盐共用
2. 含氮,不宜与氯杀菌剂共用</td></tr>
<tr><td>乙二胺四甲叉磷酸(EDTMP)</td></tr>
<tr><td>不含氮</td><td>羟基乙叉二磷酸(HEDP)</td></tr>
<tr><td rowspan="3">有机磷酸酯</td><td colspan="2">单元醇磷酸酯</td><td rowspan="3">5~30</td><td rowspan="3">与其他抑制剂联合使用时效果最好</td></tr>
<tr><td colspan="2">多元醇磷酸酯</td></tr>
<tr><td colspan="2">氨基磷酸酯</td></tr>
<tr><td rowspan="3">聚羧酸</td><td colspan="2">聚丙酸酯</td><td rowspan="3">1~5</td><td rowspan="3">铜质设备使用时必须加缓蚀剂</td></tr>
<tr><td colspan="2">聚马来酸酯</td></tr>
<tr><td colspan="2">聚甲基丙烯酸</td></tr>
</table>

3. 阻垢剂的选用原则

1）阻垢效果好，即使在 Ca^{2+}、Mg^{2+}、SiO_3^{2+} 含量较大时，仍有较好的阻垢效果。

2）化学稳定性好，在高浓缩倍数和高温情况下，以及与缓蚀剂、杀生剂共用时，阻垢效果也不明显下降。

3）符合环保要求，无毒与低毒，易生物降解。

4）配制、投加、操作等方便。

5）价格低廉，易于采购，运输储存方便。

（二）缓蚀剂

缓蚀剂是一种用于在腐蚀介质中抑制金属腐蚀的添加剂。对于一定的金属腐蚀介质体系，只要在腐蚀介质中加入少量的缓蚀剂，就能有效地降低该金属的腐蚀速度。缓蚀剂的使用浓度一般很低，故添加缓蚀剂后腐蚀介质的基本性质不发生变化。缓蚀剂的使用不需要特殊的附加设备，也不需要改变金属设备（或构件）的材质或进行表面处理。因此，使用缓蚀剂是一种经济效益较高且适应性较强的金属防护措施。

1. 缓蚀剂的分类

1）根据所抑制的电极过程分为阳极型缓蚀剂、阴极型缓蚀剂。

2）根据生成保护膜的类型分为氧化膜型缓蚀剂、沉淀型缓蚀剂和吸附型缓蚀剂。

3）其他分类：按用途不同，可以分为冷却水缓蚀剂、油气井缓蚀剂、酸洗缓蚀剂、锅炉水缓蚀剂；按化学组成，可以分为有机缓蚀剂和无机缓蚀剂；按使用时的相态，可以分为气相缓蚀剂、液相缓蚀剂和固相缓蚀剂；按被保护金属的种类，可以分为钢铁缓蚀剂、铜及铜合金缓蚀剂、铝及铝合金缓蚀剂；按使用的腐蚀介质的 pH 值，可以分为酸性介质缓蚀剂、中性介质缓蚀剂和碱性介质缓蚀剂。

2. 缓蚀剂应具备的条件

1）缓蚀剂的飞溅、泄漏、排放或经处理后的排放，在环境保护上是容许的。

2）它与水中存在的各种物质（例如 Ca^{2+}、Mg^{2+}、SO_4^{2-}、HCO_3^-、Cl^-、O_2 和 CO_2 等）以及加入冷却水中的阻垢剂、分散剂、杀生剂是相溶的，甚至还有协同作用。

3）对中央空调水系统中的各种金属材料的缓蚀效果都是可以接受的，例如，当冷却水系统中同时使用碳钢和铜合金的换热器时，添加缓蚀剂后，碳钢和铜合金的腐蚀速度都能降到设计规范规定的范围以内。

4）不会造成主机换热器金属表面传热系数的降低。

5）在循环水的 pH 值范围内，有较好的缓蚀作用。

3. 常用的缓蚀剂

常用缓蚀剂有铬酸盐、硅酸盐、锌盐、有机磷酸、唑类等。目前国内外广泛采用复合缓蚀阻垢剂来控制循环水系统中金属腐蚀、水质结垢。循环水系统中常用的复合缓蚀剂见表 4-3。

表 4-3　常用的复合缓蚀剂

分类	复合缓蚀剂的主要成分	分类	复合缓蚀剂的主要成分
铬酸盐系（铬系）	铬酸盐-锌盐 铬酸盐-锌盐-有机磷酸盐 铬酸盐-聚磷酸盐 铬酸盐-聚磷酸盐-锌盐	硅酸盐系（硅系）	硅酸盐-有机磷酸盐-唑类
磷酸盐系（磷系）	聚磷酸盐-锌盐　聚磷酸盐-有机磷酸盐 聚磷酸盐-有机磷酸盐-正磷酸盐-丙烯酸三元共聚物	钼酸盐系（钼系）	钼酸盐-正磷酸盐-唑类

（续）

分类	复合缓蚀剂的主要成分	分类	复合缓蚀剂的主要成分
锌盐系（锌系）	锌盐-有机磷酸盐 锌盐-磷羧酸-分散剂 锌盐-多元醇磷酸酯 锌盐-丹宁	全有机系	有机磷酸盐-聚羧酸盐-唑类 有机磷酸盐-芳香唑类-木质素 有机磷酸盐-聚羧酸

（三）缓蚀阻垢复合药剂

1. 缓蚀阻垢复合药剂的定义

将具有缓蚀和阻垢作用的两种或两种以上的药剂联合使用，或将缓蚀剂和阻垢剂以物理方法混合后所配制成的药剂，称为复合药剂，也称为复合水处理药剂。

复合药剂尽管品种繁多，但都是按照水质特性和冷却水系统运行中存在的主要问题，以一两种药剂为主配制而成的、具有突出功能的复合药剂。一般来说，复合药剂的缓蚀阻垢效果比其中一种药剂单独使用时的效果好。

2. 缓蚀阻垢复合药剂的种类

（1）磷系复合药剂　磷系复合药剂主要有：聚磷酸盐+锌盐、聚磷酸盐+锌+芳烃唑类化合物、聚磷酸盐+聚丙烯酸、六聚磷酸钠+钼酸钠。

（2）有机磷系复合药剂　有机磷系复合药剂主要有：锌盐+磷酸盐，巯基苯并噻唑+锌+磷酸盐+聚丙烯酸盐、以聚磷酸盐，聚丙烯酸和有机磷酸盐为主的组合。

（3）其他复合药剂　如多元醇+锌盐+木质磺酸盐、亚硝酸钠+硼酸盐+有机物、有机聚合物+硅酸盐、锌盐+聚马来酸酐、羟基乙叉二磷酸钠+聚马来酸、钼酸盐+葡萄糖酸盐+锌盐+聚丙烯酸盐、硅酸盐+聚丙烯酸钠、钼酸盐+聚磷酸盐+聚丙烯酸盐+BZT。

3. 缓蚀阻垢复合药剂的选用

复合药剂的选用应有针对性，一般需考虑以下几个原则：

1）根据水质特性，通过模拟试验筛选出适宜的复合药剂，在实际运用过程中，视其效果再调整各组分的配合比及投加量。在无试验条件的状况下，可以参考同类冷却水系统的运行数据。但不宜直接套用其配方，因为水质特性、系统组成、运行条件、操作方式等不同，可能会使缓蚀阻垢效果产生较大差异。

2）要注意协同效应，优先采用有增效作用的复合配方，以增强药效，降低药耗。

3）复合药剂的费用适宜，而且购买要方便。

4）配方中各药剂不应有相互对抗的作用，而且与配用的杀生剂相容。

5）含有复合药剂残液的冷却水排放时，应符合环保部门的规定，对周围环境不造成污染。

6）不会造成换热表面传热系数的降低。

4. 缓蚀阻垢复合药剂的加药量

循环冷却水系统阻垢剂、缓蚀剂的一次加药量：系统一次加药量＝系统容积×单位循环冷却水的加药量÷1000。

（四）杀生剂

杀生剂是指用于控制或杀灭水中细菌、藻类和真菌等微生物的一类药剂。目前国内工业循环冷却水的杀生剂分为两大类：一类为氧化型杀生剂；另一类为非氧化型杀生剂，其中包括某些表面活性剂。

1. 杀生剂的选择及影响杀生效率的因素

选用杀生剂时，除了要考虑高效、易溶、杀生速度快、余毒持续时间长、操作简便、价廉易得、使用费用低等问题以外，还要考虑水的 pH 值适应范围、系统的排污量、药剂在水中的停留时间、与其他化学药剂的相容性、自身的稳定性以及对环境污染的影响等问题。

2. 投放药量和投药方式

投放杀生剂要保证足够的剂量，剂量低了反而会刺激微生物的新陈代谢，促进其生长，因此，要保证药剂投入水中一定时间后还有一定的剩余浓度。

投药方式一般有三种：连续投加、间歇投加和瞬时投加，其中采用最多的是定期间歇投加方式。在投药量相同的情况下，采用瞬时投加可以使某一段时间内药浓度最高，往往可以得到良好的杀生效果。连续投药消耗量大，只有在瞬时投加与间歇投加都不起作用时才采用。

3. 常用杀生剂

常用杀生剂按照杀生机理可分为氧化性杀生剂和非氧化性杀生剂。

（1）氧化性杀生剂　氧化性杀生剂是具有氧化性质的杀生药剂，通常是强氧化剂。能氧化微生物体内起代谢作用的酶，从而杀灭微生物。在循环冷却水中最常用氯及其化合物，如液氯、次氯酸钠、次氯酸钙、漂白粉、氯化异氰尿酸及二氧化氯。近年溴化合物已用于循环冷却水系统，其发展也越来越受到重视。

（2）非氧化性杀生剂　非氧化性杀生剂不以氧化作用杀死微生物，而是以致毒剂作用于微生物的特殊部位，以各种方式杀伤或抑制微生物。非氧化性杀生剂的杀生作用不受水中还原性物质的影响，一般对 pH 值变化不敏感。非氧化性杀生剂的品种很多，按其化学成分有氯酚类、有机硫类、胺类、季铵盐类、醌类、烯类、醛类、重金属类等。

循环冷却水系统的杀生一般以氧化性杀生剂为主，辅助使用非氧化性杀生剂。常用的杀生剂及使用特性见表 4-4。

表 4-4　常用的杀生剂及使用特性

性　质	类　别	杀生剂	使用浓度/(mg/L)	适应的 pH 值
氧化性杀生剂	氯	氯气、液氯	2~4	6.5~7
	次氯酸盐	次氯酸钠、次氯酸钙(漂白粉)		
	二氧化氯		2	
	臭氧		0.5	6~10
	氯胺		20	
非氧化性杀生剂	有机硫化合物	二甲基二硫代氨基甲酸钠	20	>7
		乙叉二硫代氨基甲酸二钠		
		乙基大蒜素	100	>6.5
	季铵盐类化合物	洁尔灭、新洁尔灭	50~100	7~9
	铜的化合物	硫酸铜	0.2~2	<8.5
		氯化铜		

二、中央空调水系统清洗药剂

中央空调水处理用化学清洗剂品种繁多，按清洗剂作用可分为碱洗药剂、酸洗药剂、预膜药剂、清洗助剂等。

（一）碱洗药剂

当中央空调循环水系统中有油污时，必须进行碱洗；另外，碱洗与酸洗交替进行可以去除酸洗难以去除的硅酸盐等沉积物；碱洗用于酸洗之后，可以中和水中或设备中残留的酸，降低其腐蚀性。如果系统中有铝或镀锌钢件，碱洗时要慎重，因为这两者既溶于酸又溶于碱。

中央空调清洗时常用的碱洗药剂有氢氧化钠、碳酸钠、磷酸盐和硅酸盐等。碱清洗时要同时添加表面活性剂润湿油脂、尘埃和生物物质，以提高清洗效果。

（二）酸洗药剂

酸洗药剂是处理金属表面污垢最常用的化学药剂。清洗中央空调时，常用的酸包括无机酸、有机酸两大类。在用各种酸清除污垢的过程中，H^+起主要作用，但酸根离子对污垢的溶解也有一定作用，有时还是很重要的，比如 F^- 可使水垢中的 SiO_2 发生化学反应而溶解，而别的酸根离子（阴离子）是不行的。因此，在用酸做中央空调化学清洗剂时不仅要考虑酸的强度，还要考虑不同酸的物性。

1）清洗中央空调时常用的无机酸有硫酸、盐酸、硝酸、磷酸、氢氟酸。

2）清洗中央空调时常用的有机酸有氨基磺酸、羟基乙酸、柠檬酸、乙二胺四乙酸等。用有机酸酸洗与无机酸酸洗相比，成本比较高，需要在较高温度下操作，清洗耗费时间较长，这是它的缺点。但有机酸往往腐蚀性较小，有的有机酸有螯合能力，可以在设备不停车的情况下进行清洗，所以有其特点和使用价值。

（三）预膜药剂

不同的预膜药剂，其成膜的控制条件也不同。在一般情况下，六偏磷酸钠应用得较多，硫酸亚铁一般应用于铜管冷却器的预膜。常见的预膜药剂和使用时的主要控制条件见表 4-5。

表 4-5　常见的预膜药剂和使用时的主要控制条件

<table>
<tr><th>预膜药剂</th><th>质量浓度/(mg/L)</th><th>处理时间/h</th><th>pH 值</th><th>水温/℃</th><th>水中钙离子含量/(mg/L)</th></tr>
<tr><td>六偏磷酸钠+硫酸锌(4：1)</td><td>600~800</td><td>12~24</td><td>6.0~6.5</td><td>50~60</td><td>≥50</td></tr>
<tr><td>三聚磷酸钠</td><td>200~300</td><td>24~48</td><td>5.5~6.5</td><td>常温</td><td>≥50</td></tr>
<tr><td>铬+磷+锌</td><td>400</td><td rowspan="4">>24</td><td rowspan="4">5.5~6.5</td><td rowspan="4"></td><td rowspan="4">≥50</td></tr>
<tr><td>重铬酸钾</td><td>200</td></tr>
<tr><td>六偏磷酸钠</td><td>150</td></tr>
<tr><td>硫酸锌</td><td>35</td></tr>
<tr><td>硅酸盐</td><td>200</td><td>7.0~7.2</td><td>6.5~7.5</td><td>常温</td><td></td></tr>
<tr><td>铬酸盐</td><td>200~300</td><td></td><td>6.0~6.6</td><td>常温</td><td></td></tr>
<tr><td>硅酸盐+聚磷酸盐+锌</td><td>150</td><td>≥24</td><td>7.0~7.5</td><td>常温</td><td></td></tr>
<tr><td>聚合物</td><td>200~300</td><td></td><td>7.0~8.0</td><td></td><td>≥50</td></tr>
<tr><td>硫酸亚铁</td><td>250~500</td><td>96</td><td>5.0~6.5</td><td>30~40</td><td></td></tr>
</table>

常用的预膜药剂有三聚磷酸钠、六偏磷酸钠等。如常用200mg/L左右的三聚磷酸钠（或六偏磷酸钠）预膜，再添加硫酸锌（三聚磷酸钠与硫酸锌的比例为4∶1）来预膜，有较好的效果。

（四）常用的清洗助剂

一般情况下，化学清洗剂成分中还需加入表面活性剂、助溶剂、还原剂、氧化剂、分散剂、消泡剂等一些助剂，以提高清洗效果，抑制有害离子对金属的腐蚀。但要求这些助剂不应该和缓蚀剂产生有害的副作用。

1. 表面活性剂

表面活性剂是指具有固定的亲水亲油基团，在溶液的表面能定向排列，并能使表面张力显著下降的物质。中央空调清洗时常用的表面活性剂有渗透剂JFC、净洗剂6501、十二醇硫酸钠、净洗剂LS、烷基苯磺酸钠、匀染剂OP、匀染剂TX-10。

2. 助溶剂

中央空调化学清洗常用的助溶剂有氟化物和硫脲两种。

3. 还原剂

在中央空调酸洗过程中出现的Fe^{3+}具有氧化性，能加速铁的腐蚀，并且任何缓蚀剂对Fe^{3+}的腐蚀作用都是无能为力的。当酸洗药剂中出现较多的Fe^{3+}时，需适当加入一些还原剂来抑制Fe^{3+}的增多。常用的还原剂有亚硫酸钠、联氨、氯化亚锡、丙酮肟。

4. 氧化剂

中央空调化学清洗常用的氧化剂有以下几种：高锰酸钾（$KMnO_4$）、过氧化氢（H_2O_2）、无水亚硫酸钠（Na_2SO_3）、亚硝酸钠（$NaNO_2$）。

5. 其他助剂

中央空调化学清洗过程中，根据实际需要还需选用如下一些助剂：渗透剂、起泡剂、消泡剂、抑雾剂、分散剂、絮凝沉降剂。

三、中央空调水系统清洗设备

中央空调水系统清洗设备

（一）通炮机

通炮机是将旋转的毛刷伸进管壳内部进行管束内部清洗的一种专用设备，简化了管路清洗工作，可单人操作。

1. 通炮机种类

通炮机常见的有两种：一种是便携式管道通炮机，体积小，便于携带，单人可操作；另一种是推车式中央空调通炮机，由一个小车架拖主机，便于在大型工地上移动，使用方便。

2. 设备特点

通炮机（图4-10）适用于管径为14~28mm的圆形管道，不仅安全性好，而且螺旋式推进的设计让刷体在管道中前进后退轻松省力。该设备具有操作便捷、性能稳定、作业可控性强等特点。特别新增滑轮、可伸缩拉杆、自吸式进水等功能，使用更方便，清洗各种规格主机管道的效率均较高。

（二）清洗泵

在进行中央空调清洗时，有的需要搭建临时循环回路，这时需要用到清洗泵

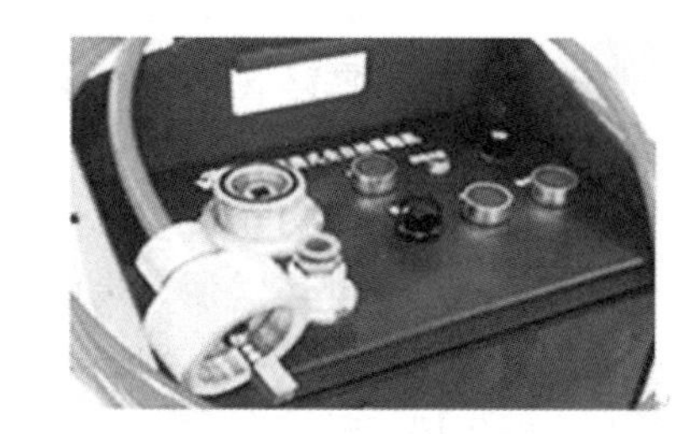

图 4-10　通炮机

（图 4-11）。清洗泵根据清洗对象不同，需求也不同。例如，清洗中央空调采暖系统时，一般要选择高扬程清洗泵，清洗槽不要太大；清洗换热器、管线，则需要一定的流速和流量，一般选用大流量、低扬程清洗泵；清洗中央空调采暖锅炉，则需要选择高扬程、大流量清洗泵，而且需要大容积的清洗槽；清洗单元设备，则需要选择低扬程、小流量的清洗泵。

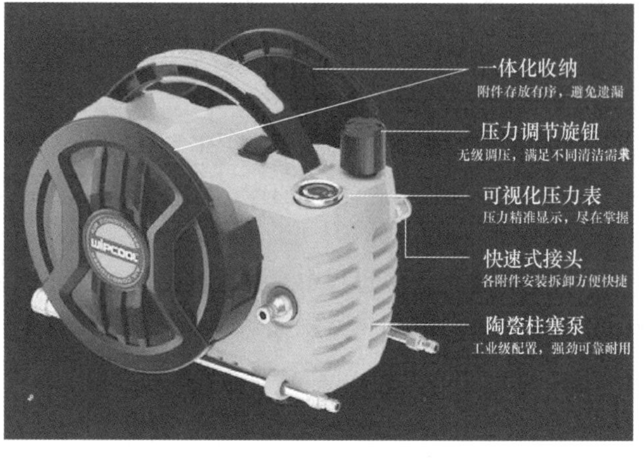

图 4-11　清洗泵

由于进行中央空调清洗时，所用到的药剂基本是酸性或碱性的，因此选用的清洗泵都需要耐酸、耐碱、耐腐蚀。

进行清洗泵选型时，要确定泵的额定功率、扬程、流量，确定电动机的电压、频率、相数，确定化学清洗药剂性质、清洗温度，选定泵的材质，确定泵的进出水口管径。

（三）高压清洗机

1. 高压清洗机的基本原理

高压清洗机（图 4-12）通过动力装置驱动，通过高压柱塞或斜盘泵产生高压水去冲洗物体表面；当水的冲击力大于污垢与物体表面的附着力时，高压水就会将污垢剥离、冲走，达到清洗物体表面的目的。由于是使用高压水柱方法清理污垢，除非遇到很顽固的污渍才需要加入一些清洁剂或肥皂水，强力水压所产生的泡沫就足以将大多数污垢去除。

2. 高压清洗机的分类

1）按使用范围分类，分为工业高压清洗机和民用高压清洗机。民用高压清洗机按使用场合分类，又分为家用高压清洗机和商用高压清洗机。

2）按动力装置分类，分为内燃机高压清洗机和电动高压清洗机。内燃机高压清洗机按使用的内燃机种类不同，又分为柴油机高压清洗机和汽油机高压清洗机。

3）按出水压力分类，分为高压清洗机和超高压清洗机。

4）按出水温度分类，分为冷水高压清洗机和热水高压清洗机。

通常情况下，中央空调水系统进行清洗时，用到的基本上是电动高压清洗机。

图 4-12　高压清洗机

3. 高压清洗机使用过程中的注意事项

（1）工作压力　高压清洗机的工作压力应根据被清洗对象（结垢）性质合理选择。目前高压清洗机的压力大致可分为三类：

低压（100bar 以下）：水泵大多数为低压往复泵或者离心泵，清洗对象一般是污染不太严重的污垢。

高压（100~1000bar）：属于高压清洗机，水泵大多数是高压往复泵，清洗对象通常是污染较为严重的污垢。

超高压（1000bar 以上）：属于超高压清洗机，设备核心多为增压器或者是超高压往复泵，清洗对象通常是污染非常严重的污垢。

清洗中央空调水系统时，通常情况下选用工作压力为低压的清洗机。

（2）实际流量　在进行换热器、管道、冷却塔清洗时，流量可以大些。但在对冷却塔填料进行清洗时，要注意流量，以免流量过大，冲碎填料。

（3）喷射距离　主要影响清洗效率，过大或过小都会降低清洗效率。最佳喷射距离为（150~300）d，d 为喷嘴的出口直径。

（4）入射角　根据经验值，最佳入射角为 17°。

课题四　中央空调水系统清洗工艺及流程

相关知识

中央空调循环水系统常常因水质不稳定而易引起系统结垢、腐蚀、生物黏泥及菌藻滋生等不良后果，为提高中央空调系统换热效率，防止或减少系统管道和部件腐蚀，中央空调的冷却水系统和冷冻水系统都应定期进行清洗，以除去金属表面上的沉积物和杀灭微生物。

一、中央空调水系统清洗工艺

中央空调水系统清洗包括冷却水系统的清洗、冷冻水系统的清洗。

（一）冷却水系统清洗

冷却水系统的清洗主要是清洗冷却塔、冷却水管道内壁、冷凝器换热表面等的水垢，生物黏泥，腐蚀产物等沉积物，主要包括：①冷却塔的物理清洗及杀菌灭藻；②整个管道系统的杀菌灭藻处理和全有机化学清洗；③整个管道系统的预膜缓蚀处理和日常水质维护；④冷凝器的通炮，化学清洗和预膜防腐处理。

（二）冷冻水系统清洗

冷冻水系统的清洗主要是清除蒸发器换热表面、冷冻水管道内壁、风机盘管内壁和空气调节系统设备内部的生物黏泥、腐蚀产物等沉积物，主要包括：①膨胀水箱的清洗；②整个管道系统的杀菌灭藻处理和全有机化学清洗；③整个管道系统的预膜处理和日常水质维护；④蒸发器的通炮，化学清洗和预膜防腐处理；⑤风机盘管内壁水冲洗，化学清洗和预膜防腐处理。

二、中央空调水系统清洗方法

中央空调水系统设备及管道的清洗可采用物理清洗和化学清洗两种方法。

中央空调水系统清洗方法

（一）物理清洗

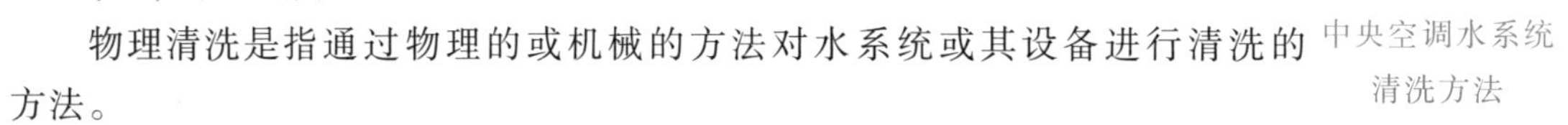

物理清洗是指通过物理的或机械的方法对水系统或其设备进行清洗的方法。

1. 物理清洗的分类

物理清洗需要将循环水系统分成如设备、管道等几个部分清洗。物理清洗的方法有拉刷、吹气、冲洗、反冲洗、刮管器清洗、胶球清洗、高压水射流清洗等。这些方法主要适用于水冷式冷凝器和管壳式蒸发器。

（1）钢丝刷拉刷清洗　此方法适用于水冷式冷凝器和管壳式蒸发器的清洗，将水冷式冷凝器或管壳式蒸发器两端封盖拆下，将螺旋式钢丝刷塞入换热管内反复拉刷，然后再将略小于换热管内径的圆棒塞进换热管内拉动，边拉边用水冲洗。

（2）专用刮刀滚刮　自制一把刮刀，一端接在软轴上，另一端接在电动机轴上，将水冷式冷凝器或管壳式蒸发器两端封盖拆下，将专用刮刀插入换热管内，开启电动机，使专用刮刀在管内边滚边刮，并用水冲洗，使刮下的水垢或其他沉积物随着压力水冲掉。

（3）高压水射流清洗　此方法可用于清洗管道等设备，在清洗换热器时，需要将换热器两端拆下，用高压水枪逐根清洗换热管，对于管道，可采用有挠性枪头的高压水射流清洗。

对于空冷式冷凝器可采用刷洗和吹除法进行清洗，刷洗法是用毛刷蘸70℃左右的温水进行刷洗，当冷凝器外表附着油污时，可在温水中加入适量的碱或洗洁精等。清洗完毕后，用水冲洗。吹除法是利用空气压缩机产生的压缩空气（0.4~0.5MPa）将冷凝器外表的附着物吹除，同时可用毛刷等清洗，利用吹除法清洗冷凝器时，应注意保护翅片、换热管，不可用硬物敲打。

（4）胶球清洗装置　胶球清洗装置是近几年在市场上出现的冷水机组节能新技术，可使冷水机组冷凝器内壁始终处于洁净状态，端差（冷媒的冷凝温度与冷却水的出水温度差）接近新机值，降低冷水机组冷凝温度，保证冷水机组的运行效率始终接近新机，节约能源，减少化学水处理药剂使用量，保护环境。

工作原理：发球机将胶球发入冷凝器中，胶球通过水力压差擦洗掉换热管内壁的污垢，在冷却水出口端通过收球器回收胶球至发球机形成一个清洗循环，通过微电脑控制程序设置清洗频率和次数，实现自动在线清洗功能，始终保证冷凝器内壁洁净，换热效率最高，冷水机组制冷效率最高，降低能耗，节省能源。

2. 物理清洗的优缺点

物理清洗的优点主要有：

1）可以省去药剂清洗时的药剂费用。

2）避免了化学清洗后的清洗废液带来的排放问题。

3）不易引起被清洗设备的腐蚀。

物理清洗的缺点主要有：

1）一部分物理清洗方法需要在水系统中断运行后才能进行。

2）清洗操作比较费时。

3）有些方法容易引起设备表面的损伤。

（二）化学清洗

化学清洗是通过化学药剂的作用，使被清洗设备中的沉积物溶解、疏松、脱落或剥离的一类方法。化学清洗也常与物理清洗相配合使用。

1. 化学清洗分类

（1）按清洗方式　化学清洗可分为循环法和浸泡法。循环法是一种使用最为广泛的方法。利用临时清洗槽等方法，使清洗设备形成一个闭合回路，清洗液不断循环，沉积层等不断受到新鲜清洗液的化学作用和冲刷作用而溶解和脱落。浸泡法适用于一些小型设备和被沉积物堵死、而无法将清洗液进行循环的设备。

（2）按使用的清洗剂种类　化学清洗可分为碱洗法、酸洗法、溶剂清洗法、污泥剥离法等。

（3）按清洗的对象　化学清洗可分为单台设备清洗和全系统清洗。

（4）按是否停机　化学清洗可分为停机清洗和不停机清洗。不停机清洗指的是清洗液循环过程中，制冷机组仍处于开机状态，清洗液作为冷却水或冷冻水，在空调系统内部管线中循环。

2. 化学清洗的优缺点

化学清洗的优点主要有：

1）沉积物等能够被彻底清除，清洗效果好。

2）可以进行不停机清洗，以保证制冷（或供暖）的照常进行。

3）清洗操作比较简单。

化学清洗的缺点主要有：

1）易对金属产生腐蚀。

2）产生清洗废液，易发生二次污染。

3）清洗费用相对较高。

（三）循环水停机化学清洗的程序

中央空调停运后冷却水系统和冷凝水系统的清洗可采用单台设备清洗方式或全系统清洗方式。无论单台设备清洗还是全系统清洗，一般都是使用清洗槽和清洗泵将单台设备或原系统（不使用原系统的泵）构成一个封闭的临时回路进行循环清洗。

1. 化学清洗临时回路设计

在设计临时回路时，要对单台设备或全系统充分了解，所有部位管子的走向、结垢程度、通断面面积都要清楚。这样就好进行清洗泵的选型、清洗药剂的储备。然后根据临时回路要求寻找合适的清洗药剂进液口、清洗药剂出液口及清洗药剂排污口。同时要确定在清洗时，哪些阀门需要关闭，哪些仪表仪器需要拆除或隔离保护。还要确定同外部酸洗设备连接的临时管线的设计。同时为了确保清洗效果，最好采用低进高出的进液方式连接管路。

2. 清洗步骤

清洗一般按下列步骤进行：水冲洗（检漏）→杀菌灭藻清洗→碱洗→碱洗后水冲洗→酸洗→酸洗后水冲洗→漂洗→中和钝化（预膜）。

（1）水冲洗　水冲洗的目的是用大量的水尽可能冲洗掉系统中的灰尘、泥沙、脱落的藻类及腐蚀产物等一些疏松的污垢，同时检查临时系统的泄漏情况，冲洗时水的流速以大于0.15m/s为宜，必要时可做正反向切换。冲洗合格后，排尽系统内的水。必要时可注入60~70℃的热水，用手触摸检查系统中有无死角、气阻、短路等现象。

（2）杀菌灭藻清洗　杀菌灭藻清洗的目的是杀死系统内的微生物，并使设备表面附着的生物黏泥剥离脱落。杀菌灭藻清洗前应排尽冲洗水，再注水充满系统并循环，加入适当的杀菌剂循环清洗。当系统内的浊度趋于平衡时即可结束清洗。

（3）碱洗　碱洗的目的是除去系统内的油污，保证酸洗均匀（一般当系统内有油污时才需要进行碱洗，新建设备一般也需要）。碱洗时，注水充满系统并用泵循环加热，加入各种碱洗药剂维持一定的温度循环清洗。当系统中的碱洗液的碱度曲线、油含量曲线基本趋于平缓时即可结束碱洗。在碱洗过程中，应定时检测碱洗液的碱度、油含量、温度等。

（4）碱洗后水冲洗　碱洗后水冲洗是为了除去系统内残留的碱洗液，并使部分碱洗液被带走，当pH值曲线趋于平缓、浊度达到一定要求时，水冲洗即可结束。在水冲洗过程中，需检测排出口冲洗液的pH值和浊度。

（5）酸洗　酸洗的目的是利用酸洗液与水垢和金属氧化物进行化学反应生成可溶性物质，进而将其除去。为抑制和减缓酸洗液对金属的腐蚀，酸洗液中常需添加适当的缓蚀剂。

先将碱洗后的冲洗液排出后，再将配制的酸洗溶液用清洗泵打入系统中，确认充满后用清洗泵进行循环清洗。可以切换清洗液的循环方向，并在最高点放空和底部排污。

清洗过程中，应定期（一般30min一次）检测酸洗液中酸的浓度、金属离子（Fe^{2+}、Fe^{3+}、Cu^{2+}）浓度、温度和pH值等。当金属离子的浓度曲线趋于平缓时，即为酸洗终点。

（6）酸洗后水冲洗　这次水冲洗是为了除去残留的酸洗液和系统内脱落的固体颗粒，以便后期进行漂洗和钝化处理（或预膜）。

冲洗时，先将酸洗液排出，再用大量的水对全系统进行开路清洗，不断开启系统内的各导淋，以便将沉淀在短管内的杂物、残液排出。冲洗过程中应当每隔10min检测一次排出的冲洗液的pH值，当接近中性时停止冲洗。

（7）漂洗　漂洗的目的是利用低浓度的酸洗液清洗系统内在水冲洗过程中形成的浮锈，使系统总铁离子浓度降低，以保证钝化效果。

漂洗实际上是一个低浓度酸洗的过程，漂洗过程中也应检测漂洗液的浓度、金属离子的浓度、温度和pH值等，当总铁离子浓度曲线趋于平缓时，即可结束漂洗。

（8）中和钝化　在金属表面上形成能抑制金属溶解过程的电子导体膜称为钝化膜。这层膜本身在介质中的溶解度很小，以致它能使金属的阳极溶解速度保持在很小的数值上。

在金属表面上形成完整钝化膜的过程，叫钝化过程。金属设备或管道经过酸洗后，其金属表面处于十分活泼的活性状态，它很容易重新与氧结合而被氧化返锈。因此，设备或管道在清洗后暂时不使用时，需要进行钝化处理，然后加以封存。

漂洗结束后，当溶液中铁离子含量小于500mg/L时，可以直接用氨水调节pH值到合适的范围，再加入钝化药品进行钝化。当铁离子含量大于500mg/L时，应稀释漂洗液至溶液中铁离子含量小于500mg/L，再进行钝化。钝化过程中应不断进行高点排空和低点排污，以排除气阻，避免死角，确保钝化效果。

（9）预膜　空调漂洗后可以直接进行预膜而不必钝化。预膜的目的是让清洗后尤其是酸洗后处于活化状态下的新鲜金属表面或在进行保护前受到重大损伤的金属表面，在投入正常使用前预先生成一层完整而耐腐蚀的保护膜，预膜处理时，补加水使漂洗液中铁离子浓度低于500mg/L并加入中和药剂使pH值趋于中性，然后迅速加入预膜药剂进行预膜。

在化学清洗过程中，各阶段排出的化学清洗液必须经过处理达标后才可排放。

（四）循环水不停机化学清洗的程序

1. 循环水系统不停机清洗的必要性

为保证实验室试验和工厂连续生产的需要，中央空调不可能长时间停用以便清洗，很多场合下，必须在空调正常运行的同时进行清洗。另外，许多宾馆大厦进行空调系统的化学清洗往往处在盛夏或盛夏即将来临之际，如果长时间停机势必影响宾馆的营业，造成经济上的损失。因此，中央空调循环水系统进行不停机化学清洗是非常必要的。

2. 清洗方法

冷却水不停机清洗是一种循环清洗方法，它是利用冷却水系统的循环水泵作为清洗循环泵，利用冷却塔底部冷却水池作为配液槽，各种清洗药剂直接加入冷却塔底部的水池中，并由循环水泵将清洗药剂送到冷却水系统各处。

3. 清洗步骤

不停机清洗是针对运行的系统而言的，因此在清洗后不需要钝化，只需要预膜。一般在中央空调水系统中，油污的存在也很少，因而也不需要碱洗处理。

中央空调冷却水系统不停机清洗的步骤为：杀菌灭藻清洗→酸洗→中和→预膜。

（1）杀菌灭藻清洗　杀菌灭藻清洗应选择杀菌效果好并且有较好黏泥剥离能力的杀生剂，比如选择次氯酸钠和新洁尔灭。它们之间具有良好的协同效应，2mg/L的新洁尔灭和2mg/L次氯酸钠复配后灭藻率达100%，并且对生物黏泥的剥离作用也很好。杀菌灭藻清洗一般时间比较长，在清洗过程中可每隔3~4h测定一次冷却水的浊度。当浊度曲线趋于平缓时，即可结束清洗。

在杀菌灭藻后，如冷却水比较浑浊，可以通过在冷却塔底部水池补加水，从排污口排放冷却水的方式来稀释冷却水。

（2）酸洗　杀菌灭藻后就可以选择合适的缓蚀剂和酸洗药剂进行清洗。一般不停机酸洗是在低pH值下进行的。

酸洗时，先向冷却水系统加入适量的缓蚀剂，待缓蚀剂在冷却水系统中循环均匀后加入酸洗药剂。如选用硫酸或氨基磺酸作为酸洗药剂，则采用滴加法向冷却塔水池内加入酸洗药剂，使冷却水的pH值缓慢下降并维持在2.5~3.5之间，每30min测定一次pH值，随时调整酸洗药剂的滴加量。

在酸洗过程中应经常测定冷却水中Cu^{2+}、Fe^{2+}、Fe^{3+}等的浓度。一般在清洗开始阶段，每4h一次。在清洗中后期每2h测定一次。以总铁离子浓度曲线趋于平缓作为酸洗终点。浊度曲线可作为辅助的终点判断依据。这种酸洗方式需频繁检测 pH 值，所以操作麻烦，但酸洗药剂浪费很少。

也可以一次性地将酸洗药剂加入系统中，以起始 pH 值 3.0 左右开始进行清洗，以总铁离子浓度曲线和 pH 值曲线趋于平缓作为清洗终点。这种方法终点明显，操作简单。

在酸洗过程中，还可加入一些表面活性剂，如多聚磷酸盐等来增强酸洗效果。在循环水系统中沉积物可分为几层，如最上层为生物黏泥层，然后是水垢层，最下面为腐蚀产物沉积层。对于这些沉积层的酸洗，在酸洗液中应加入合适的黏泥剥离剂除去生物黏泥层，使得反应继续进行。

（3）中和　酸洗后应向冷却水系统补加新鲜水，同时在排污口排放酸洗废液，以降低冷却水系统中的浊度和铁离子浓度。同时加入少量的碳酸钠中和残余的酸，为下一步预膜打好基础。

（4）预膜　酸洗结束后，向系统中加入一定量的预膜药剂。比如加入 200mg/L 左右的三聚磷酸钠或六偏磷酸钠预膜 24~48h。预膜时也可以添加硫酸锌（三聚磷酸钠和硫酸锌的比例为 4∶1）以缩短预膜时间和增强预膜效果。预膜完成后将高浓度的预膜水通过补加水的方式稀释排放，控制总磷量为 10mg/L 左右，然后转入正常的水处理。

4. 冷冻水系统的不停机清洗

冷冻水系统不停机清洗也是一种循环清洗。它也是利用冷冻水循环系统中的水泵作为清洗用的循环泵，但它利用膨胀水箱或外接配液槽进行清洗。利用膨胀水箱时，清洗药剂可以加入膨胀水箱中，然后从系统的排污口排出冷冻水，在系统内形成负压，从而将膨胀水箱中的清洗药剂吸入系统内。使用外接配液槽时，一般选在夜间气温低的时段短时间停机，将配液管连接在冷冻水循环水泵的入口前，清洗药剂直接加入配液槽内。

冷冻水系统清洗时，需要更换一些冷冻水或冷冻水要流经外部设置的配液槽，从而使冷却保温受到一些影响，冷水机组的负荷将有所增加，但影响不大。

冷冻水系统的清洗步骤和冷却水系统的清洗步骤一样。

三、中央空调水系统清洗流程

本部分主要介绍中央空调水系统冷却（冷冻）水系统、主机换热器、冷却塔、水箱清洗流程。

（一）冷却（冷冻）水系统清洗流程

1. 施工准备程序

（1）安全防护　施工人员应配备 2 人以上，进场前应佩戴安全帽、橡胶手套，穿长裤、劳保鞋，裤腿下垂至脚踝，颈脖、手腕无饰品。

（2）施工工具　工具包括套筒/活动扳手、水质取样袋。

（3）药剂准备　要准备的药剂有水系统清洗预膜药剂、有机硅消泡剂、缓蚀阻垢剂、杀菌灭藻剂。

（4）检查机组　运行机组，观察是否正常启动、有无异响，并记录状态；如有故障应记录症状并做检修方案交由客户认可。施工前张贴“正在施工，禁止操作”的警示标识。

（5）现场防护与隔离　采用隔离布或者临时打起的木墙作为防护隔离装置，并在靠近客户的一面挂上醒目标志“正在施工，注意安全”“施工带来不便，请多谅解”等字样。

2. 施工程序

1）打开冷却（冷冻）水系统最低点的排污阀，将系统水排放10%后，关闭排污阀。

2）根据方案在水塔塔盘内投清洗预膜药剂和消泡剂，启动水泵循环。

3）水泵循环期间不定期观察，注意水质变化。

4）关闭水泵，关闭热交换器的进出水阀门，打开排污阀，排尽积水。

5）除拆下Y型过滤器，取出过滤网，将Y型过滤器清洗干净。

6）开启水泵漂洗水系统。

7）关闭水泵排放废水补充新水。

8）取水样。

9）启动水泵，根据水质处理方案在水塔塔盘内投放缓蚀阻垢剂和杀菌灭藻剂。

10）关闭水泵。

3. 施工撤场程序

清洗完毕后，确认系统正常运行。交由甲方负责人验收。将防护隔离物、警示标识及所有清洗工具收拾整理整齐放至墙边。将施工现场打扫干净，带上防护隔离物、警示标识及清洗工具撤离现场。

4. 验收标准

1）过滤网清洗干净无污垢，网孔无堵塞。

2）水样密封，标签内容完整、准确、清晰。

3）冷却（冷冻）水系统补满新水，运行正常，水泵停止运行。

5. 冷却（冷冻）水系统清洗作业流程

冷却（冷冻）水系统清洗作业流程如图4-13所示。

（二）主机换热器清洗流程

主机换热器清洗主要有物理清洗和化学清洗两种方法。主机物理清洗适用于水走管程泥沙及锈垢堵塞较严重的设备。堵塞严重的设备在化学清洗前必须先进行物理通炮。

1. 物理清洗

（1）施工准备程序　施工准备程序与冷却（冷冻）水系统相同。

（2）施工程序

1）打开热交换器的排污阀排除积水。

2）拆除主机端盖。

3）从铜管或端盖上刮取垢样。

4）对所有铜管进行逐根通刷。

5）用高压水枪冲洗管板、铜管。

6）对铜管进行反冲洗。

7）除去换热铜管和端盖上的锈迹，刷防锈漆。

8）将主机端盖复原。

9）打开热交换器进出水阀门进行排空。

（3）施工撤场程序

清洗完毕后，确认机组工作正常无异响。交由甲方负责人验收。将防护隔离物、警示标识及所有清洗工具收拾整理整齐放至墙边。将施工现场打扫干净，带上防护隔离物、警示标

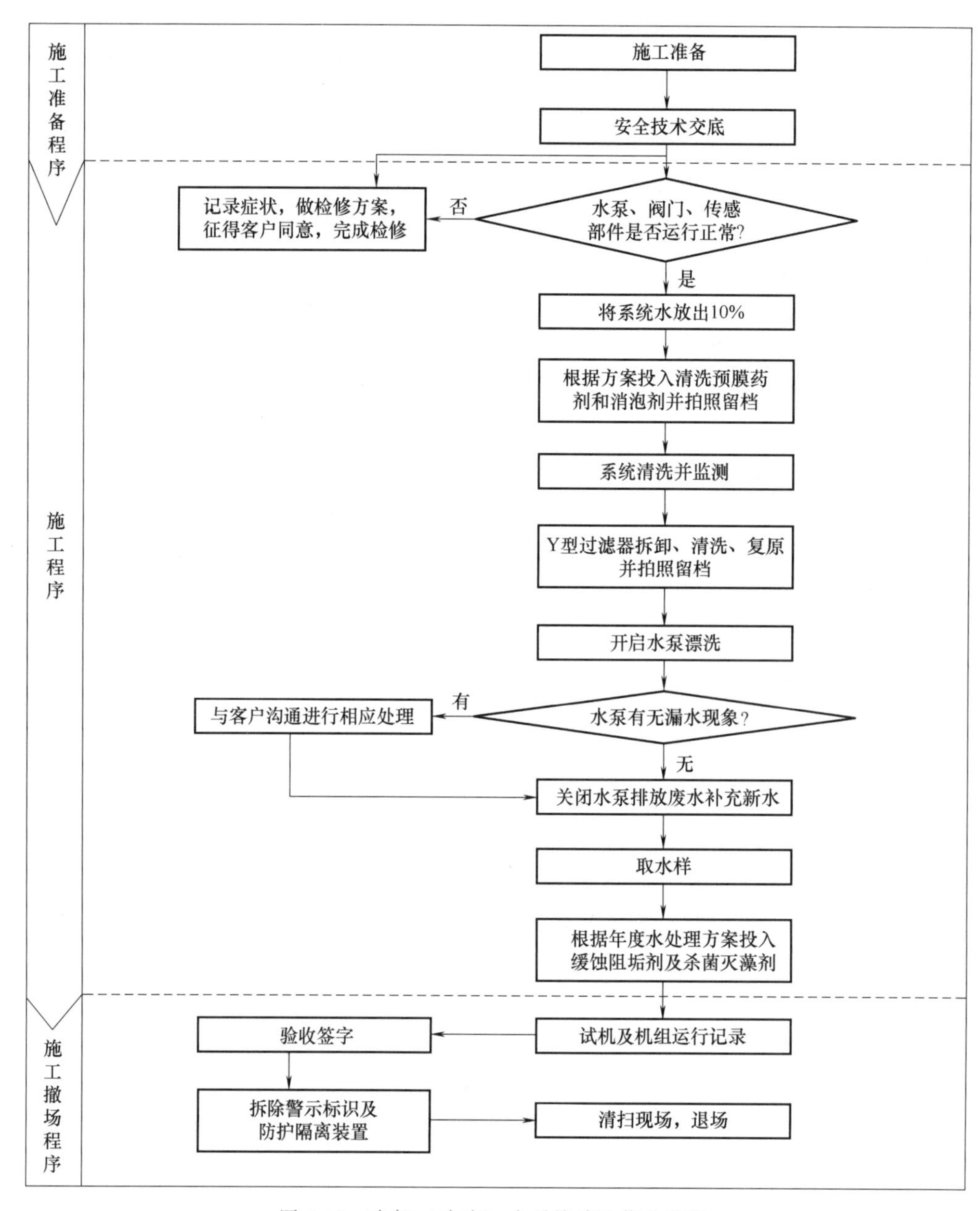

图 4-13　冷却（冷冻）水系统清洗作业流程

识及清洗工具撤离现场。

（4）验收标准

1）管板和端盖无锈迹，防锈漆涂刷完整，无缺失。

2）铜管无堵塞，泥沙清洗率应在 95% 以上。

（5）主机换热器物理清洗流程

主机换热器物理清洗流程如图 4-14 所示。

2. 化学清洗

（1）施工准备程序

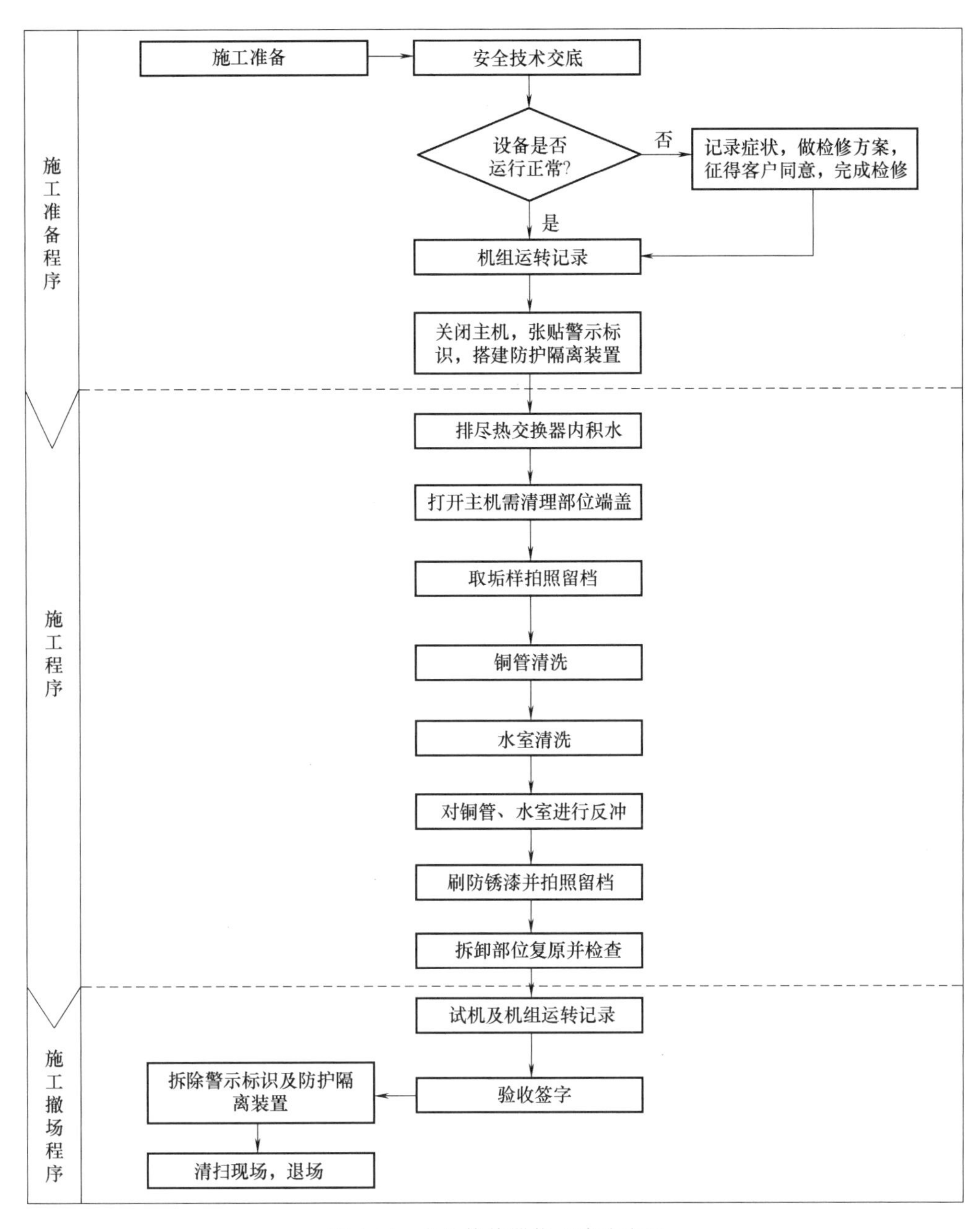

图 4-14　主机换热器物理清洗流程

1）安全防护。

2）施工工具：氮气瓶、加氟表、化工泵、活动扳手、螺钉旋具、塑料软管、挂片。

3）药剂准备：高级除垢剂、中和剂、钝化预膜药剂。

4）检查机组。

5）现场防护与隔离。

（2）施工程序

1）拆卸仪表部件。

2）关闭进出水阀门。

3）如果主机为溴化锂机组，则需将主机充氮至0.02MPa压力。

4）将化工泵接入临时循环系统。

5）向机组加清水并开泵循环。

6）加入高级除垢剂，并监测机组清洗液的pH值。

7）除垢清洗结束后，加中和剂至机组清洗液pH值在7左右为止，排放干净。

8）清洗换热器的水室。

9）投加钝化预膜药剂，并在酸洗桶内悬挂与主机材质一致的挂片。

10）观察挂片，其表面明显成膜，排除预膜药剂水溶液，重新补水。

11）复原仪表部件。

（3）施工撤场程序

清洗完毕后，确认机组工作正常无异响。交由使用单位负责人验收。将防护隔离物、警示标识及所有清洗工具收拾整理整齐放至墙边。将施工现场打扫干净，带上防护隔离物、警示标识及清洗工具撤离现场。

（4）验收标准

1）管板和端盖无锈迹。

2）铜管光亮，无残垢，表面成膜明显。

（5）主机换热器化学清洗流程

主机换热器化学清洗流程如图4-15所示。

（三）冷却塔清洗流程

1. 施工准备程序

1）安全防护。

2）施工工具：高压清洗机、水质取样袋。

3）药剂准备：高级除垢剂、缓蚀阻垢剂、杀菌灭藻剂。

4）检查机组。

5）现场防护与隔离。

2. 施工程序

1）关闭冷却塔进出水阀门。

2）打开排污阀将集水盘的污水排尽。

3）清洗集水盘、布水器及四周各部位。

4）清洗填料。

5）清洗塔盘，关闭排污阀，开启补水阀补水。

6）取水样。

7）投加缓蚀阻垢剂和杀菌灭藻剂。

8）打开冷却塔进出水阀门。

3. 施工撤场程序

清洗完毕后，确认机组工作正常无异响。交由使用单位负责人验收。将防护隔离物、警示标识及所有清洗工具收拾整理整齐放至墙边。将施工现场打扫干净，带上防护隔离物、警示标识及清洗工具撤离现场。

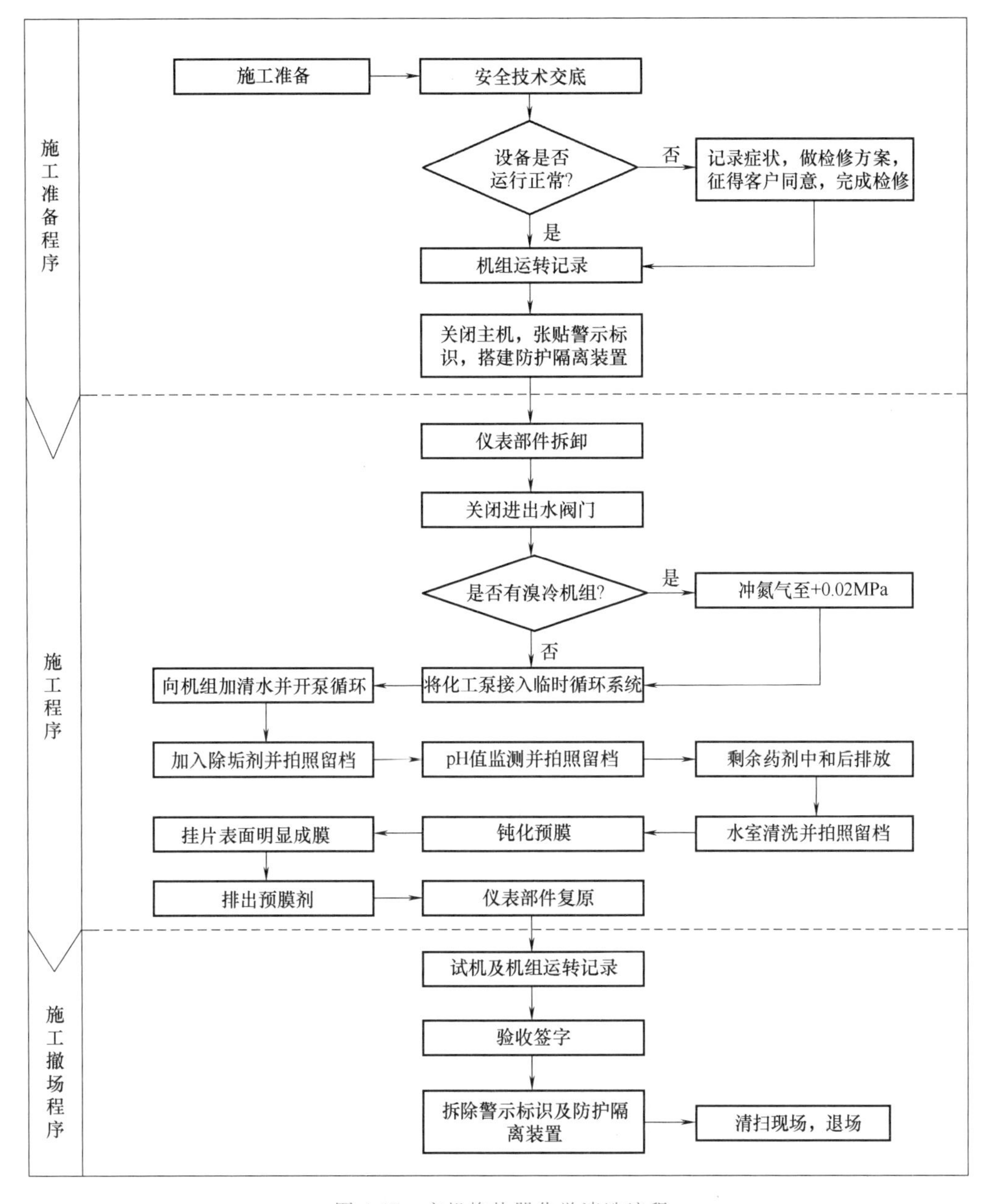

图 4-15　主机换热器化学清洗流程

4. 验收标准

1）集水盘、布水器及四周各部位干净整洁，无可视污物。

2）填料干净整洁，填料孔通畅无堵塞。

5. 冷却塔清洗流程

冷却塔清洗流程如图 4-16 所示。

（四）水箱清洗流程

1. 施工准备程序

1）安全防护。

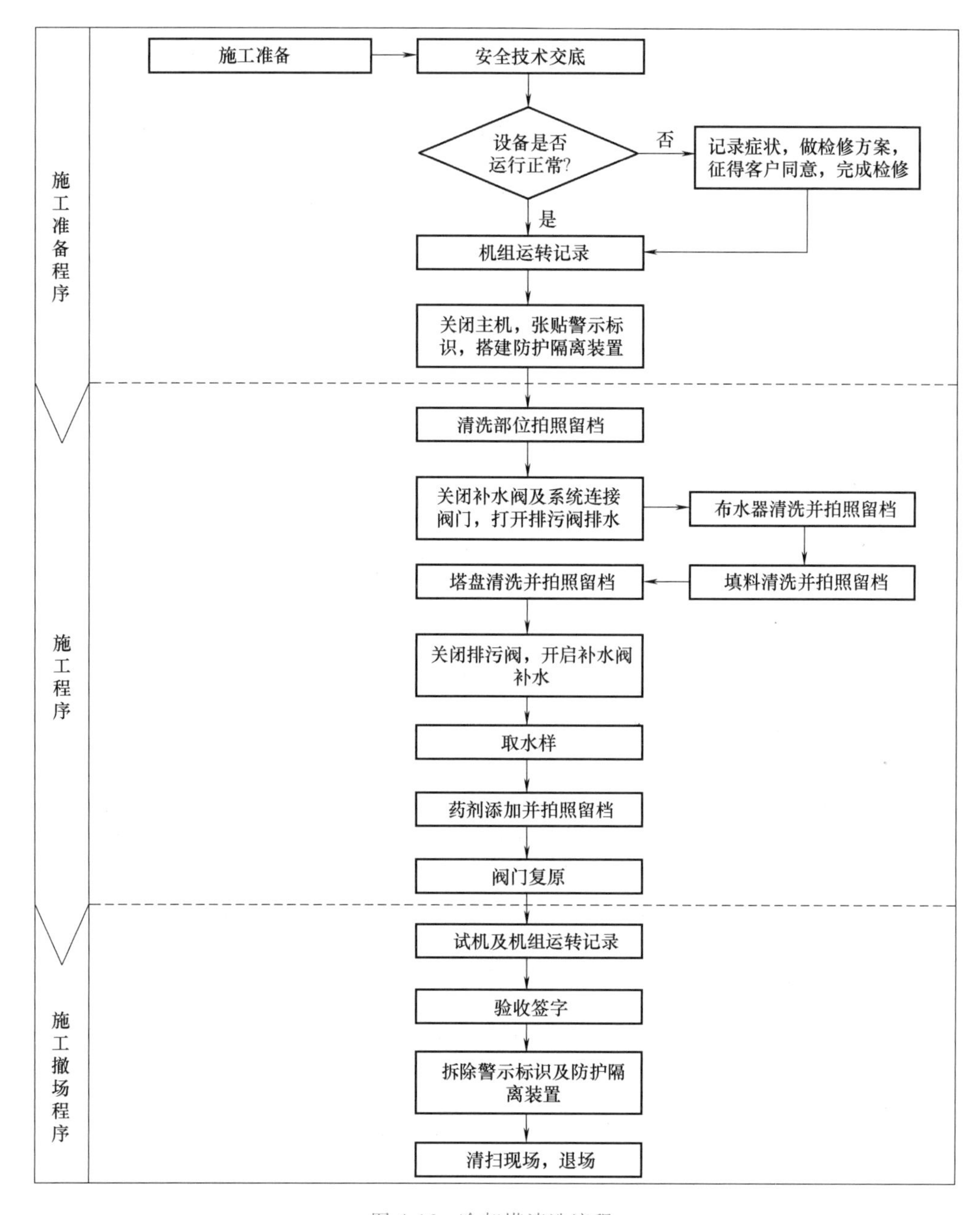

图 4-16　冷却塔清洗流程

2）施工工具：清洗机、扫把、小铲子、纱双套、插线板等。

3）检查机组。

4）现场防护与隔离。

2. 施工程序

1）关闭水箱补水阀，打开水箱排污阀，将水箱里的水排掉。

2）清洗水箱内部四面箱体。

3）将箱体内垃圾、污垢及锈渣等冲洗干净。

4）清洗浮球阀。

5）水箱内的水排尽后，关闭排污阀，打开水箱补水阀，补水。

3. 施工撤场程序

4. 验收标准

1）箱体内无垃圾、污垢及锈渣。

2）排污阀紧固，无滴漏。

5. 水箱清洗流程

水箱清洗流程如图 4-17 所示。

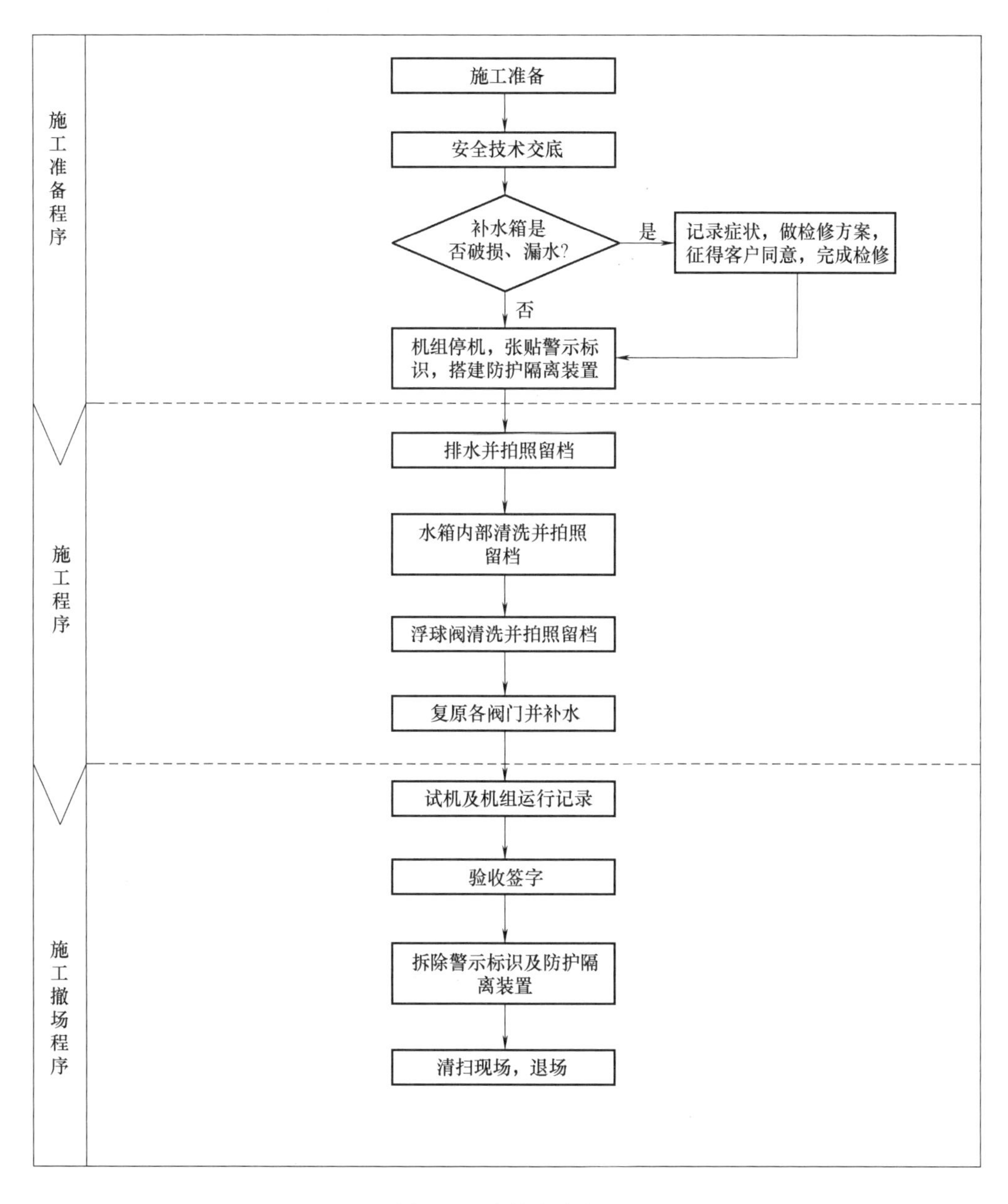

图 4-17　水箱清洗流程

课题五　中央空调水系统清洗质量验收标准及水质检测方法

相关知识

中央空调水系统经过清洗，其系统水质和设备管道是否达标，必须参照国家相关标准，进行检测验收。

一、中央空调水系统清洗验收标准

在行业内，中央空调水系统清洗验收标准目前主要依据《采暖空调系统水质》（GB/T 29044—2012）作为水质验收标准；各部件和管道经化学清洗后，依据《工业设备化学清洗质量验收规范》（GB/T 25146—2010）进行质量验收。

（一）水系统质量验收标准

经过清洗的中央空调水系统，系统质量应该达到以下要求：

1）冷却系统的污垢热阻值为 $1.72\times10^{-4}\sim3.44\times10^{-4}$ $(m^2 \cdot K)/W$。

2）冷冻系统的污垢热阻值小于 0.86×10^{-4} $(m^2 \cdot K)/W$。

3）碳钢管壁的腐蚀率小于 0.075mm/年，铜、铜合金和不锈钢管壁的腐蚀率小于 0.005mm/年。

4）冷却水、冷冻水水质要求应符合表 4-6 及表 4-7 的规定。

表 4-6　冷却水水质要求

检测项	单位	补充水	循环水
pH(25℃)		6.5~8.5	7.5~9.5
浊度	NTU	≤10	≤20
			≤10 （当换热设备为板式、翅片管式、螺旋板式）
电导率(25℃)	μS/cm	≤600	≤2300
钙硬度(以 $CaCO_3$ 计)	mg/L	≤120	—
总碱度(以 $CaCO_3$ 计)	mg/L	≤200	≤600
钙硬度+总碱度(以 $CaCO_3$ 计)	mg/L	—	≤1100
Cl^-	mg/L	≤100	≤500
总铁	mg/L	≤0.3	≤1.0
NH_3-N①	mg/L	≤5	≤10
游离氯	mg/L	0.05~0.2(管网末梢)	0.05~1.0(循环回水总管处)
COD_{cr}	mg/L	≤30	≤100
异养菌总数	个/mL	—	$\leq1\times10^5$
有机磷(以 P 计)	mg/L	—	≤0.5

① 当补充水水源为地表水、地下水或再生水回用时，应对本指标项进行检测与控制。

表 4-7　冷冻水水质要求

检测项	单　位	补充水	循环水
pH(25℃)		7.5~9.5	7.5~10
浊度	NTU	≤5	≤10
电导率(25℃)	μS/cm	≤600	≤2000
Cl^-	mg/L	≤250	≤250
总铁	mg/L	≤0.3	≤1.0
钙硬度(以 $CaCO_3$ 计)	mg/L	≤300	≤300
总碱度(以 $CaCO_3$ 计)	mg/L	≤200	≤500
溶解氧	mg/L	—	≤0.1
有机磷(以 P 计)	mg/L	—	≤0.5

（二）部件化学清洗质量验收标准

1）中央空调各部件化学清洗后，验收质量标准参照《工业设备化学清洗质量验收规范》(GB/T 25146—2010)，设备腐蚀率应符合表 4-8 要求。

表 4-8　设备腐蚀率

设备材质	腐蚀率 $K/[g/(m^2 \cdot h)]$		腐蚀量 A /(g/m^2)
	实验室验证结果	现场实测结果	
碳钢	≤2	≤5	≤80
不锈钢	≤1	≤1.5	≤20
紫铜	≤1	≤1.5	≤20
铜合金	≤1	≤1.5	≤20
铝及铝合金	≤1	≤1.5	≤20

2）清洗后的金属表面，如果用除垢率及洗净率进行判定，应符合表 4-9 要求。

表 4-9　运行中的设备除垢率及洗净率指标

污垢类型	除垢率 N(%)	洗净率 B(%)
碳酸盐垢	≥95	≥95
硫酸盐垢	≥85	≥85
硅酸盐垢	≥85	≥85
锈垢	≥95	≥95
油垢	≥95	≥95
其他垢型	≥85	≥85

二、中央空调水质检测方法

中央空调水质检测方法

（一）pH 值检测

1. pH 值对水质的影响

pH 值越小，溶液的酸性越强，越容易腐蚀设备管道；pH 越大，溶液的碱性就越强，也就越容易结垢。

2. 检测方法

按照《工业循环冷却水及锅炉用水中 pH 的测定》（GB/T 6904—2008），使用仪器 pH 计进行检测。图 4-18 为 PHS-3C 型 pH 计。

3. 检测流程

1）开机，电极激活。

2）校准仪器。

3）测试被测溶液。

4）记录 pH 值。

5）关机。

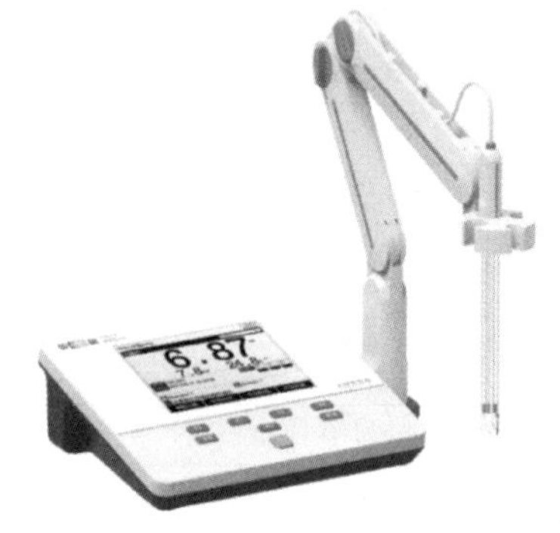

图 4-18 PHS-3C 型 pH 计

（二）电导率检测

1. 电导率对水质的影响

电导率是物质传送电流的能力，是电阻率的倒数。在液体中常以电阻的倒数——电导来衡量其导电能力的大小。水的电导是衡量水质的一个很重要的指标。它能反映水中存在的电解质情况。在其他条件（如离子种类、温度、黏度等）基本相同的情况下，它间接地表征了水中可溶电解质的浓度。通过其与补给水的电导率的比值，可判断系统水的浓缩倍数。

2. 检测方法

按照《锅炉用水和冷却水分析方法 电导率的测定》（GB/T 6908—2018），使用电导率仪进行检测。图 4-19 为便携式电导率仪。

3. 检测流程

1）开机，电极激活。

2）校准仪器，调整测试时温度。

3）测试被测溶液。

4）记录电导率值。

5）关机。

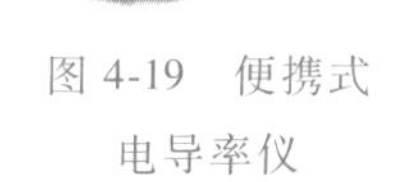
图 4-19 便携式电导率仪

（三）溶解性固体总量检测

1. 溶解性固体总量对水质的影响

溶解性固体总量越高，说明水中各种离子含量越高，直接反应循环水水质好坏。因此，可直接通过溶解性固体总量数值判断系统是否需要排污，判断系统水的浓缩倍数。

2. 检测方法

按照《生活饮用水卫生标准》（GB/T 5749—2022），使用仪器溶解性固体总量笔进行检测。图 4-20 为溶解性固体总量水质检测笔。

3. 检测流程

1）开机，电极激活。

2）测试被测溶液。

3）记录溶解性固体总量值。

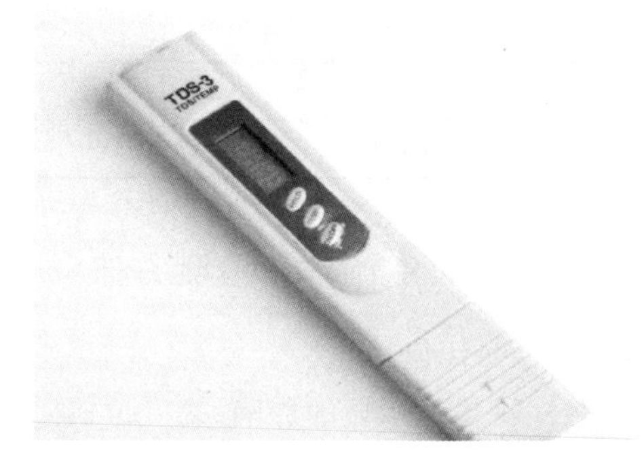

图 4-20 溶解性固体总量水质检测笔

4）关机。

（四）总硬度检测

（1）总硬度对水质的影响

水质总硬度反应水系统结垢的倾向，硬度越高，系统就越容易结垢。

（2）检测方法

按照《锅炉用水和冷却水分析方法　硬度的测定》（GB/T 6909—2018），采用 EDTA 络合滴定法分析。

（3）检测流程

1）取 50mL 水样，倒入锥形瓶。

2）加 5mL 缓冲溶液，加 80mg 指示剂铬黑 T。

3）EDTA 滴定，当溶液由红紫色变为蓝色，即停止滴定，记下消耗 EDTA 的体积。

4）计算水样总硬度，并记录。

水硬度检测除了采用 EDTA 络合滴定法以外，目前，在工程技术上也采用电极法检测，通过水硬度测试仪检测，操作更加简便，经大量试验证明它与 EDTA 滴定法有相同的准确度。图 4-21 为便携式 YD300 水质硬度仪。

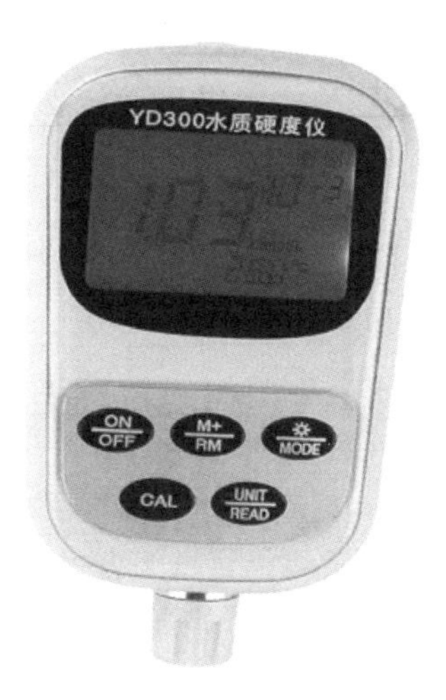

图 4-21　便携式 YD300 水质硬度仪

（五）钙硬度检测

1. 钙硬度对水质的影响

钙硬度是总硬度的一个指标，钙硬度越高，反应水系统越易结垢。

2. 检测方法

按照《工业循环冷却水中钙、镁离子的测定　EDTA 滴定法》（GB/T 15452—2009），采用 EDTA 络合滴定法分析。

3. 检测流程

与总硬度检测流程相同。

（六）总碱度检测

1. 总碱度对水质的影响

总碱度过高，不仅增加水质结垢倾向，而且对金属材质会产生碱腐蚀。

2. 检测方法

按照《工业循环冷却水　总碱及酚酞碱度的测定》（GB/T 15451—2006），采用酸性标准试剂及甲基橙指示剂滴定分析测试。图 4-22 为碱度测试仪。

图 4-22　碱度测试仪

3. 检测流程

1）取 50mL 水样，倒入锥形瓶。

2）加甲基橙指示剂 2~3 滴。

3）硫酸标准溶液滴定，当溶液由黄色

变为橙红色时，即停止滴定，记下消耗硫酸体积。

4）计算水样钙硬度，并记录。

（七）浊度检测

1. 浊度对水质的影响

水系统浊度高会促进细菌和藻类生长，影响杀菌灭藻剂的杀菌灭藻效果；浊度高，也间接反应腐蚀性，铁离子含量超标。

2. 检测方法

按照《水质　浊度的滴定　浊度计法》（HJ 1075—2019），使用浊度检测仪进行检测，图 4-23 为浊度检测仪。

3. 检测流程

1）开机。

2）调零。

3）测试。

4）记录浊度值。

5）关机。

（八）氯离子检测

1. 氯离子对水质的影响

水系统中氯离子含量越高，越容易引起管道和设备腐蚀。

2. 检测方法

按照《工业循环冷却水和锅炉用水中氯离子的测定》（GB/T 15453—2018）检测，采用硝酸银滴定法分析，也可采用离子计进行检测，离子计还可检测其他多种离子。图 4-24 为便携式离子计。

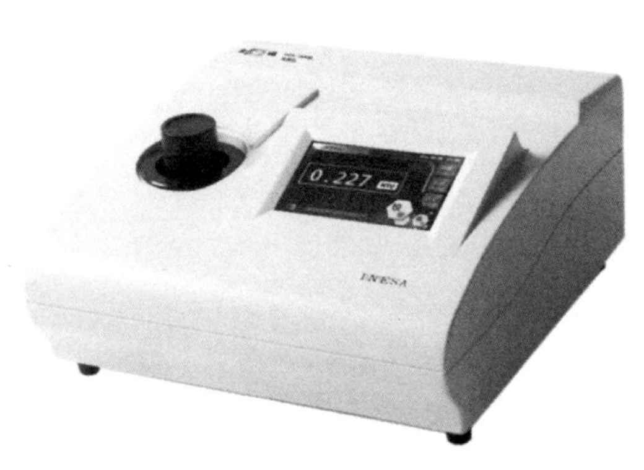

图 4-23　浊度检测仪

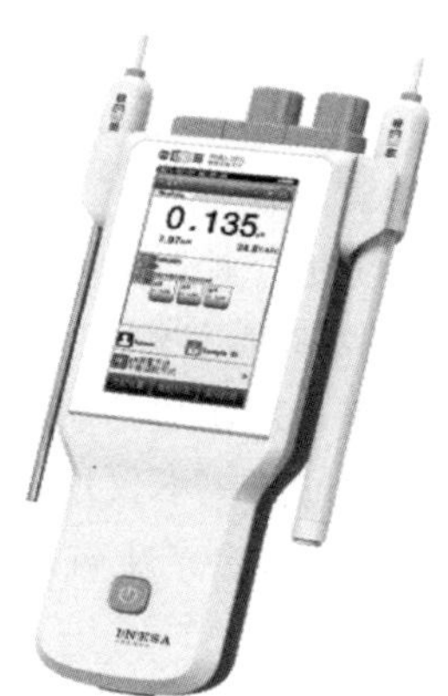

图 4-24　便携式离子计

3. 检测流程

1）取 50mL 水样，倒入锥形瓶。

2）加铬酸钾溶液指示剂 5 滴。

3）硝酸银标准溶液滴定，当溶液由黄色变为淡砖红色时，即停止滴定，记下消耗硝酸银体积。

4）计算水样氯离子含量，并记录。

课题六 中央空调水系统清洗方案设计

相关知识

中央空调清洗是一项系统的大工程，涉及空调设备、部件、管道多个部分，空调开始清洗前，根据设备现场实际情况设计可行工作方案，这是空调清洗维护人员必须做好的一项工作。

一、清洗对象的调研和分析

中央空调水系统清洗是中央空调系统清洗中较为复杂、技术难度较高的一项工作，使用设备、工具、仪器和化学药品种类繁多，在施工前，应该制定科学的清洗方案，为了做好方案设计的准备工作，工程技术人员需要对清洗设备进行调研分析。

中央空调设备的调研和分析可以用八个字来概括，那就是“四看、四问、六查、五测”。

（一）四看

一看设备的构造、流程、管道走向、施工条件等。二看设备结垢的分布、颜色、质地、状态等。三看清洗设施的布置场所、临时配管的接口尺寸等。四看所要清洗的位高、放空条件和低位排污点的位置、尺寸、设备盲肠部位的分布和工序排入的条件。

（二）四问

一问中央空调设备运行状况、影响程度、对工艺条件（如温度、压力、阻力、流量、电耗、水耗）的影响程度。二问设备的使用历史和腐蚀历史，了解清洗对象运行中有无腐蚀和泄漏历史，了解该设备投入使用的时间，了解结垢状态和腐蚀状态，有无垢样留存。三问设备的清洗历史，由谁用什么方法清洗的，清洗效果如何，有无原始记录和资料。四问设备水处理的现状和方法及其他防垢措施、方法是否恰当。

（三）六查

一查图样，了解设备中含有哪些金属材质、被清洗部分的介质流经哪些设备，材质分别是什么，了解工艺流程，判断结垢部位，分析其原因。二查工艺过程中清洗介质所流经的部位，有哪些计量仪器、仪表和设备需要隔离。三查工艺过程中相关的运行记录，分析判断结垢的原因和程度，查运行检修记录和清洗记录。四查设备的设计参数，并与现有参数对比，分析结垢情况和影响程度，判断清洗的可行性和必要性。五查设备标牌和位号是否与图样相符，管线、仪表等分布是否正确，查设备盲肠部位的分布和位置。六查设备操作指南、使用说明及设计要求，搞清清洗的限制条件。

（四）五测

一测分析化验污垢的成分，确定清洗方案。二测分析水质和原料品质，判断结垢原因，并帮助业主采取必要的防垢措施。三测溶垢试验，选择合理的清洗配方。四测清洗剂对相关金属材料的腐蚀速率。五测清洗废液的成分和指标，确定废水处理方案。

通过上述的调研分析之后，中央空调设备的基本情况就比较清楚了，清洗的方案就有了一个大概的轮廓，这些工作对保证除垢效果和设备的清洗安全意义重大。

二、清洗方案的设计准备

清洗方案分技术方案和施工方案。技术方案主要是论证清洗技术的可行性、安全性和环保性。施工方案以技术方案为前提，此外还应该具有可操作性。施工方案内容应更加充实。

（一）清洗流程的确定

1. 水系统清洗操作流程

根据现场考察的结果、垢样分析化验的数据和溶垢试验等情况，基本可以确定工艺流程。中央空调冷却水系统和冷冻水系统化学清洗应为以下流程中的几步或全部。施工现场考察→设备隔离→仪表的拆除和隔离→临时管线的配置→水冲洗→试压→配预处理液，垢型转化处理→碱性除油脱脂→水冲洗→酸洗→水冲洗→人工清理残渣→漂洗→钝化→检查验收设备复位→撤离现场→顾客回访和售后服务。

上述流程中每个步骤都重要，一步操作不当就可能导致清洗失败。因此每个步骤都应认真控制，仔细操作。

2. 水系统清洗工艺流程

水系统清洗工艺流程是指设计清洗液在中央空调设备中的运行方向、顺序、流速、流量。不同的中央空调设备因结构不同，所连接的工艺管线和附属设备也不同，一般无法统一说明，这是清洗工作中较难掌握的部分。采用同样的药剂、同样的清洗设备，不同的人所设计的工艺流程不同，所确定的工艺条件不同，最后的清洗质量差异很大，对设备的安全和保护程度也有很大的差异。这也就是专业团队和非专业队伍的主要差别。

（二）清洗设备容积和面积的估算

中央空调水系统容积计算，一般应将所要清洗的中央空调水系统所有换热器、冷却塔、管线的有效容器都计算在内，并以全充满的方式计算，工作量非常大。计算本身没有多少技巧可言，就是按图样尺寸一点点累积计算。不同形状的设备采用不同的计算公式。但应注意的是，一定要扣除设备内附件所占的容积。如换热器的夹套侧，必须扣除列管所占的容积。工作的重点是统计众多设备及管线的尺寸和数量，这是统计工作的关键所在，也是计算误差的主要根源。

水系统清洗容积还应包括临时管线所占的容积和循环余量。水系统容积计算是清洗原材料用量的基本依据，也是核算清洗成本的关键数据，如果出入太大，就会造成项目成本过高，或者在招标竞争中，由于价格太高而遭淘汰。

（三）清洗原材料的计算

1. 清洗药剂总量的计算

第一，必须根据实际估算的垢量，按污垢分析化验结果中的成分和比例，利用污垢溶解的化学反应方程式所规定的物质量的关系，计算清洗所需的酸和助溶剂的量。

第二，必须考虑污垢溶解所必需的最低药剂浓度，并加上一定的余量（这部分是废液中的残余药剂），如估计值过高，则容易造成材料浪费，并增加清洗废液的处理费用，增大了环境的污染程度；如估计值太低，则低于污垢溶解的浓度，可能导致设备部分地方清洗不干净，影响除垢效果。

这两大部分的合计值则为清洗所需要的药剂总用量。值得注意的是，对于一些容易溶解并在溶解中产生大量气体的污垢，内部又夹杂少量不易溶解的成分，用酸量可能会少一些。

这是由溶垢过程中的气掀作用和剥离作用所造成的，也是前面所讲过的产生清洗残渣并需要人工清理的原因之一。例如，$CaCO_3$ 垢内夹杂少量的 Fe_2O_3 成分，用 HCl 清洗就属此例。

2. 药剂浓度的计算和纠正

根据溶垢试验所获得的药剂浓度可能与上述计算得到的浓度有一定的出入，此时应进行纠正。

根据上述药剂总量计算方法所计算出的药剂量除以所配清洗液的总质量，即得药剂的浓度，这是理论数据。溶垢试验所得数据为经验数据。二者综合考虑才能确定清洗工程中清洗药剂的使用浓度。最后，根据此浓度和体系的总结垢量可以较为准确地估算出所用清洗药剂的总用量。实际工作中，这部分工作操作难度很大，就是因为有许多未知影响因素，且被清洗设备的内表面积、容积数据不准确。

3. 清洗助剂用量估算

这种估算较为简单，一般按一定浓度比例乘以所配制溶液的总质量即可。如 LAN-826 缓蚀剂用量估算，一般使用浓度为 0.3%，清洗液的相对密度为 1.05，系统水容积为 $58m^3$，则 LAN-826 缓蚀剂的用量为 $W=58\times0.3\%\times1.05t=0.1827t$。钝化药剂和碱洗药剂用量的计算与缓蚀剂用量的计算方法相似。

4. 清洗设备的选型

一般根据清洗对象的高度、容积和所需达到的清洗流速来选择清洗泵站。例如，清洗中央空调采暖系统时，一般要选择高扬程清洗泵，清洗槽不要太大；如清洗换热器、管线，则需要一定的流速和流量，一般选用大流量、低扬程清洗泵；如清洗中央空调采暖锅炉，则需要选择高扬程、大流量清洗泵，而且需要大容积的清洗槽；如清洗单元设备，则需要选择小扬程、低流量的清洗泵站。

5. 清洗质量保证体系

质量保证体系文件是清洗工程的规范性、法律性文件。应根据《质量管理体系》（GB/T 19001—2016）编写“质量保证手册”和“程序文件”。质量保证应贯穿于化学清洗全过程，主要内容有管理职责，质量体系，合同评审，设计控制，文件资料控制，采购，顾客提供的产品控制，产品的标识和可追溯性，过程控制，检验和试验，检验、测量和试验设备的控制，检验试验状态不合格品的控制，纠正和预防措施，搬运、储存、包装、防护和交付，质量记录，内部质量审核，培训，服务，统计技术等。对以上内容应逐一进行规范。

根据质量保证体系的要求，对中央空调清洗工程的合同应进行合同评审，符合法律规定后才能进行施工。为确保清洗质量，应严格按质保体系的要求，由项目经理编写“质量策划书”，由技术负责人编写“质量计划书”“清洗方案”“施工方案”。从清洗工程的准备阶段到清洗结束，全过程都要进行质量控制。

三、清洗方案的制定

（一）水系统清洗方案的制定

清洗方案的制定是清洗工程成功的关键性工作，调研、分析、计算、选型、计划、策划之后，一套完整的实施方案基本已勾画出来，剩下的工作是将这些具体的内容写清楚，形成一整套清洗现场可具体实施的纲领性文件，清洗操作者可依据此文件进行操作和控制。

清洗方案的细节工程随性质的不同，差异性很大，没有统一的格式可套用。但是一个成功的清洗方案，应明确细致地讲清楚以下主要内容：

1）方案编制的依据。

2）清洗原因的分析。

3）需清洗设备的主要参数和清洗的范围。

4）清洗操作流程和工艺流程的设计。

5）清洗施工前的准备。

6）清洗过程的控制和管理。

7）清洗结束后的废液处理方案。

8）清洗总结方案。

9）清洗的质量标准。

10）清洗系统工艺流程图解。

11）设备和材料表。

12）清洗进度安排计划。

（二）编制依据及说明

1. 编制依据

制定清洗方案时依据的标准、手册很多，例如《工业设备化学清洗质量标准》《HSE 管理手册》《健康、安全和环境手册》《化学清洗质量保证手册》。同时可以参考本单位以前类似或同一型号的中央空调设备的清洗方案、化验分析单、竣工报告等。

2. 编制说明

编制说明的主要内容是根据现场调查甲方中央空调设备的大致情况，简述需要清洗的原因及达到的目的，并阐述清洗后可取得的经济效益和社会效益。

（三）工程量清单及清洗规范

工程量清单是依据招标文件规定、施工设计图样、施工现场条件和国家制定的统一工程量计算规则、分部分项工程的项目划分计量单位及其他有关法定技术标准，计算出构成工程实体的、各分部分项工程的、可提供编制标底和投标报价的实物工程量的汇总清单。工程量清单是编制招标工程标底和投标报价的依据，也是支付工程进度款和办理结算、估算工程量以及工程索赔的依据。

根据甲方提供的工程量清单、施工图和相关参数，在详细调查了解的基础上，确定清洗范围，并计算清洗工作量。

（四）清洗前的准备工作和时间安排

1. 清洗系统的隔离和拆除

在中央空调系统清洗前应将被清洗系统中不允许参与清洗的部件等拆除，拆除部件应该挂牌，专门放置。对拆下的设备附件按要求单独处理，以备清洗后安装复位。

2. 公用工程条件

描述清洗工作所需要的水、电、蒸汽等条件能否满足是关系到清洗工作成败的关键和前提，因此要及早和甲方沟通、协调，确保满足清洗要求。

3. 清洗时间安排

新建的中央空调设备的清洗，一般安排在水试压完成后、使用前的时间内；对于使用后检修的中央空调设备的清洗，一般安排在检修完毕后、使用前的时间内。

四、应急方案的设计

（一）设计的目的

为了防止因火灾、爆炸事故，清洗施工中的灼伤、烫伤、高空坠落、有毒有害物质泄漏事故，以及急性传染病，特大交通事故，塌方、地震等意外或自然地理事故发生而造成的重大损失，对潜在的紧急情况和意外事件应采取预防措施，制定紧急预案，使紧急情况和意外事故得到快速、及时和有效的处置，保证将可能发生的损失降低到最小。

（二）适用范围

适用于基地火灾、爆炸、地震等事故，清洗施工中的塌方、灼伤、烫伤、砸伤、高空坠落、有毒有害物质泄漏事故，以及急性传染病、特大交通事故等紧急情况和意外事故的控制和处理。

（三）应急反应原则

1）总的原则是救死扶伤，以抢救人员生命为第一位，做到先抢救人员，保护环境；后抢救设备设施。

2）险情发生时，为迅速采取应急行动，避免或减少损失，应遵守以下处理原则：

① 疏散无关人员，最大限度减少人员伤亡。

② 阻断危险源，防止二次事故发生。

③ 保持通信畅通，随时掌握事故发展动态。

④ 调集救助力量，迅速控制事态的发展。

⑤ 准确分析现场情况，划定危险范围，现场决策，当机立断。

⑥ 正确分析风险损失，在尽可能减少人员伤亡的前提下组织实施抢险。

⑦ 处理事故险情时，首先考虑人身安全，其次应尽可能减少财产损失和环境污染，按有利于恢复施工的原则组织应急行动。

实训项目一　中央空调水系统垢样采集与鉴别

一、实训目的

1）了解水系统垢样采集方法，并正确采集垢样。

2）掌握垢样鉴别方法。

3）正确鉴别水系统垢样。

二、实训设备、工具及材料

实训设备、工具及材料见表 4-10。

表 4-10　实训设备、工具及材料

序　号	名　称	数　量	备　注
1	中央空调系统设备	1 套	
2	电子秤	1 台	

（续）

序　号	名　称	数　量	备　注
3	烧杯	5 个	
4	量杯	3 个	
5	盐酸液试剂	50mL	
6	硫酸液试剂	50mL	
7	螺钉旋具	2 把	一字、十字
8	活扳手	2 把	250mm
9	老虎钳	1 把	

三、实训步骤

1）在停机的中央空调系统设备水系统管道内部、阀件内部不同部位刮取 100g 左右垢样。

2）将垢样分成 0.5~1g 试验样品，分别装入不同烧杯。

3）在烧杯中分别滴入 10mL 盐酸溶液，适当搅动，使其充分化学反应。

4）根据反应过程是否产生气泡，反应后沉淀物颜色、多少判断垢样种类。

5）按照上述方法，同样进行硫酸试剂鉴别。

6）清理实训现场，整理工具设备。

四、实训评价

实训操作情况评议表见表 4-11。

表 4-11　实训操作情况评议表

<table>
<tr><th>序号</th><th>项目</th><th colspan="2">测评要求</th><th>配分</th><th colspan="3">评分标准</th><th>得分</th></tr>
<tr><td>1</td><td>正确取垢样</td><td colspan="2">不同部位刮取垢样，不伤设备</td><td>20</td><td colspan="3">1. 正确部位取样，否则扣 5 分
2. 取样操作正确规范，否则扣 10 分
3. 样品编号收集，否则扣 5 分</td><td></td></tr>
<tr><td>2</td><td>垢样测试</td><td colspan="2">取量准确，测试操作正确规范，反映效果明晰</td><td>60</td><td colspan="3">1. 垢样试验品取量准确，电子秤操作正确规范，否则扣 20 分
2. 用盐酸溶液分别测试 5 份样品，操作正确规范，否则扣 20 分
3. 反应充分，效果清晰，否则扣 10 分
4. 过程安全，否则扣 10 分</td><td></td></tr>
<tr><td>3</td><td>垢样分析</td><td colspan="2">根据测试结果，准确确定垢样种类</td><td>20</td><td colspan="3">1. 根据测试结果，准确确定垢样种类，否则扣 15 分
2. 现场复位正确规范，否则扣 5 分</td><td></td></tr>
<tr><td colspan="2">安全文明操作</td><td colspan="6">违反安全文明操作规程（视实际情况进行扣分）</td><td></td></tr>
<tr><td colspan="2">开始时间</td><td></td><td>结束时间</td><td></td><td>实际时间</td><td></td><td>成绩</td><td></td></tr>
<tr><td colspan="2">综合评议意见</td><td colspan="7"></td></tr>
<tr><td colspan="2">评议人</td><td colspan="3"></td><td>日期</td><td colspan="3"></td></tr>
</table>

实训项目二　中央空调水系统冷却塔的清洗

一、实训目的

1）了解冷却塔结构。

2）掌握冷却塔清洗方法。

3）正确清洗冷却塔。

二、实训设备、工具及材料

实训设备、工具及材料见表4-12。

表4-12　实训设备、工具及材料

序号	名　称	数量	备　注
1	中央空调系统设备	1套	
2	高压清洗水枪	1台	SBT-80238S
3	电动试压泵	1台	4DSY-63/16
4	拆卸工具	1套	
5	组装工具	1台	Z1T-2
6	清洗药剂	1套	BX1-400-3
7	人字梯	2把	5~11档
8	扫把、抹布、拖把	若干	

注：本实训为停机实训，且为小组实训，不能单人操作。

三、实训步骤

1）打开排水阀，排出集水盘内的水，排水的同时可以适当搅拌，有助于多排出沉积物。

2）自上向下清洗，先清洗塔上布水器，逐个检查布水器的出水孔，如有堵塞，需采用工具疏通，同时要使用刷子刷干净布水器表面污垢。

3）使用高压水枪在冷却塔外喷洗散热片填料，需仔细喷除每一片填料上的结垢，必要时可用工具刮除垢样。

4）作业人员穿戴防水劳保用品（雨衣、雨鞋等）进入塔内部，使用高压水枪喷洗塔内壁及填料内壁，使喷下的污垢集中沉积在集水池中。

5）使用扫把、抹布、拖把清扫塔内部所沉积的脏污，并清除至塔外。

6）塔内配电导率探头，需使用软质抹布擦拭干净，并使用原厂家提供的养护液浸泡5~10min。

7）如塔内配有加热装置，需用百洁布深度擦洗。

8）最终将塔内外壁使用高压水枪再次冲淋，并清理现场、清洁污垢，将污垢统一运至指定投放点。

四、实训评价

实训操作情况评议表见表4-13。

表4-13 实训操作情况评议表

序号	项目	测评要求	配分	评分标准	得分
1	现场准备	清洗工具准备到位，现场安全防护准备到位	20	1. 清洗工具准备到位，否则扣10分 2. 现场安全防护准备到位，否则扣10分	
2	布水器清洗	清洗操作正确，布水器的出水孔畅通	20	1. 布水器清洗操作正确，否则扣5分 2. 布水器表面洁净，否则扣5分 3. 布水器出水孔畅通，否则扣5分 4. 过程安全，否则扣5分	
3	塔体、填料清洗	塔体清洗洁净，填料清洗洁净	20	1. 塔体内外清洗洁净，否则扣10分 2. 填料清洗洁净，否则扣10分	
4	塔内探头、加热装置清洗	塔内探头清洗干净，塔内加热装置清洗洁净	20	1. 塔内探头清洗操作正确、无损伤、干净，否则扣10分 2. 塔内加热装置清洗操作正确、无损伤、干净，否则扣10分	
5	现场与安全	操作安全，现场整理到位	20	1. 清洗过程用电、登高操作安全，否则扣10分 2. 清洗结束，现场设备、工具整理到位，场地洁净，否则扣10分	
安全文明操作		违反安全文明操作规程（视实际情况进行扣分）			
开始时间		结束时间		实际时间	成绩
综合评议意见					
评议人			日期		

实训项目三 中央空调水系统冷凝器的清洗

一、实训目的

1）掌握中央空调冷凝器一般清洗方法。
2）正确使用物理和化学方法清洗冷凝器。

二、实训设备、工具及材料

实训设备、工具及材料见表4-14。

表4-14 实训设备、工具及材料

序号	名称	数量	备注
1	中央空调系统设备	1套	
2	高压清洗水枪	1台	SBT-80238S

（续）

序号	名　称	数　量	备　注
3	通炮机	1台	
4	拆卸工具	1套	
5	组装工具	1台	Z1T-2
6	清洗药剂	1套	BX1-400-3
7	人字梯	2把	5~11档
8	扫把、抹布	若干	

注：本实训为停机实训，且为小组实训，不能单人操作。

三、实训步骤

1）现场准备，准备清洗工具、设备和药剂，分别关闭冷凝器进出水阀门，在冷凝器进出水管上分别建立临时循环系统。

2）将系统内水排出少量，将安全高效除垢剂溶解后，用泵从低处进水口注入，从出水口返出，循环浸泡3~5h。

3）排出冷凝器内污水，用清水冲洗。

4）打开冷凝器端盖，用通炮机的软轴连接通炮刷，对铜管逐根通炮，清洗管壁上的生物黏泥和锈渣，通炮完毕用高压水冲洗干净。

5）将水室侧面、端盖内壁所有锈渣、垢块彻底铲除，用清水冲洗。

6）将冷凝器端盖复位。

7）补水加入预膜药剂循环10~20min，浸泡24h左右，排污即可。

8）试压正常，系统恢复。

四、实训评价

实训操作情况评议表见表4-15。

表4-15　实训操作情况评议表

序号	项目	测评要求	配分	评分标准	得分
1	现场准备	清洗工具准备到位，现场安全防护准备到位	20	1. 清洗工具、设备、药剂准备到位，否则扣10分 2. 现场安全防护准备到位，否则扣10分	
2	冷凝器管道除垢	除垢剂加入正确，循环清洗水系统操作正确	20	1. 除垢剂用量及加入方式正确，除垢效果好，否则扣10分 2. 循环清洗水系统搭建正确，操作正确，否则扣10分	
3	物理清洗	通炮机使用正确，冷凝器管道清洗洁净	20	1. 通炮机使用正确，否则扣10分 2. 冷凝器管道清洗洁净，否则扣10分	
4	冷凝器管道预膜	预膜药剂加入正确，药剂排污正确	20	1. 预膜药剂用量及加入方式正确，预膜效果好，否则扣10分 2. 循环清洗水系统搭建正确，排污操作正确，否则扣10分	

（续）

序号	项目	测评要求	配分	评分标准			得分
5	复位与安全	操作安全，现场整理到位	20	1. 设备试压成功，否则扣10分 2. 清洗过程用电、登高操作安全，否则扣5分 3. 清洗结束，现场设备、工具整理到位，场地洁净，否则扣5分			
安全文明操作		违反安全文明操作规程（视实际情况进行扣分）					
开始时间		结束时间		实际时间		成绩	
综合评议意见							
评议人				日期			

实训项目四　中央空调冷却水水质检测

一、实训目的

1）了解中央空调冷却水水质控制指标。

2）掌握中央空调冷却水水质检测设备使用方法。

3）掌握中央空调冷却水水质检测方法。

二、实训设备、工具及材料

实训设备、工具及材料见表4-16。

表4-16　实训设备、工具及材料

序　号	名　称	数　量	备　注
1	中央空调系统设备	1套	
2	烧杯	7个	
3	量杯	7个	
4	pH计	1台	PHS-3C
5	电导率仪	1台	
6	溶解性固体总量水质检测笔	1台	
7	硬度测试仪	1台	一字、十字
8	浊度检测仪	1台	250mm
9	碱度测试仪	1台	
10	离子计	1台	2L

三、实训步骤

1）从中央空调冷却水系统中取样冷却水。

2）将冷却水样品分为7份，每份10mL装入烧杯。

3）依次用 pH 计、电导率仪、硬度测试仪、浊度检测仪、碱度测试仪、离子计、溶解性固体总量水质检测笔检测不同烧杯中的冷却水，并记录测量值。

4）将测量数据填入检测报告，分析水质成分并做出总体评价。

5）清理实训现场，整理工具设备。

四、测试报告

中央空调冷却水水质检测报告见表 4-17。

表 4-17 中央空调冷却水水质检测报告

设备名称：		设备编号：	
检测人：		检测时间：	
检测项目	水质标准	检测值	水质评价
pH	7.5~9.5		
电导率	≤2300μS/cm		
浊度	≤10NTU		
总硬度	≤300mg/L		
总碱度	≤600mg/L		
氯离子	≤500mg/L		
细菌总数	≤1×105 个/mL		
水质总体评价			

五、实训评价

实训操作情况评议表见表 4-18。

表 4-18 实训操作情况评议表

序号	项目	测评要求	配分	评分标准	得分
1	正确取样，并等成测试样品	不同部位刮取垢样，不伤设备	20	1. 正确取样，否则扣 5 分 2. 分样操作准确规范，否则扣 10 分 3. 样品编号，否则扣 5	
2	使用仪器依次测试	正确使用仪器，测试操作正确规范	60	1. 正确使用每种仪器，有一种仪器不会正确操作，扣 10 分 2. 测试 7 份样品，操作正确规范，有一份样品测试操作不正确，扣 10 分 3. 测试数据准确，每错一个扣 10 分 4. 操作过程安全，否则扣 10 分	
3	水质报告填写	根据测试结果，准确填写测试报告	20	1. 根据测试结果，准确填写测试报告，否则扣 10 分 2. 现场复位安全规范，否则扣 10 分	
安全文明操作		违反安全文明操作规程（视实际情况进行扣分）			
开始时间		结束时间		实际时间	成绩
综合评议意见					
评议人			日期		

实训项目五　中央空调清洗方案设计

一、实训目的

1）熟悉中央空调清洗方案的内容。

2）掌握中央空调清洗方案设计步骤。

3）正确设计中央空调清洗方案。

二、实训步骤

1）设备调研及分析。

2）清洗操作流程的确定。

3）设备及材料计算，成本核算。

4）清洗工具、设备选定。

5）质量保证体系制定。

6）清洗方案文本制定。

7）应急方案制定。

三、实训评价

实训操作情况评议表见表 4-19。

表 4-19　实训操作情况评议表

序号	项目	测评要求	配分	评分标准	得分
1	设备调研及分析	设备使用情况调研分析准确	20	1. 调研全面准确，否则扣 10 分 2. 分析正确，否则扣 10 分	
2	操作流程确定，计算准确	操作流程设计正确，设备清洗面积、材料成本计算准确	20	1. 操作流程设计正确，否则扣 10 分 2. 设备清洗面积、材料成本计算准确，否则扣 10 分	
3	清洗设备工具选用	清洗设备选用正确，清洗工具选用正确	20	1. 清洗设备选用正确，否则扣 10 分 2. 清洗工具选用正确，否则扣 10 分	
4	质量保证体系	质量保证体系项目全面，措施正确	10	1. 质量保证体系项目全面，否则扣 5 分 2. 质量保证体系措施正确，否则扣 5 分	
5	清洗方案	清洗方案内容、文本全面	20	1. 清洗方案内容全面，否则扣 10 分 2. 清洗方案文本规范，否则扣 10 分	
6	应急方案	应急方案项目全面，措施正确	10	1. 应急方案项目全面，否则扣 5 分 2. 应急措施正确，否则扣 5 分	

<table>
<tr><td colspan="2">安全文明操作</td><td colspan="5">违反安全文明操作规程（视实际情况进行扣分）</td><td></td></tr>
<tr><td colspan="2">开始时间</td><td></td><td>结束时间</td><td></td><td>实际时间</td><td></td><td>成绩</td></tr>
<tr><td colspan="2">综合评议意见</td><td colspan="6"></td></tr>
<tr><td colspan="2">评议人</td><td colspan="3"></td><td>日期</td><td colspan="2"></td></tr>
</table>

单元小结

1）掌握中央空调水系统的污垢和腐蚀的种类，了解腐蚀的危害及中央空调清洗的作用。

2）熟悉中央空调水系统垢样的采集，掌握垢样的分类和鉴别特征。

3）熟悉中央空调水系统处理药剂和清洗药剂的种类，掌握水系统清洗设备的种类和特点。

4）掌握中央空调水系统的清洗方法，掌握冷却（冷冻）水系统、主机换热器、冷却塔的清洗流程。

5）了解中央空调水系统清洗验收标准，掌握中央空调水质检测方法。

6）熟悉中央空调水系统清洗方案的设计准备，掌握水系统清洗方案的制定工作。

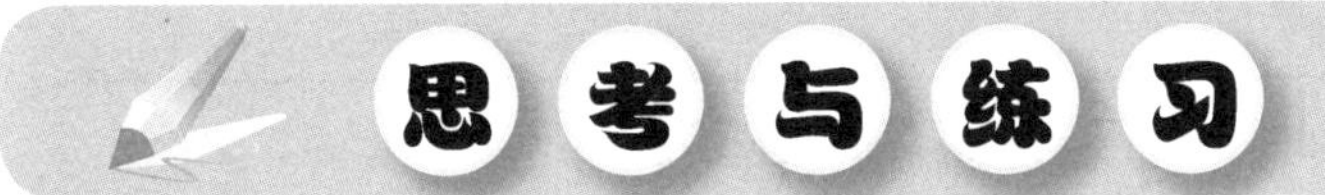

一、填空题

1. 中央空调水系统的沉积物主要分为______、______、______三大类。

2. 中央空调水系统的垢样按化学成分分类，可分为______、______、______和______等。

3. 中央空调水系统水处理常用的药剂主要有______、______、______等。

4. 中央空调水系统化学清洗剂按作用可分为______、______、______、______等。

5. 中央空调水系统清洗包括____________的清洗和____________的清洗。

6. 中央空调水系统常用的清洗设备有______、______、______。

二、问答题

1. 中央空调水系统腐蚀的类型有哪些？

2. 简述中央空调水系统清洗的作用。

3. 简述碳酸盐垢的定性鉴别方法。

4. 简述循环水停机化学清洗的步骤。

5. 简述中央空调水质检测方法。

6. 简述中央空调水系统清洗方案制定的主要内容。

单元五

中央空调的维护、保养与管理

内容构架

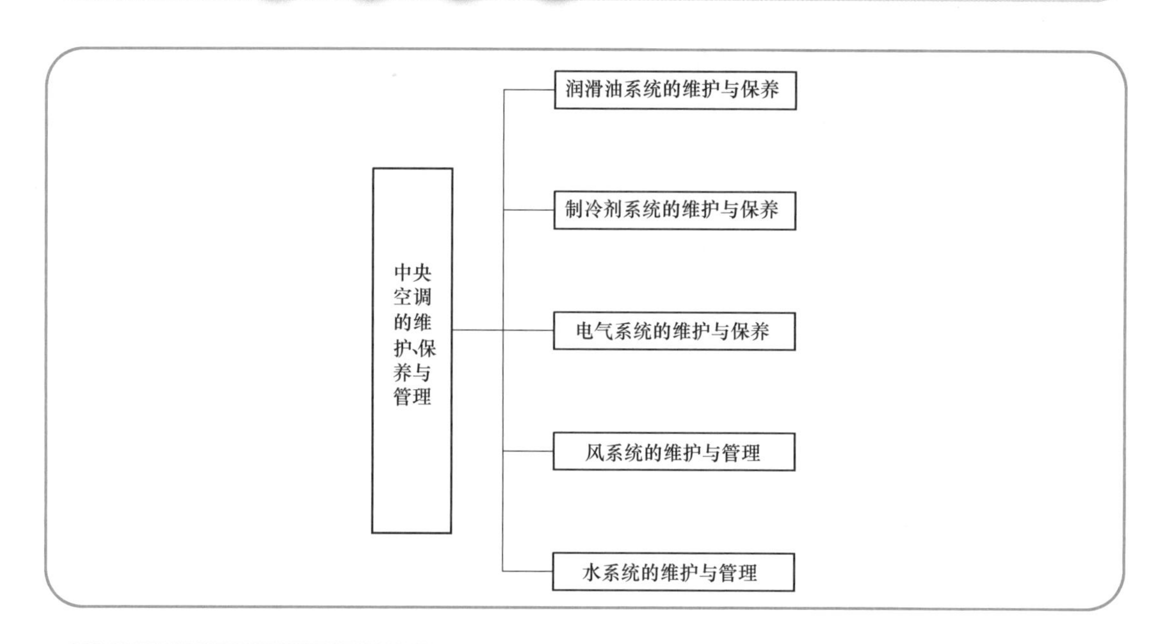

学习引导

知识目标

1. 熟悉中央空调润滑油系统结构。
2. 掌握中央空调制冷剂系统的维护与保养。
3. 掌握中央空调制冷剂系统、电气系统的维护与保养。
4. 掌握中央空调风系统、水系统的维护与管理。

能力目标

1. 会进行中央空调润滑油系统、电气系统的维护与保养。

2. 能进行中央空调制冷剂系统、风系统、水系统的维护与保养。

素养目标

1. 提高学生安全环保、团队协作、规范操作的职业意识。
2. 培养学生爱岗敬业、吃苦耐劳、精益求精的职业精神。

重点与难点

1. 主机机组的维护与保养知识与技能。
2. 水系统的维护与管理知识与技能。

课题一　润滑油系统的维护与保养

相关知识

在中央空调系统中，润滑油系统起着润滑、冷却、密封和能量调节的作用，润滑油的品质好坏和含量多少，将严重影响中央空调系统设备的工作状态及系统运行效率。制冷系统润滑油的保养是中央空调维护和管理的重要工作。

一、常见油冷却方式

（一）水冷油冷却器

水冷油冷却器是一种卧式壳管式热交换器，油在管外，水在管内。管束固定于两端管板上，油冷却器筒体内有折流板，可以改善油和冷却水的热交换。油冷却器冷却水进水温度应小于 32℃，机组油温控制在 40~65℃。水冷油冷却器如图 5-1 所示。

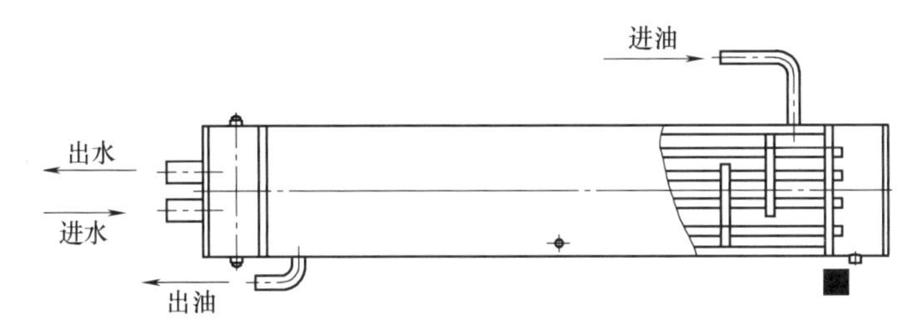

图 5-1　水冷油冷却器

（二）热虹吸油冷却器

热虹吸油冷却器的结构同水冷油冷却器类似，为卧式壳管式，油在管外，制冷剂在管内。热虹吸油冷却器冷却后的油温度一般比冷凝温度高 10~20℃。热虹吸油冷却器如图 5-2 所示。

（三）喷液冷却

在带喷液冷却的机组中，由冷凝器或储液器引出的高压制冷剂液体，经过过滤器、节流阀或高温膨胀阀后喷入压缩机某中间孔口，起吸收压缩热并冷却油温的作用。喷液冷却原理图如图 5-3 所示。

（四）空气冷却油冷却器

空气冷却系统这种冷却方式为间接式冷却，它通过环境大气冷却冷却器中的油。空气冷却油冷却器原理如图 5-4 所示。

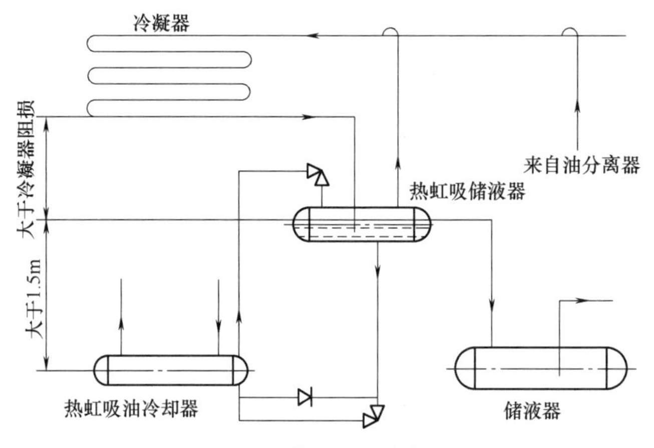

图 5-2　热虹吸油冷却器

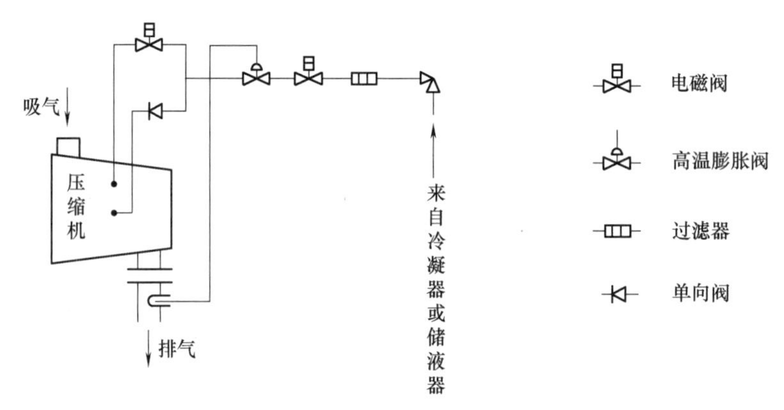

图 5-3　喷液冷却原理

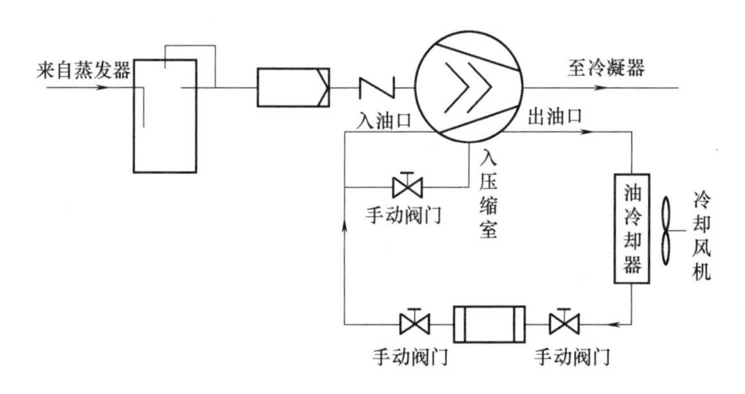

图 5-4　空气冷却油冷却器原理

二、润滑油的油品指标

润滑油的油品指标

一般判断润滑油是否能继续使用的指标有：外观、黏度、酸值、水分、倾点、闪点、耐压强度、铜片腐蚀、机械杂质和不溶物等。

（一）外观

润滑油质量变化与否，应通过一定的化学和物理分析得出。平时在使用过程中，也可以从油品的外观颜色直观地判断出油品的好坏情况。优质润滑油应是无色透明的，使用一段时间后会变成淡黄色，随着使用时间的延长，油品的颜色会逐渐变深，透明度变差。若润滑油变成橘红色或红褐色，则应更换。

（二）黏度

润滑油的运动黏度值是反映油品润滑性能的主要指标，也是世界许多国家制定润滑油牌号的依据。黏度太大，不但无法保证油品的低温性能，不利于传热，而且会降低机器的功率；黏度太小，则在摩擦部位不能形成应有的油膜，致使设备磨损增加，甚至产生拉缸、黏结等故障。

（三）酸值

酸值是润滑油的一项重要指标。润滑油中酸值的大小从一定程度上反映了油的精制深度和氧化的程度。

（四）水分

在制冷循环系统中，即使只有少量水分存在，也会在低温节流装置部位产生冰塞现象和导致润滑油过早产生絮凝物。在高温时，水分还会降低油的稳定性。另一方面，封闭式润滑油与电动机线圈是直接接触的，水分的存在会使绝缘破坏，甚至发生电动机击穿事故。

（五）倾点

油品恰好能够流动的最低温度称为油品的倾点。当制冷剂被压缩时常有部分油雾随之进入管路中，即使经过油气分离器也不能将两者分离干净，这就要求油品在冷冻系统中具有良好的低温流动性（低倾点），以免堵塞节流部位使冷水机组停止工作或附着于蒸发器换热管使传热效率降低。

（六）闪点

润滑油的闪点是指在加热时产生的油蒸气与空气混合后，在接触火苗时发生闪火现象的最低温度。

如果润滑油的闪点降低，就表示油内掺有轻质油品或有部分油已经分解生成低沸点分解产物。一般而言，润滑油的闪点高于压缩机排出口温度 15~30℃。

（七）耐压强度

耐压强度又称击穿电压或介电强度，是指将润滑油放到装有电极的容器中施加电压，当电压逐渐增加到某一值时，油的电阻突然降至为零，强大的电流以火花或电弧形式穿过润滑油，此时的临界电压值称为介电强度。影响润滑油击穿电压的主要因素有水分、杂质、温度等。

（八）铜片腐蚀

铜片腐蚀试验是目前工业润滑油最主要的腐蚀性测定方法，它是在规定条件下，油品与相接触的金属表面产生腐蚀倾向的一项试验，油品抗腐蚀性的好坏在一定程度上可以反映油品的精制深度和变质程度。

（九）机械杂质和不溶物

机械杂质是冷水机组压缩机润滑管理的常规监测项目之一，因为油品中的机械杂质都会加速压缩机的异常磨损，同时还会堵塞油路及过滤器，导致压缩机产生润滑故障。机械杂质是判断润滑油是否需要更换的指标之一。通常，机械杂质在 0.005% 以下认为冷水机组是无机械杂质的。超过 0.005%的，则认为含有机械杂质，判定润滑油不合格。

三、压缩机润滑油主要指标参数、常见问题及更换周期

压缩机润滑油检测和更换与中央空调系统的蒸发器、冷凝器及系统管路的洁净度控制有很大关系，进入系统管路的污染物比较少，检测和保养周期就可以相对加长。

（一）压缩机润滑油主要指标参数

1. pH 值

润滑油的酸化会直接影响压缩机电动机寿命，故应定期检查润滑油的酸度是否合格。一般润滑油酸度 pH 值低于 6 即须更换。若无法检查酸度则应定期更换系统的干燥过滤器，使系统干燥度保持在正常状态下。

2. 污染度

如果 100mL 的润滑油中污染物超过 5mg，建议更换润滑油。

3. 含水量

含水量超过 100ppm，需要更换润滑油。

（二）压缩机润滑油的常见问题

1）异物混入致润滑油污染，阻塞机油过滤器。

2）高温效应致润滑油劣化，失去润滑功能。

3）系统水污染、酸化、侵蚀电动机。

压缩机润滑油检查如图 5-5 所示。

（三）压缩机润滑油更换周期

压缩机第一次运转后，系统组装的残渣在正式运转后都会累积至压缩机中，所以 2500h（或 3 个月）应更换一次润滑油，并清洗机油过滤器。

正常运行，每运转 10000h（或每年）须检查或更换一次润滑油。如果压缩机排气温度长期维持在高温状态，则润滑油劣化进度很快，须定期（每 2 个月）检查润滑油化学特性，不合格时立即更换。图 5-6 为压缩机润滑油更换操作图示。

图 5-5　压缩机润滑油检查

图 5-6　更换压缩机润滑油

中央空调润滑油的更换

四、润滑油更换操作方法

（一）更换润滑油不做内部清理

压缩机做泵集动作，将系统冷媒回收到冷凝器侧（注意泵集动作最低吸气

压力不低于0.5MPa），将压缩机内冷媒排除，保留些许内部压力作为动力源，将润滑油从压缩机的放油角阀排出。

（二）更换润滑油并进行内部清理

放油的动作如前所述，润滑油排除干净且压缩机内外压力平衡后，用内六角扳手将法兰螺栓松脱，拆除机油过滤器接头和清洁孔法兰（或油位开关法兰）后，将压缩机油槽内的污染物去除干净，并检查机油过滤器孔网是否有破损，并将其上的油泥、污染物等吹除，或更换新的机油过滤器，注意换新时过滤器接口螺母要旋紧，做好密封，防止内漏；机油过滤器接头内衬垫一定要换新，防止内漏；其他法兰衬垫也建议换新。

（三）油精过滤器滤芯更换与油粗过滤器滤网清洗

1）停机，然后切断电源。

2）关闭油粗过滤器之前和油精过滤器之后的截止阀，关闭油粗过滤器出油口与压缩机喷油口之间的止回截止阀。

3）开启油粗过滤器上的加油阀，使过滤器内压力与大气压平衡。稍微拧松油精过滤器法兰盖上的螺母，使油精过滤器内的压力慢慢释放降低至与大气压平衡。

4）拆法兰盖，更换油精过滤器内的滤芯，清洗油粗过滤器内的滤网。

5）装油粗过滤器的法兰盖。

6）向油精过滤器中补充加满经过滤的冷冻机油，装油精过滤器的法兰盖，打开油粗过滤器之前的截止阀，利用油精过滤器上放空螺塞放空，打开油粗过滤器与压缩机喷油口之间的止回截止阀和油精过滤器后的截止阀。

7）接通电源，开机。

（四）注意事项

1）不同牌号的润滑油不可混用。

2）如果更换不同牌号的润滑油，注意要将系统内残存的原润滑油排除掉。

3）有些油品有吸湿的特性，所以不要将润滑油长期暴露在空气中。

4）如果系统发生压缩机电动机烧毁故障，更换新机时，要特别注意将系统残存的酸性物质去除，并在调试运转72h后检查润滑油的酸度，建议更换润滑油和干燥过滤器，降低酸蚀的可能。此后运转一个月左右再次检测或更换一次润滑油。

5）如果系统曾发生过进水的事故，则要特别注意将水分去除干净，除更换润滑油外，还要特别注意检测油品的酸度，并及时更换新油和干燥过滤器。

课题二　制冷剂系统的维护与保养

相关知识

大型中央空调制冷剂循环系统主要在主机机组。主机机组是中央空调系统实现制冷（制热）的核心设备，集中了中央空调压缩机、蒸发器、冷凝器等大型制冷设备，是中央空调系统的心脏，也是中央空调故障发生频率相对较高的部分。

制冷剂系统的维护与保养工作主要分为年度保养和定期保养。年度保养是指每年对中央空调主机机组进行的全面保养，也称换季保养；定期保养是指为确保中央空调系统的正常运转，有计划性地定期对主机设备较易发生问题的部位进行的检查维护，也称计划性保养。

一、制冷剂系统的维护与保养内容

1）检查空调主机制冷系统制冷剂的高压、低压是否正常。
2）检查空调主机制冷系统制冷剂有无泄漏，是否需要补充制冷剂。
3）检查压缩机运转电流是否正常。
4）检查压缩机运转声音是否正常。
5）检查压缩机的工作电压是否正常。
6）检查压缩机油位，颜色是否正常。
7）检查压缩机油压、油温是否正常。
8）检查空调主机相序保护器是否正常、有无缺相情况。
9）检查空调主机各接线端子有无松动。
10）检查水流量保护开关工作是否正常。
11）检查电脑板、感温探头阻值是否正常。
12）检查空调主机空气开关是否正常，交流接触器、热保护器是否良好。

二、制冷剂系统的维护与保养具体要求

（一）压缩机维护与保养要求

1）检查压缩机电动机电源接线端子是否出现松动现象。
2）清洁电动机接线端子箱。
3）检查并紧固控制柜内所有电源接线端子。
4）检查并紧固控制柜内所有控制接线端子。
5）检测控制柜内电气元件是否完好，如有损坏需及时更换。
6）清洁压缩机启动配电柜（触电、线圈、衔铁等部件）。

（二）润滑系统维护与保养要求

1）润滑所有导叶连杆传动部分。
2）更换润滑油（检查压缩机油位、油色）。
3）检查油加热器和加热器套管状态。
4）检测并紧固油泵电动机电源接线端子。
5）清洁润滑系统。

（三）主机机组检漏维护

主机机组体积较大，用泡沫水对机组表面各阀件及温度计、压力表进行检漏，如有渗漏应及时回收制冷剂，更换阀件，然后对机组充氮气并进行检漏测试。

（四）主机机组通电情况下的维护与保养

1）检查并校准冷冻水和冷却水的进出水温度计。
2）检查并校准冷冻水和冷却水的进出水压力表。
3）校正并调整机组设定参数。

（五）主机机组停机后的维护与保养

1）对生锈处除锈并补漆，防止管道老化，延长机组使用寿命。

2）修补或更换损坏的保温层，提高夏季制冷效果。

3）冷凝器、蒸发器的水管中有污垢时要清除污垢。

4）过冬时要将冷凝器和蒸发器中的水全部排放干净。

中央空调主机机组结构如图 5-7 所示。

图 5-7 中央空调主机机组结构

典型中央空调主机机组的维护保养

三、典型中央空调主机机组的维护与保养

（一）离心式冷水机组的年度维护与保养（扫码见视频）

1）开机运行，观察机组运行情况，记录运行参数。

2）开机运行分离冷媒中冷冻油，排除制冷机组油箱内的冷冻油。

3）利用抽排泵装置，将冷媒（制冷剂）抽至冷凝器储存或指定冷媒钢瓶内储存。

4）关闭各个相应的截止阀，拆卸清理更换冷媒过滤器，拆卸清理更换引射过滤器，拆卸清理更换冷却马达冷媒过滤器，检查清洗更换油过滤器。

5）检查清理电气线路控制部分，清理接触器触点，检查各个安全保护装置，必要时进行调整；检查压缩机马达绝缘情况。

6）检查任何脱落或过热现象的电气元件，收紧松动的接触器触点及螺栓；检测扇门导叶开启度，必要时进行调整。

7）打开冷凝器盖板，物理清理冷凝器铜管，检查盖板腐蚀程度；根据冷凝器铜管内壁结垢情况进行化学药物清洗（使用专用清洗剂）。

8）向机组加入氮气进行查漏，抽真空除湿；加入新冷冻机油，送电对油加热；打开各个相应的截止阀。

9）平衡机组冷媒，待制冷机组油箱温度达到指定温度（60℃左右）开机调试运行；对缺少冷媒的机组补充冷媒。

10）观察机组运行情况，检测各个温度传感器的参数。

（二）离心式冷水机组的定期维护与保养

1）检查机组的动作情况，记录运行数据。

2）检查润滑油循环系统及油温，如有需要，分析油质。

3）检查润滑油及冷媒是否泄漏。

4）检查机组是否有不正常的噪声现象。

5）检查电气控制系统；观察电流表指针移动情况，对比电流表数据与实际是否相同。

6）检查清理机组配电柜继电器触头及接线端子。

7）检测调整扇门马达开启度。

8）检测各个温度探头及各个安全参数是否正常。

9）检测主机微处理器各组态设定值是否正常。

10）检测冷却循环水、冷冻循环水的水流量压力差是否正常，必要时进行调整。

中央空调离心式冷水机组如图 5-8 所示。

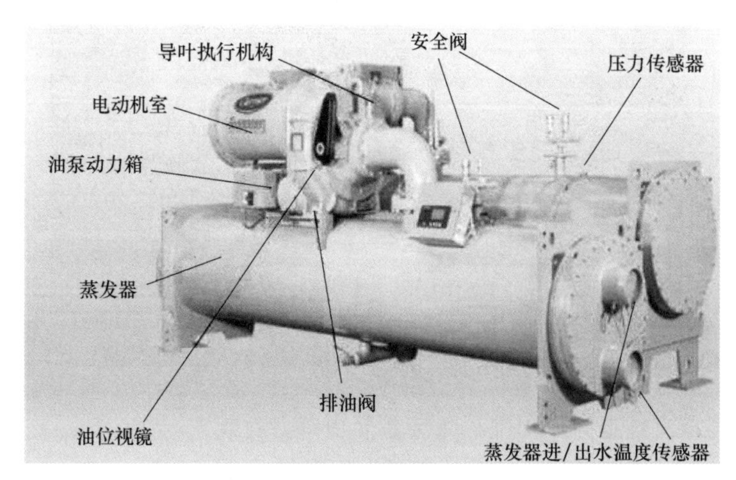

图 5-8　离心式冷水机组

（三）螺杆式冷水机组的维护与保养

1. 螺杆压缩机维护

螺杆压缩机是机组中非常关键的部件，压缩机的好坏直接关系到机组的稳定性。由于螺杆压缩机的安装精度要求较高，如果压缩机发生故障，一般都需要请厂方来进行维修。

2. 冷凝器和蒸发器的清洗

水冷式冷凝器的冷却水是开式的循环回路，一般采用的自来水经冷却塔循环使用。当水中的钙盐和镁盐含量较大时，极易分解和沉积在冷却水管上而形成水垢，影响传热。结垢过厚还会使冷却水的流通截面缩小，水量减少，冷凝压力上升。因此，当使用的冷却水的水质较差时，每年至少需要对冷却水管清洗一次，去除管中的水垢及其他污物。

3. 更换润滑油

机组在长期使用后，润滑油的油质变差，润滑油所含的杂质和水分增加，所以要定期观察和检查油质。一旦发现问题应及时更换，更换的润滑油牌号必须符合技术资料。

4. 更换干燥过滤器

干燥过滤器是保证制冷剂进行正常循环的干燥过滤部件。由于水与制冷剂互不相溶，如果系统内含有水分，将大大影响机组的运行效率，因此保持系统内部干燥是十分重要，干燥过滤器内部的滤芯必须定期更换。

5. 校验安全阀

螺杆式冷水机组上的冷凝器和蒸发器均属于压力容器，根据规定，要在机组的高压端，即冷凝器本体上安装安全阀，一旦机组处于超正常压力下工作，安全阀可以自动泄压，以防止高压造成的危险，所以安全阀必须定期校验。

6. 充注制冷剂

没有特殊原因，机组一般不会产生制冷剂大量的泄漏。如果由于使用不当或在维修后，有一定量的制冷剂发生泄漏，就需要重新添加制冷剂。充注制冷剂必须注意机组使用制冷剂的牌号。制冷机组压缩机是机组中非常关键的部件，压缩机的好坏直接关系到机组的稳定性。

螺杆式冷水机组结构如图 5-9 所示。

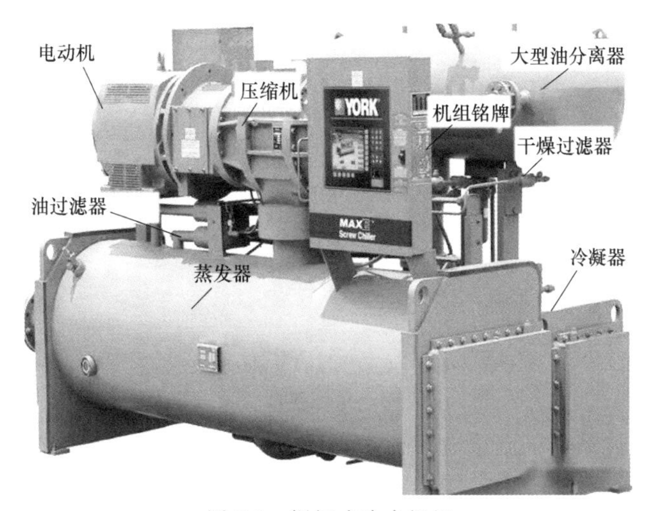

图 5-9　螺杆式冷水机组

（四）溴化锂吸收式制冷机组的维护与保养

为了使溴化锂吸收式制冷机组更好地稳定运行和尽可能地恢复其制冷效果，日常维护与保养十分重要。一般情况下，每台机组在运行 3 年左右，便需进行传热管清洗、溴化锂溶液再生等维护与保养，否则将会增加耗能，降低其制冷量，同时影响机组的使用寿命。

图 5-10 所示为溴化锂吸收式制冷机组结构。

1. 溴化锂溶液再生处理

溴化锂溶液在设备运行中，随着运行时间的增加其化学成分会发生一定的改变，主要是溴化锂溶液在高温下的质变、与铁板的腐蚀等。溴化锂溶液运行一定时间后需再生处理，这样对设备的使用寿命具有很关键的作用。同时，在溴化锂溶液里添加辛醇，可为稳定设备的制冷效果起到积极的作用。

2. 传热管的清洗

设备在运行中，吸收器、冷凝器通过的冷却水系统属于开放式系统，故经常会带入沙土、灰层等杂质。同时使用的自来水或深井水，均含一定结垢成分，故在使用一段时间后，设备容易结垢或铜管堵塞，从而影响其热量交换，影响制冷效果。蒸发器一般封闭，通过以往经验该系统容易产生淤泥状吸附，同样会导致热量交换效果比较差，故在一段时间运行后，需对设备进行清洗处理。可打开封板，采用人工清洗处理。

3. 机组易损件的更换和密封性检查

溴化锂吸收式制冷机组设备中采用的阀门一般是隔膜阀，其阀片所用的橡胶制品较容易老化，故在使用一段时间后应进行更换处理。视镜也会有部分腐蚀，如果不方便观察，建议更换。

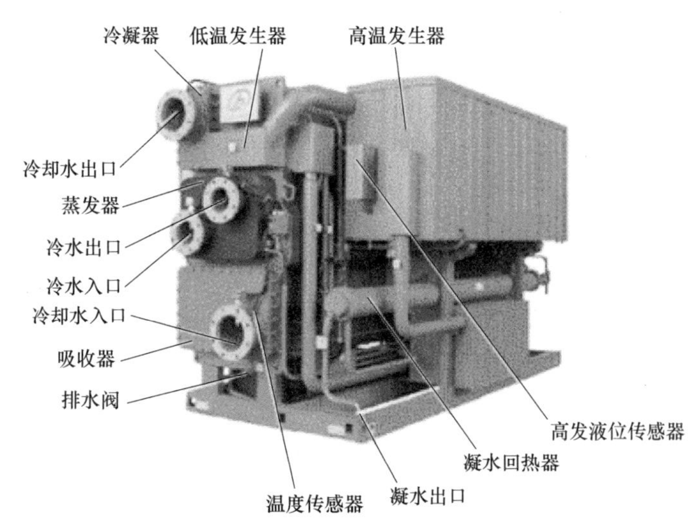

图 5-10　溴化锂吸收式制冷机组

4. 设备控制、报警系统的校验

设备报警系统对其运行起到主要的保护作用，故所有报警系统应正常。定期检查和校验对报警系统具有重要的作用。检查控制柜内接触器、热继电器的状态，必要时予以更换。

课题三　电气系统的维护与保养

相关知识

中央空调电气系统是保证空调设备正常运行的关键系统，由于中央空调设备复杂，控制参数种类繁多，对电气系统技术性能要求高，因此电气系统维护与保养十分必要，同时也是一项难度大的技术技能工作。

一、电气控制柜的维护与保养

目前，中央空调电气系统主要采用 PLC（可编程逻辑控制器）控制，其主控元件都安装在电气控制柜，电气控制柜承担电控系统大脑的作用，是实现电气自动控制的主要部分，也是电气自动控制系统的主要装置，电气控制柜的维护保养分为日常检查保养、季度保养和年度保养。

（一）电气控制柜的日常维护与保养

电气控制柜日常维护与保养周期为：一个月一次或半个月一次。

电气控制柜的日常维护与保养的内容：

1）首先切断电源，清扫电气控制柜内外的灰尘。

2）检查电气控制柜内元器件、导线及线头有无松动或异常发热现象，发现问题立即处理。

3）对于触点熔化或线圈温升过高、动作不灵、保护装置机构氧化受卡及操作机构磨损脱落的元件应及时更换。

4）检查各类传感器、仪表安装固定有无松动，如有故障需及时处理。

5）在正常电压下，检查接触器、继电器、电磁阀等元器件运行时有异常声，如有异常声响，应及时更换。

（二）电气控制柜的季度维护与保养

电气控制柜的季度维护与保养周期为：每三个月（季度）一次。

电气控制柜的季度维护与保养的内容：

1）完成日常保养的内容。

2）检查接触器、继电器、开关等触点吸合是否良好。

3）检查试验控制回路是否工作正常。

（三）电气控制柜的年度维护与保养

电气控制柜的年度维护与保养周期为：每年一次。

电气控制柜的年度维护与保养的内容：

1）完成日常保养内容。

2）断电情况下，检查各动力线接头螺母是否松动，导线绝缘是否有损坏或老化，连接点是否接触不良，必要时可做拆分检查并重新更换动力线。

3）断电情况下，彻底清除导线、控制元件、传感器、电控箱、仪表内的尘埃和污物，并拧紧加固螺栓及端子排压线螺钉。

4）断电情况下，对中央空调全系统所有的电控箱内外进行清洁，检查接触器、控制器的布线、接线有无过载发热，检查接触器接点表面是否有磨损或烧蚀的情况，不能用砂纸、锉刀磨掉接点镀银表面，如有损坏，应重新更换动触点、静触点，并检查接线端、接线盒及各电动机接线盒螺钉，确保连接紧固，绝缘良好。

5）检查并校验压力、压差、温度、湿度等控制器件，使其工作在设定范围内。

6）变频器、可编程控制器（PLC）等微电脑控制器类应按相关检修保养要求，做好清洁防潮保养检修工作。

（四）电气控制柜主要部件维护与保养的要求

电气控制柜主要部件包括交流接触器、热继电器、低压断路器（空气开关）、可编程控制器、触摸屏、指示仪表、信号灯等。不同的部件由于结构、性能上的差异，维护与保养要求也不同。表5-1列出了各部件维护与保养具体要求。

表 5-1　电气控制柜主要部件维护与保养要求

序号	项　目	维护保养内容	周　期
1	急停按钮维护与保养	1. 检查急停按钮是否可靠固定；如有松动，应将其与电控箱门牢固固定 2. 急停按钮按下后，应保持自锁状态，否则，应及时更换急停按钮 3. 急停按钮按下后，用万用表电阻档检测其常开触点、常闭触点是否可靠闭合、断开，如接触不良应及时维修或更换 4. 顺时针旋转处于自锁状态的急停按钮约45°，急停按钮应自动复位，如不能自动复位，应及时更换急停按钮 5. 急停按钮应自动复位后；用万用表电阻档检测其常开触点、常闭触点是否可靠闭合、断开，如接触不良应及时维修或更换 6. 检查急停按钮触点与导线的连接是否有松动，如有松动，应用螺钉旋具拧紧	1次/月

（续）

序号	项　目	维护保养内容	周　期
2	其他按钮维护与保养	1. 检查按钮是否可靠固定；如有松动情况，应将其与电控箱门可靠固定 2. 按下按钮，用万用表电阻档检测其常开触点、常闭触点是否可靠闭合、断开 3. 松开后观察按钮是否复位，用万用表电阻档检测其常开触点、常闭触点是否可靠复位 4. 检查其触点与导线是否有松动情况，如有松动，应用螺钉旋具拧紧	1次/月
3	低压断路器维护与保养	1. 观察其是否安装牢固，如有松动，应采取措施将其与电控箱铝扣板牢靠固定 2. 清理灰尘 3. 断开低压断路器，用万用表测量触点是否可靠分断 4. 闭合低压断路器，用万用表测量触点是否可靠分断，测量每对触点电阻应接近于0Ω 5. 检查其触点与导线是否有松动情况，如有松动，应用螺钉旋具拧紧	1次/季
4	熔断器维护与保养	1. 观察其是否安装牢固，如有松动，应采取措施，将其与电控箱铝扣板牢靠固定 2. 清理灰尘 3. 用万用表测熔丝电阻值，应接近于0Ω；如测量值为无穷大，则应及时更换熔丝 4. 检查其触点与导线是否有松动情况，如有松动，应用螺钉旋具拧紧	1次/季
5	交流接触器维护与保养	1. 观察其是否安装牢固，如有松动，应采取措施将其与电控箱铝扣板牢靠固定；安装角度不能大于5° 2. 清理灰尘 3. 用万用表电阻档测量其线圈电阻，如果阻值偏小，则应考虑其匝间短路原因；如果阻值为无穷大，则应考虑线圈发生断路原因 4. 常态下，观察动静触点是否位于常态。如果不在常态，则应考虑熔焊现象，此时应及时修理或更换 5. 用万用表电阻档测量其主触点、辅助常开触点、辅助常闭触点电阻，测量出主触点、辅助常开触点电阻应为无穷大，辅助常闭触点电阻应接近于0Ω。如果此时测得辅助常闭触点电阻较大，则应考虑触点氧化或触点磨损情况，此时应及时修理或更换。 6. 观察动铁芯、静铁芯是否可以人为吸合，如不能，应考虑卡顿现象，及时修理或更换；之后松开动铁芯，观察是否复位。如果不能复位，考虑弹簧损坏等相关情况，此时应及时修理或更换 7. 通电时，应注意观察交流接触器是否有噪声过大、线圈过热、衔铁不吸合或不释放等不正常现象，如有以上现象，应及时修理或更换 8. 检查其触点与导线是否有松动情况，如有松动，应用螺钉旋具拧紧	1次/季

（续）

序号	项　目	维护保养内容	周　期
6	热继电器维护与保养	1. 观察其是否安装牢固，如有松动，应采取措施将其与电控箱铝扣板牢靠固定 2. 清理灰尘 3. 对于热继电器而言，其常见故障有热元件烧坏、热元件误动作和不动作 ①热元件如果烧坏，用万用表测量其常闭触头时，阻值为无穷大 ②热元件误动作，则应适当将其整定值调大 ③热元件不动作，则应适当将其整定值减小 4. 检查热继电器的导线接头处有无过热或烧伤痕迹，如有则应整修处理，处理后达不到要求的应更换 5. 检查其触点与导线是否有松动情况，如有松动，应用螺钉旋具拧紧	1次/季
7	信号灯、指示仪表维护与保养	1. 检查各信号灯是否正常，如不亮则应更换同规格的小灯泡 2. 检查各指示仪表指示是否正确，如偏差较大则应适当调整，调整后偏差仍较大应更换	1次/年
8	PLC及扩展模块维护与保养	1. 观察其是否安装牢固，如有松动，应采取措施将其与电控箱铝扣板牢靠固定 2. 清理灰尘 3. 检查PLC柜中接线端子的连接情况，发现松动的地方要及时重新牢固连接 4. 检查PLC通信接口与通信线是否可靠连接	1次/年
9	变频器维护与保养	1. 每天要记录变频器的运行数据，包括变频器输出频率、输出电流、输出电压、变频器内部直流电压、散热器温度等参数，与合理数据对照比较，以利于及早发现故障隐患 2. 变频器如发生故障跳闸，务必记录故障代码和跳闸时变频器的运行工况，以便具体分析故障原因 3. 检查并记录运行中的变频器输出三相电压，并注意比较它们之间的平衡度；检查并记录变频器的输出三相电流，并注意比较它们之间的平衡度；检查并记录环境温度、散热器温度；察看变频器有无异常振动、声响，风扇是否运转正常 4. 检查其接线端子的连接情况，发现松动的地方及时重新牢固连接 5. 检查其通信接口与通信线是否可靠连接	1次/年
10	触摸屏维护与保养	1. 用玻璃清洁剂清洁触摸屏上的脏指印和油污 2. 检查其通信接口与通信线是否可靠连接	1次/年
11	接线端子排维护与保养	1. 检查其接线端子的连接情况，发现松动的地方及时重新牢固连接 2. 检查接线端子是否有螺钉、垫片生锈情况，若有，应及时更换	1次/月

（五）电气控制柜的保养操作流程

电气控制柜的保养

1）标定锁定上级开关。

2）对控制箱开关电源进行验电。

3）对控制箱的线头、接线柱等各控制元件进行紧固。

4）按照规范对控制箱进行去灰除尘处理（用绝缘好的毛刷或者电吹风）。

5）按照“从上到下、从左到右”的原则，检查接线柱、电缆、低压断路器、熔断器、交流接触器、按钮、急停按钮等低压元器件，以及 PLC、变频器、触摸屏控制器、驱动器元件有无损坏变色。

6）用绝缘表对相间进行绝缘测试。

7）用绝缘表对线间进行绝缘测试。

8）清除现场垃圾，清理现场工具，人员撤离。

9）恢复上级开关锁定，正常供电。

电气控制柜的保养操作流程如图 5-11 所示。

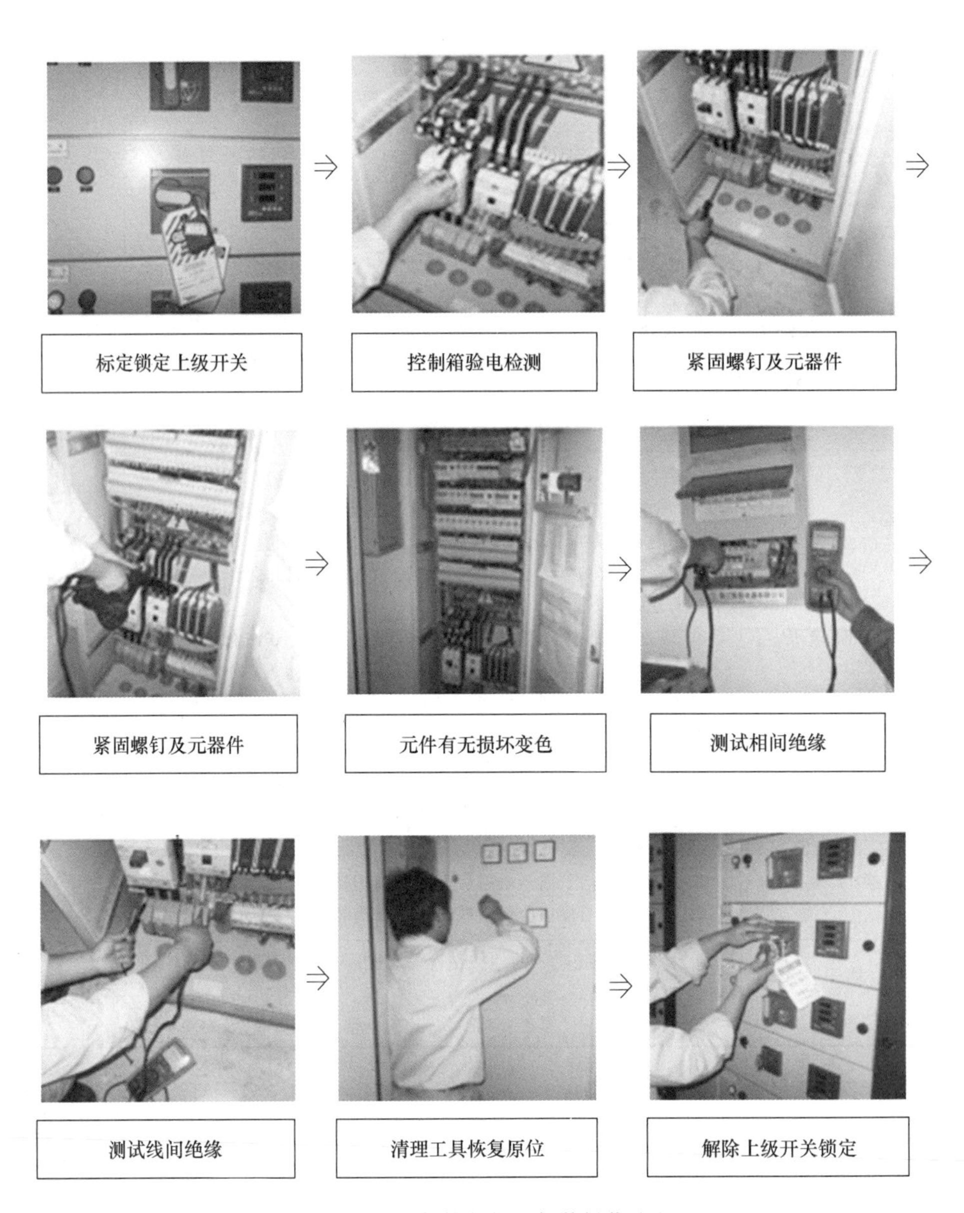

图 5-11　电气控制柜的保养操作流程

二、电气线路的检测

1）检查主机在正常运行时，电气控制柜电流是否在额定电流以内，接触器是否存在电弧。

2）检测主机正常运行时，温度控制器动作灵敏度标准值应在±2℃以内。

3）检测水压开关动作，进出水压力标准差应为 0.2MPa 以上。

4）检测温度传感器与被测温物体表面是否可靠接触。

电动机检测的操作

5）注意线路电缆、电线运行时是否存在过热现象；观察线路电缆、电线是否存在绝缘层老化、烧焦现象；观察线路电缆、电线是否有龟裂等机械损伤现象。

6）电动机检测内容参见表 5-2。

表 5-2　电动机检测内容

序号	项　　目	检测内容
1	电动机绕组电阻、电容器电容量检测	1. 三相异步电动机用万用表电阻档记录三相绕组阻值，每相绕组阻值应相差不大。如果有异常，应考虑绕组匝间短路、断路故障 2. 单相异步电动机应将电容与绕组的连接线断开后，分别测量起动绕组、运行绕组阻值；测量电容器的电容量，若电容量下降较多，则应及时更换电容器
2	电动机绕组之间绝缘电阻	三相异步电动机应用兆欧表测量绕组之间的绝缘电阻。若线电压等级为 380V，则绝缘电阻阻值应大于 0.5MΩ
3	电动机绕组与机壳之间绝缘电阻	1. 三相异步电动机应用兆欧表依次检测三相绕组与机壳之间的绝缘电阻。若线电压等级为 380V，则绝缘电阻阻值应大于 0.5MΩ 2. 单相异步电动机应将电容与绕组的连接线断开后，用兆欧表依次检测三相绕组与机壳之间的绝缘电阻。若线电压等级为 380V，则绝缘电阻阻值应大于 0.5MΩ
4	电动机运行时的检测	1. 检测电动机运转方向是否正确。 2. 检测电动机是否有振动、不同于正常运行时的噪声。若有，则应考虑电动机缺相、固定不牢。 3. 测量电动机机壳温度。若过热，则应考虑过载或是缺相运行

课题四　风系统的维护与管理

相关知识

中央空调风系统通过合理组织空气调节，使室内空气温度、湿度、流速和洁净度满足工艺要求及人体舒适要求。风系统维护与管理主要包括风机、风管的维护，以及空气处理机组的运行管理。

一、风机的检查与维护

风机的检查分为停机检查和运行检查，风机所处状态不同，检查的内容也不同。风机的维护工作一般在停机期间进行。

1. 风机停机检查及维护。

风机检测操作

风机停机可分为日常停机（如白天使用，夜晚停机）或季节性停机（如每年4~11月使用，12月~次年3月停机）。从维护保养的角度出发，停机期间（特别是日常停机）应做好以下几个方面的工作：

（1）传动带松紧度检查　对于连续运行的风机，必须定期（一般一个月）停机检查与调整传送带松紧度1次；对于间歇运行（如一天运行10h左右）的风机，则在停机不用时进行传动带松紧度检查与调整工作，一般也是一个月进行1次。风机传动装置如图5-12所示。

（2）各连接螺栓与螺母紧固情况检查　进行传动带松紧度检查时，同时还要进行风机与基础或机架、风机与电动机以及风机自身各部分（主要是外部）连接螺栓与螺母是否松动的检查与紧固工作。

（3）减振装置受力情况检查　日常要注意检查减振装置是否发挥了作用，是否工作正常。

（4）轴承润滑情况检查　风机如果常年运行，其轴承中的润滑油应半年更换一次；如果只是季节性使用，则一年更换一次。风轮轴承如图5-13所示。

图5-12　风机传动装置

图5-13　风轮轴承

2. 风机运行检查

风机有些问题和故障只有在运行时才会反映出来。风机在运转并不表示工作正常，管理人员需要通过“一看、二听、三查、四闻”等手段去检查风机的运行是否存在问题和故障，因此，运行检查工作是不能忽视的一项重要工作。其主要检查内容有：

“一看”是看电动机的运转电流、电压是否正常，振动是否正常。

“二听”是听风机和电动机的运行声音是否正常。

“三查”是查看风机和电动机轴承温升情况（不超过60℃）及轴承润滑情况。

“四闻”是检查风机和电动机在运行中是否有异味产生。

风机在运转过程中如果出现异常情况，特别是运转电流过大、电压不稳、异常振动或有焦煳味时，应立即停机，进行检查处理。故障排除后才可继续运行。严禁风机带故障运行，以免酿成重大事故。

3. 风机常见问题与解决方法

风机常见问题分析与解决方法见表5-3。

表5-3　风机常见问题分析与解决方法

序号	问题或故障	原因分析	解决方法
1	电动机温升过高	1. 流量超过额定值 2. 电动机或电源方面的故障	1. 关小风量调节阀 2. 查找电动机或电源方面的原因
2	轴承温升过高	1. 润滑油不够 2. 润滑油质量不良 3. 风机轴与电动机轴不同心 4. 轴承损坏 5. 两轴承不同心	1. 加足润滑油 2. 清洗轴承后更换合格的润滑油 3. 调整同轴度 4. 更换 5. 找正
3	传动带方面的问题	1. 传动带过松或过紧 2. 多条传动带松紧不一 3. 传动带易自行脱落 4. 传动带磨损、脏污	1. 调整传动带 2. 更换统一的传动带 3. 将两带轮对应的带槽调整成直线 4. 更换
4	振动过大	1. 螺栓松动 2. 轴承磨损、松动 3. 风机轴与电动机轴不同心 4. 叶轮与轴连接松动 5. 叶片质量不对称 6. 叶片上有不均匀附着物 7. 风机与电动机两带轮轴不平衡	1. 拧紧 2. 更换或调整 3. 调整同轴度 4. 紧固 5. 调整动平衡或更换叶轮 6. 清洗叶轮 7. 调整平衡
5	噪声过大	1. 叶轮与进风口、机壳摩擦 2. 轴承部件磨损，间隙过大 3. 转速过高	1. 调整风机叶轮或更换叶轮 2. 更换或调整 3. 降低转速或更换风机
6	叶轮与进风口、机壳摩擦	1. 轴承在轴承座中松动 2. 叶轮中心不在进风口中心 3. 叶轮与轴的连接松动 4. 叶轮变形	1. 紧固 2. 查明原因调整 3. 紧固 4. 更换
7	出风量偏小	1. 叶轮旋转方向反了 2. 阀门开度不够 3. 传动带过松 4. 转速不够 5. 进出风口、管道堵塞 6. 叶轮与轴的连接松动 7. 叶轮与进风口间隙过大 8. 风机达不到额定风量	1. 调换风轮或电动机电源线 2. 开大到合适开度 3. 张紧或更换 4. 检查电动机 5. 清除堵塞 6. 紧固 7. 调整到合适间隙 8. 更换合适风机

风机的维护保养工作主要在停机时完成，重点是传动带、连接螺栓（母）、减振装置和轴承。运行调节主要是调风量，风机的风量可以通过改变其转速和调节其他部件或装置来实现。

二、风管的检查与维护

风管应每半年进行1次保养，要重点检查风管是否有大量的凝结水、保温层是否破损、风管是否有开裂漏风现象，如果是，则应重做保温层或对风管进行修补。

手动风阀应每年检查 1 次，检查旋转部位是否灵活，并对旋转部位进行润滑，检查后要将风阀恢复到原来位置。

电动风阀应该在运行时每周检查 1 次，检查阀门开关是否正常，检查传动部位工作是否正常。每半年应该进行 1 次润滑。

三、空气处理机组的运行管理

空气处理机组是全空气中央空调系统的主要组成装置之一，对空调房间冷热量的需求和冷热源的冷热量供应起着承上启下的作用，因此其运行管理工作至关重要。图 5-14 为组合式空气处理机组原理结构图，下面重点介绍空气处理机组的运行管理。

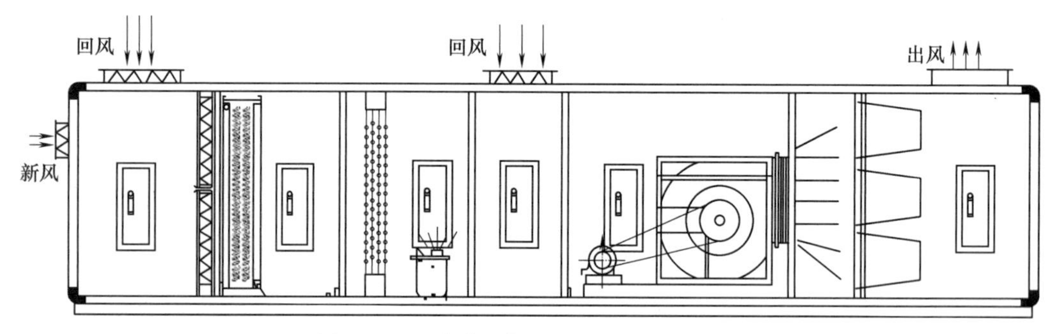

图 5-14　组合式空气处理机组原理结构图

1. 开机检查

（1）日常开机检查　根据室内外工况，调整好自动控制参数的设定值；检查水阀开度是否合适，接头、阀门是否漏水；检查电压是否正常；检查组合机组各功能段的密封性。

（2）年度开机检查　用手转动带轮或联轴器，检查风机叶轮是否卡住或有摩擦；通电点动检查风机叶轮的旋转方向，并检查传动带的松紧程度；检查风机风阀动作的灵活性和定位；拧开放气阀，检查表面式换热器是否充满了水。

2. 起动操作

对于双风机配置的机组，风机应一台一台地起动，而且要在一台风机运转正常后才能再起动另一台。在没有特殊要求的情况下，起动顺序一般是先开送风机，后开回风机，以保证空调房间不形成负压。对配备了多台柜式风机盘管或组合式空调机组的中央空调系统，也只能采用顺序式逐台起动方法，即一台柜式风机盘管或组合式空调机组起动后，隔一段时间（起动电流峰值过后，运行电流正常）再起动另外一台。不能多台同时起动，以防止控制回路或主回路中熔断器烧断。在冬季蒸汽供暖时，先开加热器的蒸汽供应阀，起动风机，以免产生“水击”；热水供暖时，先开热水供应阀，再起动风机，以免送冷风时间过长。

3. 运行调节

当室内负荷变化时，常用的调节方式可分为质调节、量调节及混合调节三种。

（1）质调节　只改变送风参数，不改变送风量的调节方式称为质调节。对于全空气一次回风系统来说，可以通过调节新回风量的混合比例，调节表面式冷却器（或盘管）的进水流量或温度，调节单元式空调机制冷压缩机开停或多台制冷压缩机的同时工作台数等来实现质的调节，以适应室内负荷的变化，保持室内空气状态参数不变或在控制范围内。

(2) 量调节 只改变送风量，不改变送风参数的调节方式称为量调节。对于全空气一次回风系统来说，可以通过调节风机的风量和送风管上的阀门来实现量调节，以适应室内负荷的变化，保持室内空气状态参数不变或在控制范围内。例如，风量的改变方法可以采用：

1) 调节风阀开度。该方法简单易行，但会增大空气在风管内流动的阻力，增加风机的动力消耗。

2) 改变风机转速（有级调节和无级调节）。这是最常用的风量调节方法，通过加装机械或电子方面的辅助装置或使用多速电动机就可以达到调速改变风量的目的。目前发展前景最被看好的是变频器调速方法。

3) 改变风机导流片的开度，改变轴流风机叶片角度，更换风机带轮等。

不论采用何种风量调节方法，在减小送风量时都要注意：当送风量减小过多时，会影响到室内气流分布的均匀性和稳定性，气流组织变化的结果则会影响到空调的总体效果，因此要限制房间的最小送风量，风量调节的下限值一般不低于设计送风量的40%~50%。同时，还要保证房间最小新风量和最少换气次数（舒适性空调一般不少于5次/h）。综合考虑以上三个因素确定出的最小送风量，即为风量调节的下限值。

(3) 混合调节 既改变送风参数，又改变送风量的调节方式称为混合调节，是前述质调节和量调节方式的组合。在运用时要注意，此时进行的质调节和量调节的目的应该是一致的。只要调节得好，就能快速适应室内负荷的变化。如果不注意，使两种调节的效果相反，则所产生的作用就会互相抵消，这样不仅达不到调节的目的，还浪费能源。

4. 停机操作

(1) 正常停机 先停回风机，再停送风机。注意：对于蒸汽供热加热器，关蒸汽供应阀3~5min后，再关风机；冬季停机，换热器应注意防冻，可在水中添加防冻剂，并在新风窗或新风采集管上加装电动保温风阀，并与机组连锁，即机组停机，风阀关闭；热水连续供应时，热水控制阀不关；若无以上措施，则将表面式换热器（表面式冷却器或加热器）内的水全部排放干净。

(2) 紧急停机

1) 故障停机。当风机或配套电动机发生故障、表面式换热器或连接管道破裂漏水或产生大量蒸汽、控制系统的调节执行机构动作不灵敏时，均要紧急停机。

2) 火警停机。首先停送风机，立即关闭风管内的防烟防火阀。

课题五 水系统的维护与管理

相关知识

中央空调水系统一般包括冷却水系统和冷冻水/热水系统，主要用于大型建筑，循环水系统是中央空调系统中重要的一部分，水系统的维护与管理是保证中央空调正常运行的常规工作。

一、水泵的维护与保养

水泵是中央空调水系统的重要部件，是保证水系统水循环的关键设备，使用者必须熟悉各水泵的性能及结构特点，掌握操作维护规程。

（一）水泵的常规保养

1）保持水泵及电机周围无油污、积水或其他杂物，并清理水池内漂浮物和过滤网。每日至少清扫1次。

2）水泵轴承润滑采用干油润滑，正常情况下每周加油一次。

3）每月对水泵全面检查不少于1次。

4）监测水泵轴承温度不超过70℃，电动机温度不超过60℃。

5）检查水泵及电动机各部件螺栓的紧固情况。

6）检查传动部位有无杂音，温升是否正常，检查法兰处是否泄漏。

7）每小时对蓄水池水位做检查记录并注意及时补水。

水泵维护保养

（二）水泵的维护

水泵可能发生的故障及其处理方法见表5-4。

表5-4 水泵可能发生的故障及其处理方法

序号	故障	原因	处理方法
1	泵不吸水、压力表的指针剧烈跳动	1. 泵体内有空气 2. 管路或仪表漏气 3. 底阀没打开或已淤塞 4. 吸水管路的阻力太大 5. 吸水高度太高	1. 往泵内注水 2. 堵塞泄漏处 3. 修正或更换夜工阀 4. 清洗或更换吸水管路 5. 降低吸水高度
2	流量不足或量程太小	1. 叶轮或进水管路阻塞 2. 双吸密封体磨损过多或叶轮损坏 3. 转速低于规定值	1. 清洗叶轮或进水管路 2. 更换损坏的零件 3. 调整至额定转速
3	泵不出水，压力表显示有压力	1. 出水管路阻力太大 2. 旋转方向不对 3. 叶轮堵塞 4. 轮速不够	1. 检查出水管路 2. 纠正电动机的旋转方向 3. 清洗叶轮 4. 检查电源电压提高转速
4	泵消耗的功率过大	1. 填料压得太紧 2. 叶轮与双吸密封体磨损 3. 流量太大	1. 拧紧填料压盖 2. 检查原因，消除机械摩擦 3. 减小闸阀的开度
5	泵内部声音正常，泵不上水	1. 吸水管阻力太大 2. 吸水高度过高 3. 吸水处有空气吸入 4. 所吸送水温度过高 5. 流量过大而发生汽蚀现象	1. 清理吸水管路及底阀 2. 降低吸水高度 3. 检查底阀，降低吸水高度，堵塞漏水处 4. 降低温度 5. 调节出水闸阀，使之在规定的性能范围内运转
6	泵不正常、振动	1. 泵发生了水堵 2. 叶轮不正确 3. 泵轴心与电动机不同心 4. 底脚螺钉松动	1. 调节出水闸阀，使之在规定的性能范围内运转。 2. 叶轮校正、平衡 3. 校正泵轴与电动机的同心度。 4. 拧紧底脚螺栓
7	轴承发热	1. 轴承内没有油 2. 轴与电动机轴承不在同一中心线上	1. 检查并清洗轴承，加润滑油 2. 校正两轴同心度在同一中心线上

二、冷却塔的维护与保养

冷却塔
维护保养

冷却塔的维护与保养工序分三个阶段，即停机后的清洗、保养，开机前的检查、调试，运行中的巡视、检查。

（一）停机后的清洗、保养

1. 散水系统保养

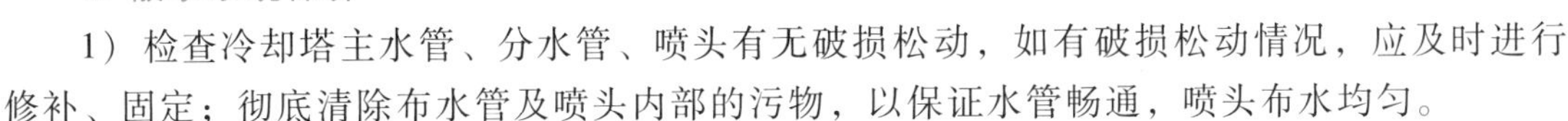

1）检查冷却塔主水管、分水管、喷头有无破损松动，如有破损松动情况，应及时进行修补、固定；彻底清除布水管及喷头内部的污物，以保证水管畅通，喷头布水均匀。

2）彻底清洗冷却塔水盘及出水过滤网罩，避免水垢污物积存堵塞管道；清洗完毕打开泄水阀门，放尽水盘内积水，以免冻坏水盘（冬季）。

3）检查水盘、塔脚是否漏水，如有漏点，及时补胶。

2. 散热系统保养

1）清洗冷却塔所有填料，彻底清除填料表面、孔间的水垢污物，保证填料的洁净。拆装填料及时修补更换。装填时注意布放紧密，不留间隙。

2）清洗挡水帘、消音毯，去除污物。对破损处进行修补更换。挡水帘码放时要求紧密，防止漂水。将冷却塔充水，检查是否漏水（特别是塔体连接处），若漏则更换密封件。

3. 传动系统保养

（1）电动机　检查电动机的接线端子是否完好，电动机转动是否正常，电动机接线盒是否密封，电动机轴承要加油润滑，根据情况给电动机外壳重新喷漆。长期停机，建议用户每个月至少运转电动机3h，保持电动机线圈干燥，并保护好电动机外表面。

（2）减速机　检查减速机是否工作正常，如有异声，立即更换减速机轴承。

（3）皮带、皮带轮　检查皮带有无破损、裂纹，如有破损、裂纹，需更换新皮带。

（4）风扇　清洗扇叶表面污物，检查扇叶角度、扇叶与风胴间隙，并进行调整。

4. 塔体外观保养

1）对风胴、塔、入风导板进行彻底清洗，保证外观清洁美观。

2）重新紧固各部位螺栓，并更换生锈螺栓。

3）检查塔体外观有无破损、裂纹，及时予以修补。

4）检查塔体壁板立缝处是否严密，必要时重新刷胶修补。

5. 冷却塔附件保养

1）检查自动补水装置和浮球有无损坏、工作是否正常。发现异常及时修理、更换。

2）对冷却塔铁件螺栓重新紧固，更换生锈螺栓，对锈蚀铁件重新刷漆。检查减速机运转是否正常。

3）检查进出水管有无破损、漏水，检查补水管的塔体法兰盘有无破损、漏水。冷却塔清洗保养完毕，用彩条围挡布将冷却塔风胴包裹密封，以防杂物进入冷却塔内部。

（二）开机前的检查、调试

1）去掉风胴遮挡，调节顶丝，调整皮带松紧程度。

2）检查冷却塔传动系统的电动机、减速机运转是否正常。

3）检查清理冷却塔水盘、过滤网处污物，放水检查水盘、塔脚的密闭性，调整浮球位置，使水盘水位符合使用要求。

4）调整扇叶角度，测电动机电流，使其达到最佳工况标准。

5）调节冷却塔进出水阀门，使冷却塔水流量达到要求。

（三）运行中的巡视、检查

1）巡视、检查运行中的冷却塔，征求用户意见，了解冷却塔使用情况。

2）认真测试冷却塔进出水温度、电动机运转电流等运转技术数据。

3）检查冷却塔电动机、减速机等传动装置的运转状况。检查布水系统的实际工况。

4）发现故障，立即处理。

三、中央空调水系统水质管理

国家相关标准规定，中央空调水系统水质必须符合国家循环水水质要求。水质不符合要求，对中央空调系统的运行费用，设备运行效率，设备、管道使用寿命等都会产生很大影响。有资料表明，结垢会造成冷凝器热交换效率降低、管道阻力增大；冷凝温度每上升1℃，制冷机的制冷量就下降2%；管道内每附着0.15mm垢层，水泵的耗电量就增加10%。为了避免水质变化所造成的种种不良后果，必须加强对中央空调水质的管理。

（一）中央空调循环水的水质指标及水质监测

按照《采暖空调系统水质》（GB/T 29044—2012）规范要求，中央空调循环冷却水监测要求见表5-5。

表5-5　中央空调循环冷却水监测要求

序号	项　目	监测要求
1	pH值(25℃)	每天1次
2	电导率	每天1次
3	浊度	每天1次
4	悬浮物	每月1次~2次
5	总硬度	每天1次
6	钙硬度	每天1次
7	全碱度	每天1次
8	氯离子	每天1次
9	总铁	每天1次
10	异养菌总数	每周1次
11	游离氯	每天1次
12	COD	每周1次

（二）中央空调水系统的优化

为了实现循环水运行的最佳化，选择合适的水处理方案和高效的水处理药剂是十分关键的，主要通过以下几个方面实现循环水水质的提升。

1）通过对水处理技术的筛选，解决循环水系统高浓缩倍数运行的腐蚀、结垢和微生物抑制问题，以及循环水水质的控制问题，实现不停车清洗预膜。

2）完善硬件设施，即通过增设在线自动监测技术，并对旁滤进行改造，保证循环水处理的最佳效果。

3）运行过程的管理问题，旨在保证设备的长周期运行，通过浓缩倍数的提高，达到节水的目的。

（三）循环水处理的新技术

随着国家“双碳”战略的实施，对环境保护要求越来越高，加之中央空调循环水水体富营养化严重等原因，循环水处理的新技术也在不断发展，开发应用低磷、低锌、无铬环保型水处理药剂，如新型绿色水处理剂，聚天冬氨酸、聚环氧琥珀酸、烷基环氧羧酸盐等；利用物理水处理法，如循环水的磁化处理、高压静电水处理、低压电子水处理和超声波处理。这些新技术低碳、环保，成本更低。

实训项目一　中央空调润滑油的更换

一、实训目的

1）了解润滑油种类和性能。

2）掌握润滑油品质鉴别方法。

3）掌握中央空调润滑油更换方法。

二、实训设备、工具及材料

中央空调润滑油更换实训设备、工具及材料见表 5-6。

表 5-6　中央空调润滑油更换实训设备、工具及材料

序号	名　称	数　量	备　注
1	螺杆式中央空调	1 套	
2	螺钉旋具	2 把	一字、十字
3	活扳手	2 把	250mm
4	真空泵	1 台	2L
5	老虎钳	1 把	
6	回收桶	1 个	30L
7	电源接线板	1 块	16A
8	润滑油	1 桶	

三、实训步骤

1）润滑油品质检查，通过机组压缩机箱体上的油视镜进行观察（若光线不足或有彩光干扰，使用电筒），正常的润滑油应为浅黄色的透明清澈液体。

2）关闭高压排气及低压吸气截止阀，利用压机上的工艺阀放掉压机内部的制冷剂，使缩机曲轴箱与大气相通。

3）打开曲轴箱底壳处的放油阀，将曲轴箱内的润滑油放净并取下过滤网清洗。

4）将氮气从低压充气阀针吹入，用手堵住放油口增加机体内的压力，进一步排除机体内的残油，将清洗过后的过滤网吹干，放入机体内并拧紧放油阀。

5）保持真空试验时机内压力，将充油管的一端接到充入阀上，另一端充分插入油容器中，再打开充入阀吸油，油充入量达到规定后关闭充入阀，过程中需注意避免空气进入机组，充油管应尽可能短，充入的油量不能过多或过少。

6）开启机组后应马上检查压缩机润滑情况及油视镜油位。

7）清理实训现场，整理工具设备。

四、实训评价

实训操作情况评议表见表5-7。

表5-7　实训操作情况评议表

序号	项目	测评要求	配分	评分标准			得分
1	润滑油品质检查	正确从油视镜进行观察	20	1. 找到油视镜，否则扣10分 2. 观察润滑油，正确判断润滑油品质，否则扣10分			
2	排放压机内部的制冷剂	操作正确规范	20	1. 打开工艺阀，操作正确规范，否则扣10分 2. 排放干净制冷剂，操作正确规范，否则扣10分			
3	排放润滑油	操作正确规范	20	1. 放油阀打开操作正确，否则扣5分 2. 润滑油排放正确，排放干净，否则扣10分 3. 过滤网清洗干净，放油阀拧紧正确，否则扣5分			
4	充注润滑油	充注方法正确规范，充注量正确	40	1. 充注方法正确规范，否则扣20分 2. 充注量正确，否则扣15分 3. 现场整理规范，否则扣5分			
安全文明操作		违反安全文明操作规程（视实际情况进行扣分）					
开始时间			结束时间		实际时间		成绩	
综合评议意见							
评议人				日期			

实训项目二　中央空调螺杆式冷水机组的维护与保养

一、实训目的

1）了解制冷剂的日常检查。

2）掌握主机机组泄漏检查。

3）掌握更换干燥过滤器的方法。

4）掌握蒸发器、冷凝器的维护检查。

5）了解安全阀及其他安全附件的使用、维护和检验。

二、实训设备、工具及材料

中央空调螺杆式冷水机组的维护与保养实训设备、工具及材料见表5-8。

表5-8　中央空调螺杆式冷水机组的维护与保养实训设备、工具及材料

序号	名　称	数　量	备　注
1	螺杆式中央空调	1套	
2	螺钉旋具	2把	一字、十字
3	活扳手	2把	250mm
4	真空泵	1台	2L
5	老虎钳	1把	
6	电源接线板	1块	16A
7	干燥过滤器	1个	
8	电子检漏仪	1台	
9	检漏泡沫剂	1瓶	

三、实训步骤

1）机组运行前通过蒸发器视液镜记录制冷剂液面位置，开机后机组运行稳定后再记录一次。

2）在主机机组的各个连接部位先用检漏泡沫剂（或者肥皂水）进行泄漏检查，然后用电子检漏仪进行泄漏检查，如发现漏点，拧紧连接部位螺母。

3）更换干燥过滤器（带经济器系统）。

① 断开机组电源。

② 参照图5-15，关闭阀1、阀2、阀3。

③ 按压阀1和阀2上的注氟嘴，排放管道内的制冷剂。

④ 松开干燥过滤器端盖上的螺栓，取出滤芯，清洁过滤器内腔。

⑤ 更换新的滤芯，重新紧固干燥过滤器的端盖。

⑥ 打开阀1，按下阀2上的注氟嘴，用制冷剂将管内的空气排尽。

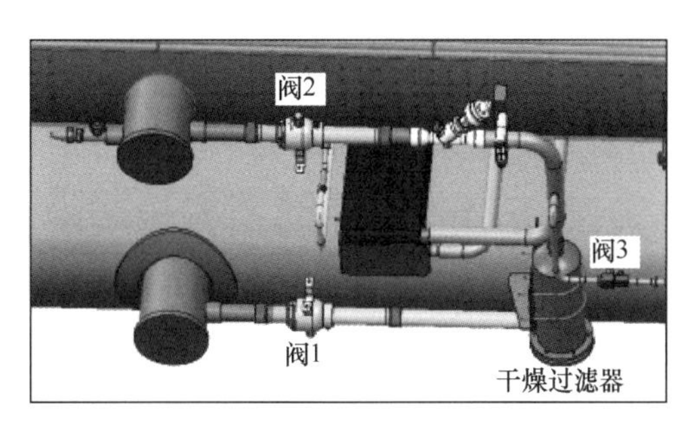

图5-15　更换干燥过滤器示意图

⑦ 当阀2上注氟嘴有白色雾状制冷剂喷出时，关闭阀1，打开阀2，检查管路连接部位是否有泄漏。

4）蒸发器的保养。

① 断开机组所有电源。

② 关闭冷冻水泵和蒸发器进出水管阀门，打开机组水室放水阀将机组内残余水排干净。

③ 先将机组与水系统的连接断开，拆下机组蒸发器两头的水室螺栓，将水室分别吊开。

④ 此时可以检查蒸发管和水系统上的部件（流量计、温度传感器等）。

⑤ 清理蒸发管，如果流量计、温度传感器等部件有腐蚀或结垢，则需更换或除垢。
⑥ 安装蒸发器，拧紧机组蒸发器两头的水室螺栓。
5）冷凝器的保养：方法与蒸发器的保养方法基本相同。
6）安全阀及其他安全附件的使用、维护和检验。
7）清理实训现场，整理工具设备。

四、实训评价

实训操作情况评议表见表 5-9。

表 5-9 实训操作情况评议表

序号	项目	测评要求		配分	评分标准		得分
1	观察和记录制冷剂液面	制冷剂液面观察正确，记录准确		10	1. 确观察制冷剂液面，否则扣 5 分 2. 准确记录制冷剂液面，否则扣 5 分		
2	主机机组检漏	分别用检漏泡沫剂和电子检漏仪对主机机组检漏，操作正确规范		20	1. 用检漏泡沫剂对主机机组检漏，操作正确规范，否则扣 10 分 2. 用电子检漏仪对主机机组检漏，操作正确规范，否则扣 10 分		
3	更换干燥过滤器	更换干燥过滤器操作正确		30	1. 排放管道内的制冷剂操作规范，否则扣 10 分 2. 正确更换干燥过滤器滤芯，否则扣 10 分 3. 正确检查管路连接部位密封性能，否则扣 10 分		
4	蒸发器的保养	正确进行蒸发器的保养		20	1. 机组内残余水排干净，正确拆下机组蒸发器两头的水室螺栓，否则扣 5 分 2. 正确清理蒸发器，否则扣 10 分 3. 现场复位正确规范，否则扣 5 分		
5	冷凝器的保养	正确进行冷凝器的保养		20	1. 机组内残余水排干净；正确拆下机组冷凝器两头的水室螺栓，否则扣 5 分 2. 正确清理冷凝器，否则扣 10 分 3. 现场复位正确规范，否则扣 5 分		
安全文明操作		违反安全文明操作规程（视实际情况进行扣分）					
开始时间			结束时间		实际时间		成绩	
综合评议意见							
评议人					日期		

实训项目三　中央空调电气系统维护与保养

一、实训目的

1）了解电气系统的维护及保养内容。
2）掌握电控柜内元器件维护与保养的方法。
3）掌握电气线路的检测方法。

二、实训设备、工具及材料

中央空调电气系统维护与保养实训设备、工具及材料见表 5-10。

表 5-10　中央空调电气系统维护与保养实训设备、工具及材料

序号	名　称	数　量	备　注
1	中央空调电气系统	1 套	
2	M4、M6 十字槽螺钉旋具	各 1 把	可根据现场情况自行添加
3	2 号尼龙毛软刷	1 把	
4	万用表	1 个	数字式
5	兆欧表	1 个	测试电压等级:500V
6	干布	1 块	
7	玻璃清洁剂	1 瓶	

三、实训步骤

（一）电气控制柜的维护与保养

首先切断电源，用 2 号尼龙毛软刷（简称“毛刷”）清扫电控柜内外的灰尘。

1. 急停按钮维护与保养

1）检查其是否可靠固定，并用毛刷清理灰尘。

2）按下急停按钮，观察其是否复位，正常情况下应不复位；此时用万用表测量常开触点电阻，电阻值应接近于 0Ω、常闭触点电阻应为∞ Ω。

3）将急停按钮顺时针旋转约 45°，松开后观察其是否复位；此时用万用表测量常开触头电阻，电阻值应为∞ Ω、常闭触点电阻的电阻值应接近于 0Ω。

4）检查其触点与导线是否有松动情况。

2. 其他按钮维护与保养

1）检查其是否可靠固定，并用毛刷清理灰尘。

2）按下急停按钮；此时用万用表测量常开触点电阻应接近于 0Ω、常闭触点电阻应为∞ Ω。

3）松开按钮，观察其是否复位，正常情况下应复位；此时用万用表测量常开触点电阻应为∞ Ω、常闭触点电阻应接近于 0Ω。

4）检查其触点与导线是否有松动情况。

3. 低压断路器维护与保养

1）检查其是否可靠固定，并用毛刷清理灰尘。

2）用万用表测量其断开时触点的电阻，此时触点电阻应为∞ Ω。

3）用万用表测量其闭合时触点的电阻，此时触点电阻应为 0Ω。

4）检查其触点与导线是否有松动情况。

4. 熔断器维护与保养

1）检查其是否可靠固定，并用毛刷清理灰尘。

2）用万用表检查其熔丝阻值，应接近于 0Ω。

3）检查其触点与导线是否有松动情况。

5. 交流接触器维护与保养

1）检查其是否可靠固定，并毛刷清理灰尘。

2）用万用表检查其线圈、主触点、辅助触点阻值是否正常，同型号交流接触器线圈电阻应基本一致，主触点、辅助常开触点电阻值应接近于0Ω，辅助常闭触点电阻值应为∞Ω。

3）按下动铁芯，观察是否存在熔焊、卡阻现象；若无以上故障现象，则用万用表检查其主触点、辅助触点阻值是否正常，主触点、辅助常开触点电阻值应为∞Ω，辅助常闭触点电阻值应接近于0Ω。

4）松开动铁芯，观察其是否可以可靠复位。

5）通电运行时，观察是否有噪声过大、线圈过热、衔铁不吸合或不释放等不正常现象；

6）检查其触点与导线是否有松动情况。

6. 热继电器维护与保养

1）检查其是否可靠固定，并用毛刷清理灰尘。

2）通电运行时，其观察其是否存在热元件烧坏、热元件误动作和不动作现象。

3）检查热继电器的导线接头处有无过热或烧伤痕迹。

4）检查其触点与导线是否有松动情况。

7. 信号灯、指示仪表维护与保养

1）检查其是否可靠固定，并用毛刷清理灰尘。

2）通电运行时，检查各信号灯是否正常。

3）通电运行时，检查各指示仪表指示是否正确。

4）检查其触点与导线是否有松动情况。

8. PLC及扩展模块维护与保养

1）检查其是否可靠固定，并用毛刷清理灰尘。

2）检查其触点与导线是否有松动情况。

3）检查PLC通信接口与通信线是否可靠连接。

9. 变频器维护与保养

1）检查其是否可靠固定，并用毛刷清理灰尘。

2）通电运行时，记录其输出电流、输出电压、变频器内部直流电压、散热器温度等参数，与正常运行参数对照比较，以利于及时发现故障隐患。

3）变频器如发生故障跳闸，务必记录故障代码和跳闸时变频器的运行工况，以便具体分析故障原因。

4）检查其触点与导线是否有松动情况。

5）检查其通信接口与通信线是否可靠连接。

10. 触摸屏维护与保养

1）检查其是否可靠固定，并用毛刷清理灰尘。

2）用玻璃清洁剂清洁触摸屏油污。

3）触摸屏应避免磕碰。

4）检查其通信接口与通信线是否可靠连接。

11. 接线端子维护与保养

1）检查其触点与导线是否有松动情况，并用毛刷清理灰尘。

2）检查接线端子是否有螺钉、垫片生锈情况，若有，应及时更换。

（二）电气线路的检测

1）检查主机在正常运行时，电气控制柜电流是否在额定电流以内，接触器是否存在电弧。

2）检测主机在正常运行时，温度调节器动作灵敏度，标准值应在±2℃以内。

3）检测水压开关动作，进出水压力标准差应为0.2MPa以上。

4）检测温度传感器与被测温物体表面是否可靠接触。

5）观察线路电缆、电线是否存在绝缘层老化、烧焦、机械损伤现象。

6）电机检测。

① 用万用表检测电机绕组电阻、电容器电容量是否正常；三相异步电机每相绕组阻值应基本一致，单相异步电机绕组应有阻值；电容器电容量应接近于电容器标定额定容量。

② 用500V兆欧表检测电机绕组之间绝缘电阻（三相异步电机），测量出来绝缘电阻值应大于0.5MΩ。

③ 用500V兆欧表检测电机绕组与机壳之间绝缘电阻，测量出来绝缘电阻值应大于0.5MΩ

④ 通电运行时，观察电动机是否存在不寻常噪声、温度过高等不正常现象。

（三）填写记录表

中央空调电气系统维护与保养实训记录表见表5-11。

表5-11　中央空调电气系统维护与保养实训记录表

设备编号		实训时间		签名	
检查项目	情况记录				
元器件					
急停按钮					
其他按钮					
低压断路器					
熔断器					
交流接触器					
热继电器					
信号灯、指示仪表					
PLC及扩展模块					
变频器					
触摸屏					
端子排					
温度调节器					
水压开关					
热敏电阻					

（续）

设备编号		实训时间		签名	
检查项目	情况记录				
温度传感器阻值					
线路电缆、电线					
电机检测					
保养时更换元件的名称、规格：					
备注：					

四、实训评价

实训操作情况评议表见表5-12。

表5-12 实训操作情况评议表

序号	项目	测评要求	配分	评分标准		得分
1	电气控制柜的维护与保养	电气控制柜维护与保养的流程、操作、方法正确规范	50	1. 对电气控制柜内低压电器维护与保养时，符合“从上到下、从左到右”的原则，否则扣10分 2. 对低压电器进行维护与保养时，能正确使用工具，否则扣10分 3. 对低压电器进行维护与保养时，各个元器件各保养维护项目按要求保养到位，否则每项扣5分		
2	电气线路的检测	电气线路的检测流程、操作、方法正确规范	50	1. 主机正常运行时，检测温度调节器的动作灵敏度，没有检测扣10分 2. 检测水压开关动作，没有检测扣10分 3. 检测热敏电阻与被测温物体表面是否可靠接触，没检测扣10分 4. 注意线路电缆、电线是否存在异常，否则扣15分 5. 电机检测到位，否则每缺一项扣5分		
安全文明操作		违反安全文明操作规程（视实际情况进行扣分）				
开始时间			结束时间		实际时间	成绩
综合评议意见						
评议人			日期			

实训项目四　中央空调风系统的维护与保养

一、实训目的

1）掌握风机检查与维护的内容。

2）掌握风管维护与保养的方法。

二、实训设备、工具及材料

中央空调风系统的维护与保养实训设备、工具及材料见表5-13。

表5-13　中央空调风系统的维护与保养实训设备、工具及材料

序号	名　称	数　量	备　注
1	螺杆式中央空调风系统	1套	
2	螺钉旋具	2把	一字、十字
3	活扳手	2把	250mm
4	老虎钳	1把	
5	电源接线板	1块	16A/250V
6	电子温度检测仪	1块	红外数字式
7	万用表	1块	数字式
8	钳流表	1块	数字式

三、实训步骤

1）风机停机检查及维护：

① 传动带松紧度检查。

② 各连接螺栓与螺母紧固情况检查。

③ 减振装置受力情况检查。

④ 轴承润滑情况检查。

2）风机运行检查：

①“一看”是看电动机的运转电流、电压是否正常，振动是否正常。

②“二听”是听风机和电动机的运行声音是否正常。

③“三查”是查看风机和电动机轴承温升情况（正常温度不超过60℃）及轴承润滑情况。

④“四闻”是检查风机和电动机在运行中是否有异味产生。

3）风管维护保养：

检查风管是否有大量的凝结水、保温层是否破损、风管是否有开裂漏风现象。

4）清理实训现场，整理工具设备。

5）填写中央空调风系统风机检查记录表（表5-14）。

表 5-14　中央空调风系统风机检查记录表

设备编号		实训时间		签名	
检查项目	情况记录				
传动带松紧度					
螺栓紧固					
减振装置					
轴承润滑					
运转电流					
运转电压					
风机运行声响					
电动机运行声响					
轴承运行温升					
风机运行异味					

四、实训评价

实训操作情况评议表见表 5-15。

表 5-15　实训操作情况评议表

序号	项目	测评要求		配分	评分标准		得分
1	风机的检查与维护	风机的检查与维护正确规范		60	1. 风机的停机检查正确规范，否则扣 30 分 2. 风机的运行检查正确规范，否则扣 30 分		
2	风管的检查与维护	风管的检查与维护正确规范		40	1. 风管的检查正确规范，否则扣 20 分 2. 风管的维护正确规范，否则扣 20 分		
安全文明操作		违反安全文明操作规程（视实际情况进行扣分）					
开始时间			结束时间		实际时间	成绩	
综合评议意见							
评议人					日期		

实训项目五　中央空调水系统的维护与保养

一、实训目的

1） 掌握水泵检查与维护的内容。
2） 掌握冷却塔维护与保养的方法。

二、实训设备、工具及材料

中央空调水系统的维护与保养实训设备、工具及材料见表 5-16。

表 5-16 中央空调水系统的维护与保养实训设备、工具及材料

序号	名　称	数　量	备　注
1	螺杆式中央空调水系统	1 套	
2	螺钉旋具	2 把	一字、十字
3	活扳手	2 把	250mm
4	老虎钳	1 把	
5	电源接线板	1 块	16A/250V
6	电子温度检测仪	1 块	红外数字式
7	万用表	1 块	数字式
8	钳流表	1 块	数字式

三、实训步骤

1）水泵的检查与维护

① 检查和清理水泵及电机周围油污、积水或其他杂物，并清理水池内漂浮物和过滤网。

② 检查水泵及电动机各部件螺栓的紧固情况。

③ 水泵轴承加润滑油，检查法兰处是否泄漏。

④ 开机检查水泵轴承温度和电机温度（正常水泵轴承温度不超过 70℃，电机温度不超过 60℃）。

⑤ 开机检查水泵吸水、流量和量程，以及振动情况。

⑥ 开机检查传动部位有无杂音、温升是否正常。

2）冷却塔的检查与保养

① 停机检查冷却塔主水管、分水管、喷头有无破损松动，检查水盘、塔脚是否漏水，如有漏点，及时补胶。

② 停机清洗冷却塔所有填料，清洗挡水帘、消音毯，去除污物；检查电动机的接线端子是否完好，检查塔体外观有无破损、裂纹。

③ 开机检查电机转动是否正常，减速机工作是否正常；测试冷却塔进出水温度、电动机运转电流等运转技术数据。

3）清理实训现场，整理工具设备。

4）填写中央空调系统水泵、冷却台检查记录表（表 5-17）。

表 5-17 中央空调系统水泵、冷却台检查记录表

设备编号		实训时间		签名	
检查项目	情况记录				
水泵及电动机周围油污、积水或其他杂物情况					
过滤网					
螺栓紧固					
减振装置					
轴承润滑					

（续）

设备编号		实训时间		签名	
检查项目	情况记录				
法兰密封					
水泵运转电流					
水泵运行声响					
水流量					
水压					
水泵温升					
冷却塔外观					
冷却塔水管连接					
冷却塔填料					
冷却塔电动机电流					
冷却塔减速机运行					

四、实训评价

实训操作情况评议表见表5-18。

表5-18 实训操作情况评议表

序号	项目	测评要求		配分	评分标准			得分
1	水泵的检查与维护	正确进行水泵的检查与维护		50	1. 正确进行水泵检查，否则扣30分 2. 正确进行水泵维护，否则扣20分			
2	冷却塔的检查与保养	正确进行冷却塔的检查与保养		50	1. 正确进行冷却塔检查，否则扣30分 2. 正确进行冷却塔保养，否则扣20分			
安全文明操作		违反安全文明操作规程（视实际情况进行扣分）						
开始时间			结束时间		实际时间		成绩	
综合评议意见								
评议人					日期			

1）了解中央空调常见油冷却方式，掌握润滑油的油品指标及润滑油的更换方法。

2）熟悉中央空调制冷剂系统的维护与保养内容及要求，掌握典型中央空调主机机组的维护与保养方法。

3）熟悉中央空调电气控制柜的维护与保养内容及电气线路的检测要求，掌握电气控制柜的维护与保养方法。

4）掌握中央空调风机、风管检查与维护方法，了解风系统空气处理机组的运行管理要求。

5）掌握中央空调水泵的维护与保养方法，了解中央空调水系统水质管理要求。

思考与练习

一、填空题

1. 中央空调常见的油冷却方式有________、________、________、________等几种，一般来说，中央空调润滑油酸度 pH 值低于________即须更换。

2. 中央空调制冷剂系统的维护与保养分为________、________两种。________也称全面保养。

3. 中央空调电气控制柜的维护与保养分为________、________、________三种。

4. 中央空调电气控制柜维护与保养主要包括急停按钮、交流接触器、热继电器、低压断路器、可编程控制器、________、________、________、________、触摸屏等部件。

5. 中央空调风机的检查分为________、________，管理人员需要通过“________”等手段去检查风机的运行是否存在问题和故障。

6. 中央空调水泵流量不足或扬程太低的主要原因可能是________、________、________。

二、问答题

1. 简述中央空调润滑油更换操作方法。
2. 简述螺杆式冷水机组的维护与保养方法。
3. 简述电气控制柜的保养操作流程。
4. 简述电动风阀维护与保养要求。
5. 简述冷却塔开机前检查和运行检查的主要内容。

单元六

安全环保与职业健康

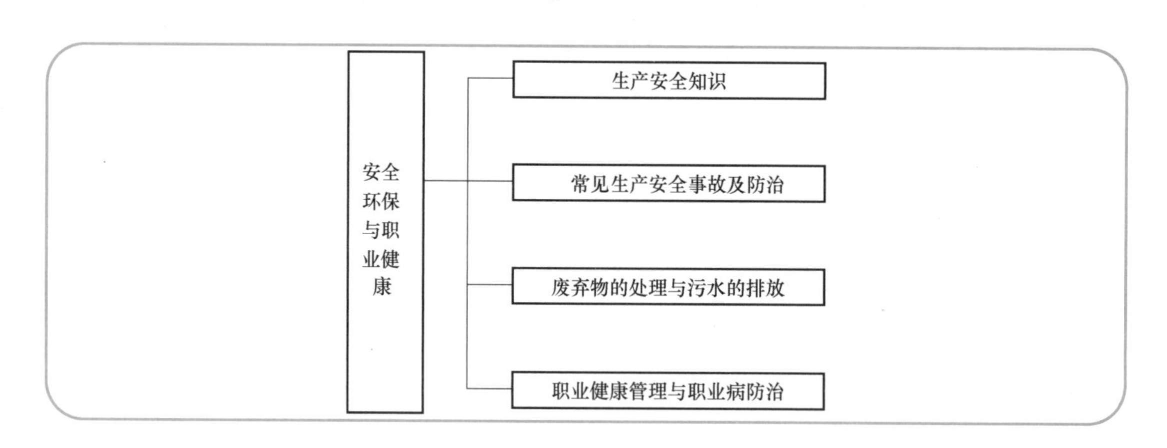

知识目标

1. 掌握常见的安全标志，以及登高作业、用电作业、焊接作业的安全知识。
2. 掌握常见生产安全事故类型及防治要求。
3. 掌握中央空调废弃物、污水的排放与处理要求。
4. 了解中央空调系统清洗消毒职业病防护知识。

能力目标

1. 能做好个人登高、用电、焊接操作和化学清洗的安全防护。
2. 会安全环保处理空调清洗产生的废弃物、污水等。

素养目标

1. 培养学生安全健康、低碳环保的意识和责任。
2. 培养学生积极奋发、遵章守纪的劳动态度。

重点与难点

1. 登高操作、用电、焊接等安全作业知识及常见生产事故的防治。
2. 安全防治措施与安全意识的培养。

课题一 生产安全知识

相关知识

安全生产是指劳动生产过程中，通过努力改善劳动条件，克服不安全因素，防止事故的发生，使企业生产在保证劳动者安全健康和国家财产及人民生命财产安全的前提下顺利进行。它包括人身安全和设备安全。作为生产施工人员，应该熟悉安全标识及相关操作安全。

一、安全标志及设置使用

（一）安全标志

安全标志是向工作人员警示工作场所或周围环境的危险状况，指导人们采取合理行为的标志。安全标志能够提醒工作人员预防危险，从而避免事故发生；当危险发生时，能够指示人们尽快逃离，或者指示人们采取正确、有效、得力的措施，对危害加以遏制。

根据《安全标志及其使用导则》（GB 2894—2008），国家规定了四类传递安全信息的安全标志：提示标志示意目标地点或方向；警告标志使人们注意可能发生的危险；禁止标志表示不准或制止人们的某种行为；指令标志表示必须遵守，用来强制或限制人们的行为。正确使用安全标志，可以使人员及时得到提醒，以防止事故、危害发生，导致人员伤亡。避免造成不必要的麻烦。

安全标志由安全色（安全色是用以表达禁止、警告、指令、指示等安全信息含义的颜色，具体规定为红、蓝、黄、绿四种颜色。其对比色是黑白两种颜色）、几何图形和图形符号所构成，用以表达特定的安全信息。这些标志分为禁止标志、警告标志、指令标志和提示标志四大类。

安全标志不但类型要与所警示的内容相吻合，而且设置位置要正确合理，否则就难以真正充分发挥其警示作用。

1. 禁止标志

禁止标志是禁止人们的不安全行为标志。颜色表征为红色，传递禁止、停止、危险或提示消防设备、设施的信息，对比色为白色。中央空调清洗消毒涉及的禁止标志共有 18 个，见表 6-1。

表 6-1 关于中央空调清洗消毒操作的禁止标志

序号	图形符号	标志名称	设置范围和地点
1		禁止吸烟	有火灾危险物质的场所，如，铜管焊接煤气存放处、可燃制冷剂存放或操作处

（续）

序号	图形符号	标志名称	设置范围和地点
2		禁止烟火	有火灾危险物质的场所，如，铜管焊接煤气存放处、可燃制冷剂存放或操作处
3		禁止放置易燃物	具有明火设备或高温作业场所，如，管道焊接、管道切割等场所
4		禁止启动	暂停使用的设备附近，如，设备检修、更换零件等
5		禁止合闸	设备或线路检修时，相应开关附近
6		禁止转动	检修或专人定时操作的设备附近
7		禁止触摸	禁止触摸的设备或物体附近，如，清洗消毒的化学物品、有毒和腐蚀性物体处
8		禁止跨越	不宜跨越的危险地段，如，专用的运输通道、作业流水线，作业现场的井、坎、坑、孔洞等

（续）

序号	图形符号	标志名称	设置范围和地点
9		禁止攀登	不允许攀爬的危险地点，如，机械、设备旁，材料堆放处
10		禁止跳下	不允许跳下的危险地点，如，深沟、深池、车站，以及盛装过有毒物质、易产生窒息气体的槽车、储罐、地窖等处
11		禁止入内	已造成事故或对人员有伤害的场所，如，高压设备室、各种污染源等入口
12		禁止通行	有危险的作业区，如，设备吊装、施工工地等
13		禁止堆放	消防器材存放处、消防通道及车间主通道等
14		禁止抛物	抛物易伤人的地点，如高处作业现场、深井（坑）等
15		禁止戴手套	戴手套易造成手部伤害的作业地点，如，旋转的机械加工设备附近

（续）

序号	图形符号	标志名称	设置范围和地点
16		禁止穿化纤服装	有静电火花会导致伤害或有可燃物质的作业场所，如，冶炼、焊接及有易燃易爆物质的场所等
17		禁止穿戴钉鞋	有静电火花会导致伤害或有触电危险的作业场所，如，有易燃易爆气体
18		禁止饮用	不宜饮用的开关处，如，采样水、工业用水、污染水等处

2. 警告标志

警告标志是提醒人们注意可能发生的危险的标志。颜色表征为黄色，传递注意、警告的信息，对比色为黑色。中央空调清洗消毒涉及的警告标志共有 13 个，见表 6-2。

表 6-2　关于中央空调清洗消毒操作的警告标志

序号	图形符号	标志名称	设置范围和地点
1		注意安全	警告标识中没有规定的易造成人员伤害的场所及设备等
2		当心火灾	易发生火灾的危险场所，如，可燃性物质的生产、储存、使用等地点
3		当心爆炸	易发生爆炸的危险场所，如，易燃易爆物质的生产、储存、使用或受压容器等地点

（续）

序号	图形符号	标志名称	设置范围和地点
4		当心腐蚀	有腐蚀性物质的作业地点
5		当心中毒	剧毒品及有毒物质的生产、储存等地点
6		当心触电	有可能发生触电危险的电气设备和路线，如，配电室、开关等
7		当心坠落	易发生坠落事故的作业地点，如，脚手架、高空平台、地面的深沟（池、槽）等
8		当心落物	易发生落物危险的地点，如，高处作业、立体交叉作业的下方等
9		当心坑洞	具有坑洞易造成伤害的作业地点，如，构件的预留孔洞及各种深坑的上方等
10		当心弧光	由于弧光造成眼部伤害的各种焊接作业场所

（续）

序号	图形符号	标志名称	设置范围和地点
11		当心裂变物质	具有裂变物质的作业场所，如，使用车间、储存仓库、容器等
12		当心滑跌	地面易造成滑跌的地点，如，地面有油、冰、水等物质及滑坡处
13		当心绊倒	地面有障碍物，绊倒易造成伤害的地点

3. 指令标志

指令标志是用来强制人们必须做出某种动作或采用某种防范措施的标志。颜色表征为蓝色，传递必须遵守规定的指令性信息，对比色为白色。中央空调清洗消毒涉及的指令标志共有 6 个，见表 6-3。

表 6-3　关于中央空调清洗消毒操作的指令标志

序号	图形符号	标志名称	设置范围和地点
1		必须带防护眼镜	对眼睛有伤害的作业场所，如，机械加工、各种焊接场所等
2		必须戴防护口罩	具有粉尘的作业现场，如，风系统清扫
3		必须戴安全帽	头部易受到外力伤害的作业现场，如，设备与风管拆装

（续）

序号	图形符号	标志名称	设置范围和地点
4		必须戴防护手套	易造成手部伤害的作业场所，如，具有腐蚀、污染、灼伤、冰冻及触电危险的作业场所
5		必须穿防护鞋	易造成脚部伤害的作业场所，如，具有腐蚀、灼烫、触电、砸（刺）伤等危险的作业场所
6		必须系安全带	易发生坠落危险的作业场所，如，高处建筑、清洗、拆装等地点

4. 提示标志

提示标志是示意目标的方向，颜色表征为绿色，向人们传递某种目标信息，对比色为白色。中央空调清洗消毒涉及的提示标志有紧急出口和可动火区提示，见表 6-4。

表 6-4　关于中央空调清洗消毒操作的提示标志

序号	图形符号	标志名称	设置范围和地点
1	 	紧急出口	便于安全疏散的紧急出口处，与方向箭头结合设在通向紧急出口的通道、楼梯口等处
2		可动火区	按规定可以使用明火的地点

5. 补充标志

补充标志是对前述四种标志的补充说明，以防误解。补充标志分为横写和竖写两种。横写的为长方形，写在标志的下方，可以和标志连在一起，也可以分开；竖写的写在标志杆上部。补充标志的颜色：竖写的，均为白底黑字；横写的，用于禁止标志的用红底白字，用于警告标志的用白底黑字，用于指令标志的用蓝底白字。

横写时，文字辅助标志写在标志的下方，可以和标志连在一起，也可以分开，如图 6-1 所示。具体要求如下：

1）禁止标志、指令标志为白色字；警告标志为黑色字。

2）禁止标志、指令标志衬底色为标志的颜色，警告标志衬底色为白色。

3）文字字体均为黑体字。

4）安全标志牌要有衬边。除警告标志边框用黄色勾边外，其余全部用白色将边框勾一窄边，即为安全标志的衬边，衬边宽度为标志边长或直径的 2.5%。

图 6-1　补充标志横写示例

竖写时如图 6-2 所示，具体要求如下：

1）文字辅助标志写在标志杆的上部。

2）禁止标志、警告标志、指令标志、提示标志均为白色衬底、黑色字。

3）标志杆下部色带的颜色应和标志的颜色相一致，文字字体均为黑体字。

4）安全标志牌要有衬边。除警告标志边框用黄色勾边外，其余全部用白色将边框勾一窄边，即为安全标志的衬边，衬边宽度为标志边长或直径的 2.5%。

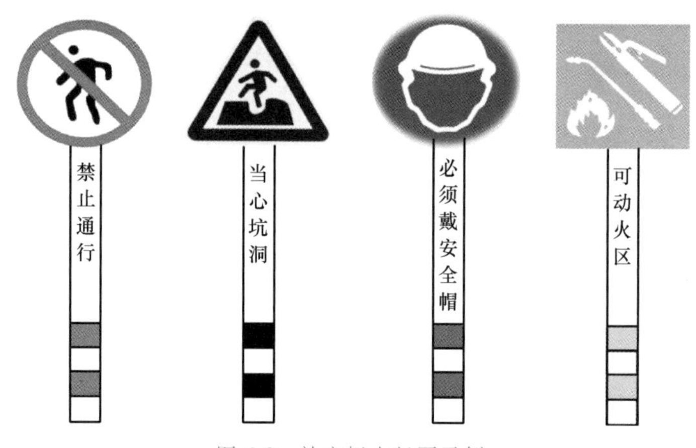

图 6-2　补充标志竖写示例

（二）安全标志牌设置及使用

1. 安全标志牌的设置

（1）标志牌的衬边　安全标志牌要有衬边。除警告标志边框用黄色勾边外，其余全部用白色将边框勾一窄边，即为安全标志的衬边，衬边宽度为标志边长或直径的 0.025 倍。

（2）标志牌的材质　安全标志牌应采用坚固耐用的材料制作，一般不宜使用遇水变形、变质或易燃的材料。有触电危险的作业场所应使用绝缘材料。

（3）标志牌表面质量　标志牌应图形清楚，无毛刺、孔洞和影响使用的任何疵病。

（4）标志牌的型号选用

1）工地、工厂等的入口处设 6 型或 7 型。标志牌型号尺寸详见表 6-5。

2）车间入口处、厂区内和工地内设 5 型或 6 型。

3）车间内设 4 型或 5 型。

4）局部信息标志牌设 1 型、2 型或 3 型。

无论厂区或车间内，所设标志牌其观察距离不能覆盖全厂或全车间面积时，应多设几个标志牌。

表 6-5　安全标志牌的尺寸

型号	观察距离 L/m	圆形标志的外径/m	三角形标志的外边长/m	正方形标志的边长/m
1	$0<L\leqslant 2.5$	0.070	0.088	0.063
2	$2.5<L\leqslant 4.0$	0.110	0.142	0.100
3	$4.0<L\leqslant 6.3$	0.175	0.220	0.160
4	$6.3<L\leqslant 10.0$	0.280	0.350	0.250
5	$10.0<L\leqslant 16.0$	0.450	0.560	0.400
6	$16.0<L\leqslant 25.0$	0.700	0.880	0.630
7	$25.0<L\leqslant 40.0$	1.110	1.400	1.000

注：允许有 3%的误差。

（5）标志牌的设置高度　标志牌的设置高度，应尽量与人眼的视线高度相一致。悬挂式和柱式的环境信息标志牌的下缘距地面的高度不宜小于 2m；局部信息标志的设置高度应视具体情况确定。

2. 安全标志牌的使用要求

1）标志牌应设在与安全有关的醒目地方，并使大家看见后，有足够的时间来注意它所表示的内容。环境信息标志宜设在有关场所的入口处和醒目处；局部信息标志应设在所涉及的相应危险地点或设备（部件）附近的醒目处。

2）标志牌不应设在门、窗、架等可移动的物体上，以免标志牌随母体物体相应移动，影响认读。标志牌前不得放置妨碍认读的障碍物。

3）标志牌的平面与视线夹角应接近 90°，观察者位于最大观察距离时，最小夹角不低于 75°，如图 6-3 所示。

4）标志牌应设置在明亮的环境中。

5）多个标志牌在一起设置时，应按警告、禁止、指令、提示类型的顺序，先左后右、先上后下地排列。

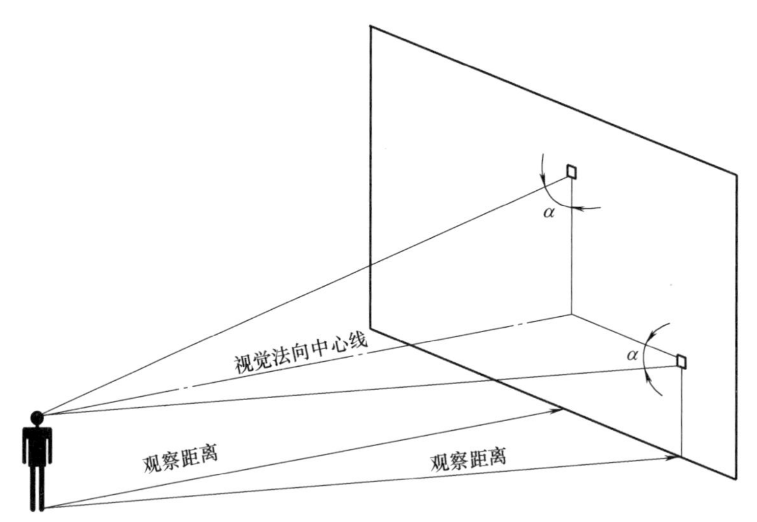

图 6-3 标志牌平面与视线夹角 α 不低于 75°

6）标志牌的固定方式分附着式、悬挂式和柱式三种。悬挂式和附着式的固定应稳固不倾斜，柱式的标志牌和支架应牢固地连接在一起。

二、登高作业安全

由于中央空调系统设备及管道的安装位置的多样性，在清洗的过程中，经常需要进行登高作业，因此登高作业安全是中央空调清洗消毒工作的最重要安全事项。

登高作业

（一）登高作业的危险性

在中央空调清洗消毒工作中，登高操作是指操作人员或者中央空调系统装置有下列情况之一时所进行的各种拆卸、清洗、消毒、安装等操作：

1）在室外距自然地面 2m 以上高度。

2）在室内距室内地面 2m 以上高度。

3）站在阳台护栏上或护栏外。

4）站在屋顶而护栏低于 2m，或有可能探身在护栏外。

登高操作的危险性大于地面操作，所存在的主要潜在危险有以下几点：

1）操作人员由高处坠落，因摔致伤、致亡。

2）操作人员手持电动工具登高操作，因漏电导致触电。

3）设备部件、手持电动工具、其他工具、清洗消毒剂等由高处坠落，对他人造成伤害或造成财产损失。

（二）登高操作安全用具

登高操作安全用具主要有安全带、登高板、梯子等专用用具和保险绳等一般用具。

1）安全带是防止坠落的安全用具，有安全腰带和安全腰绳两种。安全腰带有两根带子，用皮革、帆布或化纤等材料制成。使用时大带绕在牢固的构件上防止坠落，小带系在腰部偏下的部位起人体固定的作用。安全腰带的宽度不应小于 60mm，大带的单根拉力不应小于 2206N。安全腰绳只有小带，小带上穿有安全绳，安全绳的端部有弹性自闭合挂环，使用时安全绳与挂环可以起防止坠落的作用。

2）登高板是登高站立用的安全用具，由一块坚硬结实的木板及固定在两端柔软结实的绳子组成，登高板所能承受的重力不应小于2206N。

3）梯子分为靠梯和人字梯两种，均用铝合金制成，在梯脚上加有防滑橡胶脚垫。靠梯通常为可伸缩型，平时可缩成基本长度，使用时可用拉绳拉至所需高度。使用靠梯时，为了避免翻倒，梯脚与墙之间的间距不应小于梯长的1/4；为了避免滑落，梯脚与墙之间的间距不应大于梯长的1/2。人字梯两脚之间加有拉绳，用以限制两脚的开度。

4）清洗消毒作业中所用的保险绳为一般用具，根据实际工作需要，以实用为原则，选用若干根普通化纤绳即可制成。

（三）登高操作安全措施

清洗消毒作业登高操作时，通常需携带较重的工具和设备，且常需用较大的力进行操作。为了避免可能产生的危险和伤害，应采取以下安全措施：

1）登高操作必须使用安全腰带或安全腰绳，安全腰带或安全腰绳必须固定在坚固可靠的建筑构件上，如直径大于20mm的自来水管、直径大于20mm且当时为常温的暖气管、环状的承力足够的建筑预埋件等，决不可固定在铝合金窗框、防盗网、太阳能热水器管等不可承力或承力不可靠的构件上。

2）在任何情况下都不可自行改制、加长安全腰带或安全腰绳。

3）操作人员应有坚固可靠的立脚处，不能仅靠安全腰带或安全腰绳悬吊，进行悬空操作。

4）当操作人员或制冷空调装置在4m以上高度，操作人员不能在建筑物构件上坚固可靠地立脚时，应使用登高板。与安全腰带或安全腰绳一样，登高板必须固定在坚固可靠的建筑构件上。

5）当操作人员或制冷空调装置在4m以下的高度，操作人员不能在建筑物构件上坚固可靠地立脚时，应使用梯子。梯子应坚固可靠，承重能力应大于操作人员及所携带工具设备的全部质量。

6）空调设备、安装用构件和附件、手持工具、制冷剂钢瓶等应系保险绳，以防高空坠落。保险绳所能承受的拉力应大于所系物体质量的4倍。

7）手持电动工具必须系保险绳，保险绳所能承受的拉力应大于电动工具质量的4倍，且保险绳的长度应小于电源线长度，以防坠落并防止滑落时拉断电源线或拉脱电源线接头造成危险。

8）在雨雪天或大雾天，除非建筑物构件可起防雨雪、防雾作用，否则不可进行登高操作。

9）当操作人员或中央空调装置在9m以上高度，风力7级以上或在有过街风的地方施工时，登高板两端应采取附加牵拉措施，防止风吹摇摆；所用工具和其他用品应防止风吹落。

三、用电作业安全

用电安全培训

中央空调系统清洗的过程中，操作人员经常需要操作用电设备，因此用电安全是中央空调清洗消毒作业安全操作中必不可少的一部分。

（一）电流对人体的伤害

电流对人体的伤害有三种：电击、电伤和电磁场生理伤害。

1）电击是指电流通过人体，破坏人体心脏、肺及神经系统的正常功能。

2）电伤是指电流的热效应、化学效应和机械效应对人体的伤害；主要是指电弧烧伤、熔化金属溅出烫伤等。

3）电磁场生理伤害是指在高频磁场的作用下，使人出现头晕、乏力、记忆力减退、失眠、多梦等神经系统的症状。

（二）用电安全基本要求

在操作电气设备时，要切实遵守以下安全操作要求：

1）工作场所的电气设备不要随便移动，发生故障不能带故障运行，应立即停止作业并请电工检修。

2）经常接触使用的配电箱、低压断路器、按钮开关、插座及导线等，必须保持功能完好。

3）需要移动电气设备时，必须先切断电源，导线不得在地面上拖来拖去，以免磨损，导线被压时不要硬拉，防止拉断。

4）清洁电气设备时，严禁用水冲洗或用湿抹布擦拭，以防发生触电事故。

5）停电检修时，应悬挂安全警示标志牌。

（三）防止触电及触电脱离

1. 防止触电的技术措施

1）绝缘、屏护和间距是最为常见的安全措施。

2）保护接地和保护接零。

3）装设漏电保护装置。

4）采用安全电压。

2. 使触电者脱离电源的方法

1）“拉”　拉闸断电，就近断开电源开关或拔下插头，断开电源。

2）“剪”　如果触电附近没有或找不到电源开关或插头，用带有绝缘手柄的绝缘工具剪断电源线。

3）“砍”　如果触电附近没有或找不到电源开关或插头，用干燥手柄的斧头、铁镐、锄头砍断电线。

4）“挑”　当电线或带电物体落在触电人体上或被压在人体下时，用干燥的木棒、竹竿等挑开触电者身上的导线。

5）“垫”　触电者如果导线缠身，或手指痉挛紧握导线，用绝缘材料垫在触电者身下，使其与大地绝缘，然后再采取办法切断电源线。

6）“拽”　用绝缘物品戴在手上拉开触电者。

四、焊接作业安全

焊接作业安全教育

（一）电焊触电事故的原因

（1）触及一次线电源　接触线路开关、破损电源线、电源接线柱等，人体受到220V或380V高压电击。

（2）焊机内部漏电　部件绝缘击穿或漏电、安全联锁装置失效、保护接地系统不牢、接线错误等，人体受到220V或380V高压电击。

(3) 二次线空载电源电击 在潮湿天或雨天，人体出汗且身体及四肢对地或金属环境无绝缘时，接触焊钳、工件、二次线头，人体受到50~90V非安全电压电击。

(4) 焊工常用手持式电动工具漏电 手持砂轮等电线破损、开头损坏、内部漏电等，人体受到220V或380V高压电击。

(二) 防止电焊作业触电事故发生的安全措施

1. 作业人员注意事项

1) 精神状态良好，不得酒后作业、疲劳作业。

2) 配备合格的个人防护器具。

3) 作业人员需经培训考核，持证上岗。

4) 非电工严禁拆接电气线路、插座、漏电保护装置等。

2. 对电焊机安全管理

1) 机壳不得锈蚀、破损严重，绝缘良好，必须做保护接地或保护接零，禁止串联或混接。

2) 电线相数、颜色与线径应符合国家标准，截面面积足够粗，电线不得老化、龟裂、浸入水中，二次侧焊把线应用橡胶软线，不得用其他线替代。

3) 一次侧电线不得超过5m，二次侧焊把线不得超过30m，一/二次侧接头不得裸露，应绝缘良好。

4) 焊机台面不得放置物体。

5) 电压或电流调节把手、接地夹绝缘应良好。

6) 不在雨中作业，进入容器或狭窄区域要用绝缘衬垫，要有人监护。

7) 发现问题要立即停电检查，不焊接时要把焊钳挂在可靠位置后断电。

8) 搬迁或移动电焊机时，必须先断开电源。

9) 电焊机应执行“一机、一闸、一漏“制。

3. 电焊烫伤、灼伤安全防护

焊接时，焊接金属的飞溅极易引起烫伤，同时焊接电弧产生的紫外线对焊工的眼睛及皮肤也会灼伤。因此，电焊时必须采取以下措施，做好防护。

1) 穿戴完好的工作服和防护用具，上衣不可塞在裤子里，裤脚口或鞋盖应罩住工作鞋，手套绝缘干燥。

2) 使用带有电焊防护玻璃的面罩。面罩要轻便，形状合适，不导电，不导热、不透光。

3) 电焊打弧时，要注意防止弧光伤害眼睛，在人多的地方焊接，应使用屏风板挡住弧光。

4) 发生电光性眼炎时，应用冷敷减轻疼痛，并请就医治疗。

(三) 气焊安全知识

1. 气焊、气割中存在的不安全因素

1) 气瓶压力容器破裂。

2) 易燃易爆气体爆炸。

3) 炽热熔渣飞溅烫伤。

4) 金属蒸气和有毒有害气体危害。

2. 气瓶的安全防护措施

1) 标志清晰，应在三年安全检验周期之内。

2）瓶阀、管路不得漏气。

3）气瓶应直立放置，禁止水平放置。

4）使用时，气瓶与明火距离大于 10m。

5）严禁气瓶、瓶口和瓶阀周围沾油脂。

6）严禁明火试漏和用火烘烤解冻。

7）瓶内气体将近使用完时，须留 98~147kPa 余气。

8）泄压装置防爆片不得私自更换。

9）气瓶附件齐全，减压阀和压力表无故障。

10）乙炔气瓶应装合格回火防止器。

11）运输时气瓶安全帽紧旋，防振胶圈齐备。

12）长时间不用气时应关闭气瓶阀。

13）存储应防雨、防晒、防盗，不与其他易燃易爆品混储，不放在通电导体及钢板上。

（四）焊接作业防火与防爆

1）非焊工严禁从事焊接作业。

2）不了解周围情况不焊。

3）不了解焊接物材质和性能要求不焊。

4）装过易燃易爆物品的容器不经清洗和测定合格不焊。

5）带压设备、容器或管道不焊。

6）密闭设施不打开或地下设施不清楚不焊。

7）用可燃材料做包装、保温、隔音等部位不焊。

8）焊接位置有易燃易爆品或与明火相抵触的作业不焊。

9）禁火区或特殊场所未办动火手续及无人监护不焊。

10）禁火区或特殊场所防火防爆安全措施未落实不焊。

课题二　常见生产安全事故及防治

相关知识

在中央空调系统清洗消毒施工过程，有可能发生机械伤害事故、受限空间事故、高处作业事故、设备检修作业事故和化学清洗事故等。中央空调清洗作业人员在施工前应了解常见的生产安全事故，并学习预防措施，具有重要意义。

一、机械伤害事故防治

在中央空调清洗消毒过程中，中央空调系统本身、清洗设备及工作环境中存在的其他机械设备都有可能对作业人员造成机械伤害。

机械伤害防治教育

（一）机械伤害类型

1. 绞伤

如外接的散热风扇、风柜内的电动机和带轮都有可能将操作者的头发、衣袖、裤腿或者穿戴的个人防护用品（如手套）等绞进去，接着绞伤人。

2. 物体打击

制冷机组、分集水器，由于压力过大将零部件喷射出来，击伤人体。

3. 压伤

拆卸下来的冷凝器端盖、空调外机、空调机组外壳、清洗设备放置不稳，压伤作业人员。

4. 砸伤

高处的机组零件、工具等掉下来，砸伤人。

5. 挤伤

升降平台操作不当或在狭窄的通道中搬运东西，将人体某部分挤住，造成伤害。

6. 烫伤

焊接过程中，焊接部分接触到皮肤，造成人体烫伤。

7. 冻伤

氟利昂喷射出来，接触到皮肤，造成人体冻伤。

8. 刺割伤

人员在作业过程中，被水箱内支架、风管的检修口的锋利部位伤害。

（二）机械设备的电气装置安全要求

1）供电的导线必须正确安装，不得有任何破损或者漏铜的地方。

2）电动机绝缘应良好，其接线板应有盖板防护，以防直接接触。

3）开关、按钮等应完好无损，其带电部分不得裸露在外。

4）应有良好的接地或接零装置，连接的导线要牢固，不得有断开的地方。

5）局部照明灯应使用36V的电压，禁止使用110V或220V电压。

（三）作业人员应遵守的基本操作守则

由于中央空调系统安装环境、系统结构不尽相同，使用的工具设备也有差异，为了不造成机械伤害，作业人员应在作业前进行风险识别，作业中严格遵守安全操作规程，以下为基本安全守则：

1）操作前要按规定穿戴好个人防护用品。戴好安全帽，长发盘入帽内，穿好工作服，袖口扎紧，颈脖、手腕不戴饰品，穿好劳保鞋。

2）操作前，要对设备进行安全检查，确认正常后，方可进行操作。

3）操作中，也要对设备进行安全检查。出现异常现象，应停止作业。

4）机械安全装置必须按规定正确使用，决不能将其拆卸不使用。

5）工具按要求摆放，禁止乱扔、乱丢。

6）清洗中央空调系统时，应关停设备，并做好标志。

7）清洗期间，作业人员不得擅自离岗，以防发生问题时无人处置。

8）清洗结束后，应复原中央空调系统，并清理好施工现场，点检好清洗用工具、设备、物料，撤离现场。

二、受限空间事故防治

受限空间作业

受限空间是指各类塔、釜、槽、罐、炉膛、锅筒、管道、容器、地下室、窨井、坑（池）、下水道，以及其他密闭、半封闭场所。中央空调清洗过程中的受限空间主要包括：循环水池、补水箱、预埋式风道。作业人员进入或探入受限空间进行作业，可能会发生气体中毒和窒息，危及生命。

（一）受限空间作业要求

1）受限空间作业实施作业证管理，作业前应办理“受限空间安全作业证”。

2）作业前，应关闭循环水池、补水箱的进出水阀和预埋式风道的风机。

3）可采取以下措施，保持受限空间空气良好流通：

① 打开人孔、风门、检修口等与空气相通的设施进行自然通风。

② 必要时，可采取强制通风。

③ 采用管道送风时，送风前应对管道内介质和风源进行分析确认。

④ 禁止向受限空间充氧气或富氧空气。

4）作业人员应穿戴好口罩、工作服、手套、劳保鞋等防护用品，做好防护工作。

5）受限空间照明电压应小于或等于 12V。

6）在进行受限空间作业时，应做好以下监护控制：

① 在进行受限空间作业时，在受限空间外应设有专人监护。

② 进入受限空间前，监护人应会同作业人员检查安全措施，统一联系信号。

③ 在风险较大的受限空间作业，应增设监护人员，并随时保持与受限空间内作业人员的联络。

④ 监护人员不得脱离岗位，并应掌握在受限空间作业人员的人数和身份，对人员和工器具进行清点。

（二）受限空间作业安全要求

1）在受限空间作业时应在受限空间外设置安全警示标志。

2）受限空间出入口应保持畅通。

3）受限空间外应备有空气呼吸器（氧气呼吸器）、消防器材和清水等相应的应急用品。

4）作业人员不得携带与作业无关的物品进入受限空间，作业中不得抛掷材料，工器具等物品。

5）难度大、劳动强度大、时间长的受限空间作业应采取轮换作业方式。

6）作业前后应清点作业人员和作业工器具。作业人员离开受限空间作业点时，应将作业工器具带出。

7）作业结束后，由受限空间所在单位和作业单位共同检查受限空间内外，确认施工安全合规后，方可封闭受限空间。

（三）受限空间作业人员职责要求

1. 作业负责人职责

1）对受限空间作业安全负全面责任。

2）在受限空间及其附近发生异常情况时，应指导停止作业。

3）检查、确认应急准备情况，核实内外联络及呼叫方法。

4）对未经允许试图进入或已经进入受限空间者进行劝阻或责令退出。

5）在受限空间作业环境、作业方案和防护设施及用品达到安全要求后，可安排人员进入受限空间作业。

2. 监护人员职责

1）对受限空间作业人员的安全负有监督和保护的职责。

2）了解可能面临的危害，对作业人员出现的异常行为能够及时警觉并做出判断。与作业人员保持联系和交流，观察作业人员的状况。

3）当发现异常时，立即向作业人员发出撤离警报，并帮助作业人员从受限空间逃生，同时立即呼叫紧急救援。

4）掌握应急救援的基本知识。

3. 作业人员职责

1）确认安全防护措施落实情况。

2）应与监护人员进行必要的、有效的安全、报警、撤离等双向信息交流。

3）服从作业监护人员的指挥，当发现作业监护人员不履行职责时，应停止作业并撤出受限空间。

4）负责在保障安全的前提下进入受限空间实施作业任务。作业前应了解作业的内容、地点、时间、要求，熟知作业中的危害因素和应采取的安全措施。

5）遵守受限空间作业安全操作规程，正确使用受限空间作业安全设施与个体防护用品。

6）在作业中如出现异常情况、感到不适或呼吸困难时，应立即向作业监护人发出信号，迅速撤离现场。

三、高处作业事故防治

凡距坠落高度基准面2m及其以上，有可能坠落的高处进行的作业，称为高处作业。最低坠落着落点的水平面称为坠落基准面。从作业位置到坠落基准面的垂直距离，称为坠落高度（也称作业高度）。

（一）异温高处作业及高处作业分级

1. 异温高处作业

在高温或低温情况下进行的高处作业，称为异温高处作业。高温是指作业地点具有生产性热源，其气温高于本地区夏季室外通风设计计算温度的气温2℃及以上时的温度。低温是指作业地点的气温低于5℃。

2. 高处作业分级

1）高处作业分为一级、二级、三级和特级高处作业，符合《高处作业分级》（GB/T 3608—2008）的规定。

2）作业高度在 $2m \leqslant h<5m$ 时，称为一级高处作业。

3）作业高度在 $5m \leqslant h<15m$ 时，称为二级高处作业。

4）作业高度在 $15m \leqslant h<30m$ 时，称为三级高处作业。

5）作业高度在 $h \geqslant 30m$ 时，称为特级高处作业。

（二）高处作业安全要求与防护

1. 高处作业前的安全要求

1）进行高处作业前，应针对作业内容，进行危险辨识，制定相应的作业程序及安全措施。将辨识出的危害因素写入“高处安全作业证”，并制定出对应的安全措施。

2）进行高处作业时，应符合国家现行的有关高处作业及安全技术标准的规定。

3）作业单位负责人应对高处作业安全技术负责并建立相应的责任制。

4）高处作业人员及搭设高处作业安全设施的人员，应经过专业技术培训及专业考试合格，持证上岗，并应定期进行身体检查。患有职业禁忌证（如高血压、心脏病、贫血、癫痫病、精神疾病等）、年老体弱、疲劳过度、视力不佳及其他不适合高处作业的人员，不得进行高处作业。

5）从事高处作业的单位应办理“高处安全作业证”，落实安全防护措施后方可作业。

6）“高处安全作业证”审批人员应赴高处作业现场检查确认安全措施后，方可批准高处作业。

7）高处作业中的安全标志、工具、仪表、电气设施和各种设备，应在作业前加以检查，确认其完好后投入使用。

8）高处作业前要制定高处作业应急预案，内容包括：作业人员遇紧急情况时的逃生路线和救护方法、现场应配备的救生设施和灭火器材等。有关人员应熟知应急预案的内容。

9）在下列情况下应执行单位的应急预案：

① 6 级以上强风、浓雾等恶劣气候下的露天攀登与悬空高处作业。

② 在临近有排放有毒、有害气体，粉尘的放空管线或烟囱的场所进行高处作业时，作业点的有毒物浓度不明。

10）高处作业前，作业单位现场负责人应对高处作业人员进行必要的安全教育，交代现场环境、作业安全要求及作业中可能遇到的意外的处理和救护方法。

11）高处作业前，作业人员应查验“高处安全作业证”，检查验收安全措施落实后方可作业。高处作业人员应按照规定穿戴符合国家标准的劳保用品，安全带符合《坠落防护　安全带》（GB 6095—2021）的要求，安全帽符合《头部防护　安全帽》（GB 2811—2019）的要求等。

12）高处作业前作业单位应制定安全措施并填入“高处安全作业证”内。

13）高处作业使用的材料、器具、设备应符合有关安全标准要求。

14）高处作业用的脚手架的搭设应符合国家有关标准。高处作业应根据实际要求配备符合安全要求的吊笼、梯子、防护围栏、挡脚板等。跳板应符合安全要求，两端应捆绑牢固。作业前，应检查所用的安全设施是否坚固、牢靠。夜间高处作业应有充足的照明。

15）高处作业人员上下用的梯道、电梯、吊笼等要符合有关标准要求；作业人员上下时要有可靠的安全措施。固定式钢直梯和固定式钢斜梯应符合规范要求，便携式木梯和便携式金属梯也应符合相应规范的要求。

16）便携式木梯和便携式金属梯梯脚底部应坚实，不得垫高使用。踏板不得有缺档。梯子的上端应有固定措施。立梯工作角度以 75°±5°为宜。梯子如需接长使用，应有可靠的连接措施，且接头不得超过 1 处。连接后梯梁的强度不应低于单梯梯梁的强度。折梯使用时上部夹角以 35°~45°为宜，铰链应牢固，并应有可靠的拉撑措施。

2. 高处作业中的安全要求与防护

1）高处作业应设监护人对高处作业人员进行监护，监护人应坚守岗位。

2）作业中应正确使用防坠落用品与登高器具、设备。高处作业人员应系与作业内容相适应的安全带，安全带应系挂在作业处上方的牢固构件上或专为挂安全带使用的钢架或钢丝绳上，不得系挂在移动或不牢固的物件上；不得系挂在有尖锐棱角的部位。安全带不得低挂高用。系安全带后应检查扣环是否扣牢。

3）作业场所有坠落可能的物件，应一律先行撤除或加以固定。高处作业所使用的工具、材料、零件等应装入工具袋，上下时，手中不得持物。使用工具时应系安全绳，不用时放入工具袋中。不得投掷工具、材料及其他物品。易滑动、易滚动的工具、材料堆放在脚手架上时，应采取防止坠落措施。高处作业中所用的物料，应堆放平稳，不妨碍通行和装卸。作业中的走道、通道板和登高用具，应随时清扫干净；拆卸下的物件、余料和废料均应及时清理运走，不得任意乱置或向下丢弃。

4）雨天和雪天进行高处作业时，应采取可靠的防滑、防寒和防冻措施。凡水、冰、霜、雪均应及时清除。对进行高处作业的高耸建筑物，应事先设置避雷设施。遇有6级以上强风、浓雾等恶劣气候，不得进行特级高处作业、露天攀登与悬空高处作业。暴风雪及台风暴雨后，应对高处作业安全设施逐一加以检查，发现有松动、变形、损坏或脱落等现象，应立即修理完善。

5）在临近有排放有毒、有害气体，粉尘的放空管线或烟囱的场所进行高处作业时，作业点的有毒物浓度应在允许浓度范围内，并采取有效的防护措施。在应急状态下，按应预案执行。

6）带电高处作业应符合《用电安全导则》（GB/T 13869—2017）的有关要求。高处作业涉及临时用电时应符合有关要求。

7）高处作业应与地面保持联系，根据现场配备必要的联络工具，并指定专人负责联系。尤其是在危险化学品生产、储存场所或附近有放空管线的位置高处作业时，应为作业人员配备必要的防护器材（如空气呼吸器、过滤式防毒面具或口罩等），应事先与车间负责人或工长（值班主任）取得联系，确定联络方式，并将联络方式填入“高处安全作业证”的补充措施栏内。

8）不得在不坚固的结构（如彩钢板屋顶、石棉瓦、瓦楞板等轻型材料）上作业，作业前，应保证其承重的立柱、梁、框架的受力能满足所承载的负荷，应铺设牢固的脚手板，并加以固定，脚手板上要有防滑措施。

9）作业人员不得在高处作业处休息。

10）高处作业与其他作业交叉进行时，应按指定的路线上下，不得上下垂直作业。当需要垂直作业时应采取可靠的隔离措施。

11）当发现高处作业的安全技术设施有缺陷和隐患时，应及时解决；危及人身安全时，应停止作业。

12）因作业需要，临时拆除或变动安全防护设施时，应经作业负责人同意，并采取相应的措施，作业后应立即恢复。

13）搭设防护棚时，应设警戒区，并派专人监护。

14）作业人员在作业中如果发现情况异常，应发出信号，并迅速撤离现场。

3. 高处作业完工后的安全要求

1）高处作业完工后，作业现场清扫干净，作业用的工具、拆卸下的物件、余料和废料应清理运走。

2）拆除脚手架、防护棚时，应设警戒区，并派专人监护。拆除脚手架、防护棚时，不得上部和下部同时施工。

3）高处作业完工后，临时用电的线路应由具有特种作业操作证书的电工拆除。

4）高处作业完工后，作业人员要安全撤离现场，验收人在“高处安全作业证”上签字。

（三）“高处安全作业证”的管理

1）一级高处作业和在坡度大于45°的斜坡上面的高处作业，由项目负责人负责审批。

2）二级、三级高处作业及下列情形的高处作业，由车间审核后，报部门负责人审批：

① 在升降（吊装）口、坑、井、池、沟、洞等上面或附近进行高处作业。

② 在易燃、易爆、易中毒、易灼伤的区域或转动设备附近进行高处作业。

③ 在临近有排放有毒、有害气体，粉尘的放空管线或烟囱及设备高处作业。

④ 在无平台、无护栏的塔、釜、炉、罐等化工容器、设备及架空管道上进行高处作业。

3）特级高处作业及下列情形的高处作业，由部门审核后，报单位负责人审批：

① 在阵风风力为6级（风速10.8m/s）及以上情况下进行的强风高处作业。

② 在高温或低温环境下进行的异温高处作业。

③ 在接近或接触带电体条件下进行的带电高处作业。

④ 在无立足点或无牢靠立足点的条件下进行的悬空高处作业。

⑤ 在降雪时进行的雪天高处作业。

⑥ 在室外完全采用人工照明进行的夜间高处作业。

⑦ 在降雨时进行的雨天高处作业。

4）作业负责人应根据高处作业的分级和类别向审批单位提出申请，办理“高处安全作业证”。“高处安全作业证”一式三份，一份交作业人员，一份作业负责人，一份交安全管理部门留存，保存期1年。

5）“高处安全作业证”有效期7d，若作业时间超过7d，则应重新审批。对于作业期较长的项目，在作业期内，作业单位负责人应进场深入现场检查，发现安全隐患及时整改，并做好记录。若作业条件发生重大变化，则应重新办理“高处安全作业证”。

四、设备检修作业事故防治

设备检修作业是为了保持和恢复设备、设施规定的性能而采取的技术措施，包括检测和修理。

（一）设备检修作业前的安全要求

1）检修施工单位应具有国家规定的相应资质，并在其等级许可范围内开展检修施工业务。

2）在签订设备检修合同时，应同时签订安全管理协议。

3）根据设备检修项目的要求，检修施工单位应制定设备检修方案，检修方案应经设备使用单位审核。检修方案中应有安全技术措施，并明确检修项目安全负责人。检修施工单位应指定专人负责整个检修作业过程的具体安全工作。

4）检修前，设备使用单位和检修单位应对参加检修作业的人员进行安全教育。安全教育主要包括以下内容：

① 有关检修作业的安全规章制度。

② 检修作业现场和检修过程中存在的危险因素和可能出现的问题及相应对策。

③ 检修作业过程中所使用的个体防护器具的使用方法及使用注意事项。

④ 相关事故案例和经验、教训。

5）检修现场应根据《安全标志及其使用导则》（GB 2894—2008）的规定制定相应的安全标准。

6）检修项目负责人应组织检修作业人员到现场进行检修方案交底。

7）检修前施工单位要做好检修组织落实、检修人员落实和检修安全措施落实。

8）当设备检修涉及高处、动火、动土、断路、吊装、盲板抽堵、受限空间等作业时，须按相应的作业安全规范执行。

9）临时用电应办理用电手续，并按规定安装和架设。

10）设备使用单位负责设备的隔绝、清洗、置换，合格后交出。

11）检修项目负责人应与设备使用单位负责人共同检查，确认设备、工艺处理等满足检修安全要求。

12）应对检修作业使用的脚手架、起重机械、电气焊用具、手持电动工具等各种器具进行检查；手持式、移动式电气工器具应配有漏电保护装置。凡不符合作业安全要求的工器具不得使用。

13）对检修设备上的电器电源，应采取可靠的断电措施，确认无电后在电源开关处设置安全警示标牌或加锁。

14）对检修作业使用的气体防护器材、消防器材、通信设备、照明设备等应安排专人检查，并保证完好。

15）对检修现场的梯子、栏杆、平台、篦子板、盖板等进行检查，确保安全。

16）有腐蚀性介质的检修场所应备有人员应急用冲洗水源和相应防护用品。

17）对检修现场存在可能危及安全的坑、井、沟、孔洞等应采取有效防护措施，设置警告标志，夜间应设警示红灯。

18）应将检修现场影响检修安全的物品清理干净。

19）应检查、清理检修现场的消防通道、行车通道，保证畅通。

20）需夜间检修的作业场所，应设满足要求的照明装置。

21）对于检修场所设计的放射源，应事先采取相应的处置措施，使其处于安全状态。

22）夜间检修作业及特殊天气的检修作业，须安排专人进行安全监护。

23）当生产装置出现异常情况可能危及检修人员安全时，设备使用单位应立即通知检修人员停止作业，迅速撤离作业场所。经处理，异常情况排除且确认安全后，检修人员方可恢复作业。

（二）设备检修作业中的安全要求

1）检修作业的人员应按规定正确穿戴劳保用品。

2）检修作业人员应遵守安全技术操作规程。

3）从事特种作业的检修人员应持有特种作业操作证。

4）多工种、多层次交叉作业时，应统一协调，采取相应的防护措施。

（三）检修结束后的安全要求

1）因检修需要而拆移的盖板、篦子板、扶手、栏杆、防护罩等安全设施应恢复其安全使用功能。

2）检修所用的工器具、脚手架、临时电源、临时照明设备等应及时撤离现场。

3）检修完工后所留下的废料、杂物、垃圾、油污等应清理干净（工完、料净、场地清）。

五、化学清洗事故防治

化学清洗事故防治

化学清洗是指借助化学制剂的溶解、反应、乳化、分散、吸附而清除污垢。化学清洗过程如果控制不好会对设备、人体和环境造成危害，因此必须强调设备与人身安全，确保清洗过程安全、环保、高效。

（一）常用化学药剂

中央空调清洗、维护常用化学药剂主要包括：缓释阻垢剂、杀菌灭藻剂、黏泥剥离剂、水系统清洗预膜剂、水系统清洗剂、钝化预膜剂、湿保剂、翅片清洗剂、消泡剂、除垢剂、pH值调解剂、空调保养液、酸洗缓蚀剂、含氯消毒剂、季铵盐类消毒剂等。

（二）化学清洗作业前的安全要求

1）对所清洗的设备、管道的使用年限、材质、型式、保养情况了解清楚。

2）查阅设备图样，了解设备、管道中水汽流程，以便规划清洗介质的注入、排出和循环回路。

3）了解所洗设备的水处理方式、清洗间隔时间和运行管理情况。

4）采集不同部位的代表性水垢样品进行分析。

5）根据垢样的化验结果制定清洗方案，通过静态、动态模拟试验以确定清洗参数。

6）对清洗方案进行验证，确保化学药剂对所清洗金属材质的腐蚀率符合表3-1规定指标。

7）对施工现场所处环境条件，所存在的健康、安全和环境因素进行充分识别，配备合理的应急物资，制定有针对性的预防性应急措施。

8）编制清洗工艺操作规程、安全规范、应急措施，呈报客户与技术主管批准。

9）组织清洗人员学习工艺操作规程、安全规范、应急措施，培训上岗。

（三）化学清洗作业中的安全要求

1）由清洗负责人、质量保证负责人和安全保证负责人会同监察清洗现场，确认被清洗设备和管道已与运行或停用的设备隔绝，临时清洗系统管线安装质量合格，所用化学药剂质量合格，剂量满足要求，现场环境满足施工要求。

2）准备防溅漏用具，如胶皮、卡子、塑料薄膜等包扎遮挡物品。

3）准备防酸碱工作服、围裙、面罩、长筒胶靴和手套等个人防护用品。

4）准备防护药品、中和酸碱的药剂、冲洗水源。

5）对作业现场进行安全防护隔离，并放置好警示标识。

6）作业现场应保持空气流通良好、通道畅通，禁止明火作业。

7）作业人员佩戴工作证，非作业人员不得进入作业现场。

8）作业现场不得吸烟、进食和饮水。

9）拆除或隔离易受清洗液损害的部件和敏感性测试元件，无法拆除或隔离的，应采取措施，防止由于清洗而造成的损害。

10）拆除的部件应编号、标识、记录、妥善保存。

11）严格按照规定的工艺操作规程进行预处理、冲洗，冲洗流程和钝化等工序，不得任意省略或更换。

12）当在被清洗的设备和管道中，有不锈钢或含有不锈钢的混合材质时，在确认没有敏化状态下，方可进行化学清洗，清洗时清洗溶液中的氯离子含量不得大于25mg/L。

13）在酸洗过程中，当溶液中的三价铁离子含量超过1000mg/L时，通过适当加入三价铁离子还原剂、络合剂或排除部分液体补充新液等方式，以降低三价铁离子的浓度。

14）清洗设备和管道时，应挂入与清洗系统中所属金属材质相同的腐蚀检测试片。检测清洗期间设备的腐蚀率和腐蚀总量。

（四）化学清洗作业后的安全要求

1）清洗作业完成后，拆除的零部件应原样复位。

2）设备内的残液、残渣应清除干净，确保无脱落垢片堵塞、堆积等情况，腐蚀率和腐蚀总量应符合表3-1的规定。

3）设备表面应无二次浮锈、无镀铜现象、无金属粗晶析出的过洗现象，应形成完整的钝化膜。

4）检验结果不得涂改，原始记录应作为档案材料长期保存。

5）作业负责人应会同设备业主检查清洗结果，共同评定清洗质量后写出化学清洗报告，并签字备案。

6）恢复原运行系统，与业主单位负责人确认无因清洗引发的故障。

7）现场清理干净，撤除防护隔离及警示装置，清点好施工用具、设备、物料，撤离现场。

（五）作业人员个人防护要求

1）当皮肤、眼睛不慎接触到化学药剂后，应马上用清水冲洗至少15min，然后再去医院检查、医治。

2）异常强烈的气味应引起警惕，出现头晕症状，应立刻离开工作区并通报有关负责人。

3）身体出现红肿、发痒、过敏等症状，应警惕是否是因为接触到了化学药剂，及时就医诊断。

4）禁止将化学药剂带出工作场所。

5）离开工作区前，用肥皂及清水彻底洗手。

6）不把工作服穿回家，下班后应更换衣服。

7）工作完毕，淋浴更衣，单独存放被药剂污染的衣服，洗后备用，保持良好的卫生。

（六）化学药剂防护要求

1）运输前应先检查包装容器是否完整、密封，运输过程中要确保容器不泄漏、不倒塌、不坠落、不损坏。

2）严禁与氧化剂、食用化学品等混装混运。

3）运输车船必须彻底清洗、消毒，否则不得装运其他物品。

4）运输过程中防止曝晒、雨淋、高温。中途停留时应远离火种、热源。

5）船运时，配装位置应远离卧室、厨房，并与机舱、电源、火源等部位隔离。公路运输时要按规定路线行驶，勿在居民区和人口稠密区停留。

6）储存于阴凉、通风的库房，远离火种、热源，防止阳光直射，保持容器密封。

7）避免与强氧化物、强碱、强酸接触，切忌混储。

课题三　废弃物的处理与污水的排放

相关知识

中央空调清洗、维护过程，会产生废弃物和污水。废弃物主要产生在中央空调通风系统的清扫过程，包括积尘和其他污染物（如动植物残骸等）。污水主要产生在主机、出风口、回风口、风机盘管、空气处理机、冷却水系统、冷冻水系统、热交换器、冷却塔、水箱等的清洗过程，包括物理清洗产生的废水和化学清洗产生的废液。

废弃物及处理

一、废弃物的处理

（一）废弃物的组成

中央空调清洗过程中，会清洗出来很多废弃物。中央空调风管中的微风速使得一些污染物容易聚集在其中。同时，空调管道中的适宜温度和聚集的尘埃为生物提供了一个良好的生存环境。因此，在风管内部容易滋生一些生物，如螨虫、真菌、细菌、病毒和昆虫，如图 6-4 所示。还有微小的沙砾、鸟的羽毛、树叶、微生物等会随进风一起重新吸入新风管道内，沉积到风管内壁底部。室内空气中的粉尘、纤维、微生物等也会直接随着回风进入回风管道，使得大量衣服、地毯、纸张等的纤维和粉尘呈棉絮状沉积在回风管道内壁。由于这些积尘带有营养成分及水分，细菌、真菌会在其中大量繁殖。还有一些昆虫、老鼠误入管道死亡，留下残骸。另外中央空调系统的室外冷却塔、水箱因为跟大气直接相通，空气中的各种污染物都可能进入，藻类和微生物（如军团菌）易大量繁殖。

a) 风管中的集尘

b) 风管清理出来的废弃物

图 6-4　风管中的污染物

（二）废弃物的处理要求

从中央空调系统中清洗出来的废弃物应进行封装，防止交叉污染。对于从安装在公共场所、写字楼、行政办公楼的中央空调中清洗出来的积尘，可使用含氯消毒剂直接浇洒致其完全湿润后按普通垃圾处理。从安装在特殊场所（如医院、化工生产车间、金属研磨车间等）的中央空调中清洗出来的废弃物，应根据相关规定进行分类，不能按照普通生活垃圾处理的废弃物应交由该业主单位或指定处理单位进行处理，见表6-6。

二、污水的处理

中央空调清洗污水处理

（一）污水的组成

根据中央空调清洗的部位及清洗工艺不同，污水的成分略有不同。污水成分主要包括：泥沙、氧化物、油污、菌藻、含磷离子、氯化物、含铜离子、含铁离子、碳酸盐、硫酸盐、硅酸盐、其他杂质及悬浮物等，如图6-5所示。

图6-5　中央空调清洗污水

（二）污水的排放要求

业主单位具备污水集中处理能力的，可直接向其污水处理系统排放。污水如排入城镇下水道，应符合《污水排入城镇下水道水质标准》（GB/T 31962—2015）的规定。清洗安装在特殊场所（如医院、化工生产车间、金属研磨车间等）的中央空调产生的污水，应按照适合该特定场所的要求排放。

清洗废液不能直接排放，必须经过处理达到排放标准：pH值为6~9，化学需氧量<100mg/L，悬浮物<500mg/L，其他有害物质也需按要求检验方可进行排放。

废液中悬浮物可利用水洗来稀释，酸洗废液含酸浓度较低，进行回收可能性很小，所以一般都考虑中和处理。

1）酸、碱废水互相中和，以“废”治“废”，节省药剂，但需设调节池或补充中和剂。锅炉酸洗的前后都要进行碱洗和钝化，正好用来中和废酸液。

2）投药中和。投加石灰、电石渣之类的碱性药剂，要逐渐加入，边加边用木棍搅拌，并随时测定pH值，至pH值在6~9之间即可排放。固体沉淀物最好另外处理，即排灰、排水分开，以减少悬浮物浓度，节约用水，有条件的情况下可进行过滤处理。

相关标准关于废弃物、污水的处理方法对照表见表6-6。

表6-6　相关标准关于废弃物、污水的处理方法对照表

标准号	标准名称	污染物	积尘	污水	其他污染物	设备
GB 19210—2003	空调通风系统清洗规范	从通风系统中除掉的污染物应进行封装，以防止交叉污染，并应按照相关的国家或地方规定进行分类处理	—	—	—	清洗过程中用过的真空吸尘设备在改变位置或者从系统中卸下时都应预先密封；应在建筑物外面或者负压隔离区打开被污染过的真空吸尘设备

（续）

标准号	标准名称	污染物	积尘	污水	其他污染物	设备
WS/T 396—2012	公共场所集中空调通风系统清洗消毒规范	从中央空调系统的风管清除出来的所有污染物应妥善保存	积尘使用含氯消毒剂直接浇洒致其完全湿润后再按照普通垃圾处理	—	其他污染物按有关规定进行处理	—
DB43/T 1175—2019	集中空调通风系统清洗消毒服务规范	从中央空调通风系统中清除出来的所有污染物应妥善保存	积尘应使用含氯消毒剂直接浇洒致其完全湿润后再按照普通生活垃圾处理；	—	其他污染物按有关规定处理	—
DB43/T 1176—2019	医院洁净手术部空调净化系统清洗消毒服务规范	污物按照《医疗废物管理条例》及相关规定进行分类，密闭运送及暂存，交所在医院进行处理，相关登记保存三年	从医院洁净手术部空气净化系统清除出来的积尘使用含氯消毒剂浇洒，致其完全湿润后按照普通垃圾处理	具备污水集中处理的医院可直接向污水处理系统排放，无污水集中处理系统的医院，按 GB 18466 进行处理。	—	—

课题四 职业健康管理与职业病防治

相关知识

职业病危害是指可能导致从事职业活动的劳动者产生职业病的各种危害。职业病危害因素包括职业活动中存在的各种有害的化学、物理、生物因素，以及在作业过程中产生的其他职业有害因素。中央空调清洗过程中，接触的含有致病细菌和病毒的粉尘、含有有毒物质的粉尘、有害的化学药剂、高温作业环境等都属于职业病危害。特别是在清洗特殊场所的中央空调时，应事前进行职业病危害的识别，配备好有效的防护用品和防护设备、设施，并对作业人员做好职业卫生培训。

一、粉尘的危害与防治

粉尘进入人体后，根据其性质、沉积的部位和含量的不同，可引起不同的病症。清洗中央空调通风系统时，扬起的积尘中可能会含有细菌、病毒、真菌、原生动物、花粉、毒素等，这些物质被吸入人体呼吸系统后，可引起鼻炎、哮喘、外源性过敏性肺泡炎，影响人体呼吸系统健康，或者黏在皮肤上，引起毛囊炎、脓皮病、过敏性湿疹等皮肤病。另外，对于安装在特殊场所的中央空调，积尘中可能存在铁、钡、锡等金属颗粒或者铅、砷、锰有毒物质，这些都可能会引起人体病变或中毒。

在清洗风管过程中，应在风管内部保持负压，对作业区进行隔离，尽量采用机器人进行

清洗。作业人员必须正确地使用防尘口罩、防尘服（图 6-6），并对所接触到的粉尘的危害有充分的认识。

图 6-6 穿戴防尘口罩与防尘服

二、高温作业的危害与防治

作业中，常可遇到异常的气象条件，如高温（38℃及以上）伴有强辐射热，或高温伴有高湿（相对湿度超过 80%），在这种条件下从事的工作，称为高温作业。中央空调清洗过程中，主要的高温作业为夏季的露天作业，如清洗冷却塔、室外机等。高温作业对健康的危害在于，高温和热辐射超过一定限度，能对人体产生不良的影响，严重者可发生中暑。

（一）中暑分级

中暑可分为三级，分别为先兆中暑、轻度中暑和重症中暑。

1. 先兆中暑

在高温作业场所劳动一定时间后，出现大量出汗、口渴、头昏、耳鸣、胸闷、心悸、恶心、全身疲乏、四肢无力、注意力不集中等症状，体温正常或略有升高。如能及时离开高温环境，经短时间休息后，症状即可消失。

2. 轻度中暑

除上述先兆中暑症状外，尚有下列症候群之一，并被迫不得不停止劳动者：体温在 38℃以上，有面色潮红、皮肤灼热等现象；有呼吸、循环衰竭的早期症状，如面色苍白、恶心、呕吐、大量出汗、皮肤湿冷、血压下降、脉搏细弱而快等情况。轻症中暑者停止劳动，休息 4~5h，一般可恢复良好身体状态。

3. 重症中暑

除上述症状外，出现突然昏倒或痉挛；皮肤干燥无汗，体温在 40℃以上者。重症中暑作业人员应紧急就医。

（二）防暑降温措施

针对高温作业，应采取以下适当措施防暑降温：

1）对高温作业人员应进行就业前（包括新作业人员、临时作业人员）和入暑前的健康检查。凡有心、肺、血管器质性疾病，持久性高血压，胃及十二指肠溃疡，活动性肺结核，肝脏病，肾脏病，肥胖病，贫血及急性传染病后身体虚弱，中枢神经系统器质性疾病者，不宜从事高温作业。

2）对于高温作业和夏季露天作业者，应供给足够的合乎卫生要求的饮料，如含盐饮料，其含盐浓度一般为 0.1%~0.3%。清凉饮料的供应量，可根据气温、辐射强度大小和劳动强度的不同，分别供应。轻体力劳动一般每日每人供应量不宜少于 2~3L，中等或重体力劳动不宜少于 3~5L，但应防止爆饮。

3）高温作业和夏季露天作业，应有合理的劳动休息制度，各地区可根据具体情况，在气温较高的情况下，适当调整作业时间。早晚工作、中午休息，尽可能白天做“凉活”，晚间做“热活”，并适当安排休息时间。

劳动防护用品及配备使用

三、劳动防护用品的配备和使用

劳动防护用品又称个体防护装备。个体防护装备是指从业人员为防御物理、化学、生物等外界因素伤害所穿戴、准备和使用的各种护品的总称。

（一）劳动防护用品介绍

中央空调清洗过程中，主要使用到的劳动防护用品（图 6-7）如下：

（1）安全帽　用于保护头部，防撞击、防挤压伤害的护具。

（2）呼吸护具　用于预防呼吸道疾病的重要护具，防尘、防毒。

（3）眼防护具　用于保护作业人员的眼部、面部，防化学药剂、防尘。

（4）防护鞋　用于保护足部免受伤害的护具，防砸、绝缘、防静电、耐化学药剂、防滑。

（5）防护手套　用于保护手部，防化学药剂、防割伤、防擦伤、防滑。

（6）防护服　用于保护作业人员免受劳动环境中物理、化学、生物因素伤害的护具。

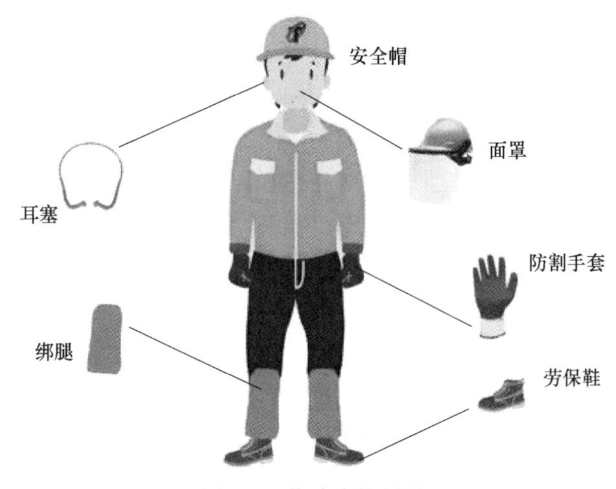

图 6-7　劳动防护用品

（7）防坠落护具　用于防坠落事故发生的护具，主要有安全带、安全绳、安全网等。

（二）劳动防护用品的配备和使用

1. 原则要求

1）使用单位应为作业人员免费提供符合国家规定的劳动防护用品。

2）使用单位不得以货币或其他物品替代应配备的劳动防护用品。

3）使用单位应教育本单位劳动者按照劳动防护用品使用规则和防护要求正确使用劳动防护用品。

4）使用单位应建立健全劳动防护用品的购买、验收、保管、发放、使用、更换、报废等管理制度；并应按照劳动防护用品的使用要求，在使用前对使用者进行使用方法的培训，以及对防护用品的防护功能进行必要的检查。

5）使用单位应到定点经营单位或生产企业购买特种劳动防护用品。

2. 培训与使用

新上岗或转岗员工上岗前应接受劳动防护用品使用的培训。培训内容有：

1）岗位劳动防护用品配备标准。

2）识别劳动防护用品合格与否的方法。

3）正确使用的方法和要求。

4）保养和清洁的方法和要求。

5）使用的必要性和不用的后果严重性等意识教育。

使用劳动防护用品，应遵循以下步骤：

1）验证配发的劳动防护用品是否符合岗位配备标准。

2）检查劳动防护用品性能，有无外观缺陷、失效、过期。

3）按说明书或培训要求正确使用。

4）使用过程中发现劳动防护用品有异常应及时报告。

5）按期更新劳动防护用品，及时更换不适用防护用品。

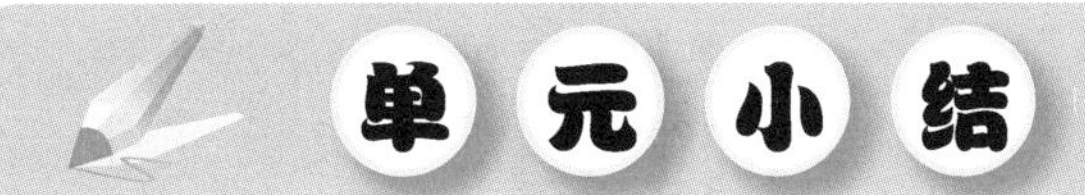

1. 掌握常见的安全标志及其设置要求。
2. 掌握登高操作安全措施及安全工具的使用方法。
3. 掌握用电安全基本要求及防止触电的技术措施。
4. 掌握防止电焊作业触电事故发生的安全措施，以及气焊、气割作业的防护措施。
5. 掌握常见生产安全事故类型及防治要求。
6. 掌握废弃物处理与污水排放的要求。
7. 掌握中央空调系统清洗消毒中常见的职业病及其防护。

一、填空题

1. 安全色有________、________、________、________等四种颜色。
2. 安全标志分为________、________、________、________等四大类。
3. 禁止标识颜色表征为________，对比色为________，采用的几何图形是________；警告标识颜色表征为________，对比色为________，采用的几何图形是________；指令标识颜色表征为________，对比色为________，采用的几何图形是________。
4. 电流对人体的伤害有________、________和________。
5. 使触电者脱离电源的方法有________、________、________、________。
6. 中空调清洗消毒常见的安全事故有________、________、________、________、________。
7. 中暑可分为三级，分别为________、________和________。

二、问答题

1. 各大类安全标志作用分别是什么？并列举一些常见的安全标志。
2. 哪些情况属于登高操作？登高操作常见的安全用具有哪些？应采取哪些安全措施？
3. 用电安全基本要求有哪些？
4. 简述“十不焊”内容。
5. 简述化学清洗作业前、中、后的安全要求。
6. 针对高温作业，应采取哪些措施防暑降温？

附录

附录 A 集中空调通风系统清洗消毒服务规范（DB43/T 1175—2019）

A.1 范围

本标准规定了集中空调通风系统的现场检查与准备、清洗服务要求、消毒服务要求、安全措施要求、服务档案管理及专业清洗消毒服务机构要求。

本标准适用于对空气过滤无特殊要求的集中空调通风系统的清洗与消毒。

A.2 规范性引用文件

下列文件对于本文件的应用是必不可少的。凡是注日期的引用文件，仅所注日期的版本适用于本文件。凡是不注日期的引用文件，其最新版本（包括所有的修改单）适用于本文件。

GB/T 13861 生产过程危害和有害因素分类与代码。

WS 394 公共场所集中空调通风系统卫生规范。

WS/T 395 公共场所集中空调通风系统卫生学评价规范。

WS/T 396—2012 公共场所集中空调通风系统清洗消毒规范。

A.3 术语与定义

下列术语和定义适用于本文件。

A.3.1 集中空调通风系统 central air conditioning ventilation system

为使房间或封闭空间空气温度、湿度、洁净度和气流速度等参数达到设定要求而对空气进行集中处理、输送、分配的所有设备、管道及附件、仪器仪表的总和。

[WS/T 396—2012，定义 3.1]

A.3.2 集中空调通风系统清洗 central air conditioning ventilation system cleaning

采用某些技术或方法清除空调风管、空气处理单元和其他部件内与输送空气相接触表面积聚的污染物、微生物。

A.3.3 集中空调通风系统消毒 central air conditioning ventilation system disinfecting

采用物理或化学方法杀灭空调风管、空气处理单元和其他部件内与输送空气相接触表面

的致病微生物。

A.3.4 专用清洗消毒设备 special equipment for cleaning and disinfection

用于集中空调通风系统的主要清洗设备、工具、器械、风管内定量采样设备和净化消毒装置的总称。

A.3.5 专业清洗消毒服务机构 professional cleaning and disinfection organization

从事集中空调通风系统清洗、消毒服务的专业技术服务单位。

A.4 现场检查与准备

作业前，专业清洗消毒服务机构应查阅集中空调通风系统有关技术资料，对需要清洗的集中空调通风系统进行现场勘察和检查，确定适宜的作业设备、工具和作业流程。根据集中空调通风系统的情况和本标准的技术要求，制定详细的清洗、消毒作业计划和清洗、消毒操作方案。

A.5 清洗服务要求

A.5.1 清洗范围

A.5.1.1 通风管道清洗范围包括送风管、回风管和新风管。

A.5.1.2 部件清洗范围主要包括风机叶轮、风机蜗壳、柜体、换热器表面、冷凝水盘、空气过滤器、空气过滤网、加湿（除湿）器、箱体、混风箱、风口及软连接等。

A.5.2 清洗频次

应定期对集中空调通风系统进行清洗。清洗时间间隔应不大于表 A-1 的规定。高湿地区或污染严重地区宜相应缩短清洗时间间隔。经检测不合格时，应清洗。

表 A-1 通风系统清洗时间间隔要求 （单位：月）

建筑物用途分类	送风管	回风管	新风管	风机盘管	新风机组	空气处理机组
商业	12	12	12	6	3	6
办公	12	12	12	6	3	12
文化体育娱乐	12	12	12	6	3	12
交通	12	12	12	6	3	6
教育卫生	12	12	12	6	3	6
住宅	24	24	24	6	3	12
其他	12	12	12	6	3	12

A.5.3 风管清洗

A.5.3.1 风管内表面的清洗，应使用可以进入风管内并能正常作业的清洗设备，将风管内的污染物、微生物有效地清除并输送到捕集装置中，作业人员不应进入风管内进行人工清洗。

A.5.3.2 风管内表面宜采用接触式负压、擦拭清洗方法，不应使用有二次污染的清洗方法。

A.5.4 部件清洗

空气处理机组、新风机组、风机盘管等部件清洗，宜使用负压吸尘设备去除部件表面污染物，或使用带有一定压力的清水或中性清洗剂配合专用工具清除部件表面污染物。

A.5.5 清洗效果

A.5.5.1 风管清洗后，风管内表面积尘残留量应小于 $1g/m^2$，风管内表面细菌总数、真菌总数均应小于 $100CFU/m^2$。

A.5.5.2 部件清洗后，表面细菌总数、真菌总数均应小于 $100CFU/m^2$。

A.5.6 检验方法

风管内表面积尘量、风管内表面及部件表面细菌总数、真菌总数的检验方法应按 WS 394 的要求执行。

A.5.7 清洗作业过程中的污染物控制

A.5.7.1 清洗过程中应采取风管内部保持负压，作业区隔离、覆盖，清除的污物妥善收集等有效控制措施，防止集中空调通风系统内的污染物散布到非清洗工作区域。

A.5.7.2 从通风系统中清除出来的污染物应进行封装，以防止交叉污染，并应按照国家或地方的相关规定进行分类处理。

A.5.7.3 清洗过程中使用的真空吸尘设备在改变位置或者从系统中卸下时都应预先密封，只准许在建筑物外的指定位置或者负压隔离区打开。

A.5.8 作业出入口

专业清洗消毒服务机构可通过集中空调通风系统风管不同部位原有的清洗（检修）口出入设备，进行相应的清洗与检查工作。必要时可切割其他清洗口，保证清洗作业后将其密封处理并达到防火要求。切割的清洗口密封方式宜采用可开启式清洗门或固定式嵌板，应采用不会导致空调系统性能降低的材料和结构。

A.6 消毒服务要求

A.6.1 消毒时机

如相关方提出要求，集中空调通风系统及部件清洗后，应分段、依次进行消毒处理。检测不合格时应消毒。

A.6.2 消毒方法

A.6.2.1 通风管道、部件应先清洗后消毒。在条件允许情况下，宜采用臭氧消毒设备进行消毒。如条件不允许，宜采用化学消毒剂喷雾消毒或擦拭消毒，金属材质首选季铵盐类消毒剂，非金属材质首选过氧化物类消毒剂。

A.6.2.2 冷凝水盘消毒，应在其中加入消毒片，冷凝水与消毒片作用一定时间后排放，首选含氯消毒片。

A.6.3 消毒效果

集中空调通风系统消毒后，其自然菌去除率应大于 90%，风管内表面细菌总数、真菌总数均应小于 $100CFU/m^2$，且致病微生物不应检出。

A.6.4 检验方法

集中空调送风中细菌总数、真菌总数、β-溶血性链球菌、嗜肺军团菌的检验方法，风管内表面及部件表面细菌总数、真菌总数检验方法按 WS 394 的要求执行。

A.7 安全措施要求

A.7.1 专业清洗消毒服务机构应对集中空调通风系统清洗消毒服务过程进行危险源辨识及

风险评价。危险源辨识可参考 GB/T 13861。

A.7.2 专业清洗消毒服务机构应针对 7.1 的危险源辨识及风险评价结果，制定安全措施和安全管理方案，并按要求组织作业。

A.8 服务档案管理

A.8.1 档案内容

专业清洗消毒服务机构应有定期检查、监测和维护的记录，并建立专门档案，档案应包含但不限于以下内容：

1）集中空调通风系统竣工图。

2）卫生学检测或评价报告书。

3）清洗、消毒及其资料记录（含所有清洗过程的影像资料，影像资料中应有区分不同清洗区域的标识）。

4）验收报告。

5）危废处理记录。

A.8.2 档案保存

档案保存时间应不少于三年。

A.9 专业清洗消毒服务机构要求

专业清洗消毒服务机构服务能力及等级划分如下。

A.9.1 专业清洗消毒服务机构能力等级划分与服务能力

A.9.1.1 服务机构按综合能力，从低到高依次分为三级、二级、一级共三个等级。

A.9.1.2 三级服务机构适合承担风管展开面积 5000m^2（含）以下无特殊要求场所的集中空调通风系统的清洗消毒工作；二级服务机构适合承担风管展开面积 10000m^2（含）以下无特殊要求场所的集中空调通风系统的清洗消毒工作；一级服务机构适合承担所有无特殊要求场所的集中空调通风系统的清洗消毒工作。

A.9.2 专业清洗消毒服务机构能力等级划分要求

A.9.2.1 专业清洗消毒服务机构能力等级划分要求见表 A-2。

A.9.2.2 不同能力等级的专业清洗消毒服务机构应具备的专业设备清单，见表 A-3。

表 A-2 专业清洗消毒服务机构能力等级划分要求

	三级	二级	一级
基本要求	依法取得营业执照，营业范围包括集中空调通风系统清洗消毒，且无不良记录和重大安全质量事故		
注册资金	不少于 50 万元	不少于 200 万元	不少于 500 万元
经营场所	办公面积不少于 30m^2，物资存储库房面积不少于 30m^2	办公面积不少于 50m^2，物资存储库房面积不少于 80m^2	办公面积不少于 120m^2，物资存储库房面积不少于 150m^2
人员	经过集中空调通风系统清洗消毒知识培训并考试合格的技术作业人员不少于 5 人	经过集中空调通风系统清洗消毒知识培训并考试合格的技术作业人员不少于 10 人	经过集中空调通风系统清洗消毒知识培训并考试合格的技术作业人员不少于 20 人
专业设备	不低于表 A-3 的配置		

（续）

	三级	二级	一级
服务项目	—	两年内具有5个（含）以上成功的集中空调通风系统清洗项目案例及第三方验收报告	两年内具有10个（含）以上成功的集中空调通风系统清洗项目案例及第三方验收报告
实验室	—	—	建筑面积不少于$25m^2$，应配备经培训合格的检验人员，并满足WS/T 395中质量管理体系、积尘量检验设备及实验室等相关要求
管理体系	1. 应设立专门质量管理部门，建立健全集中空调通风系统清洗消毒全过程的质量管理规章制度和清洗消毒服务档案、资料保管制度，制定出本机构的清洗消毒操作规程、应急预案、清洗质量保证措施、自检方法等 2. 应制定严格的安全管理制度，包括现场安全、人员安全、设备安全、环境保护、污染物处理制度等，并提供必要的作业防护工具、用品等 3. 宜向有相关专业能力的行业组织进行合同登记备案 4. 宜接受相关行业组织的现场安全质量控制或完工检查 5. 宜签署企业信用承诺书，纳入行业协会和社会信用征信机构的信用征信体系		

表 A-3 集中空调通风系统清洗消毒专用设备清单

序号	设备名称和规格	最低配备数量/套		
		三级	二级	一级
1	便携式风管检测装置	1	2	4
2	扁平矩形管道清洗机器人	1	1	2
3	小型支风管清洗装置	1	2	2
4	非水平风管清洗装置	1	1	2
5	矩形风管清洗机器人	1	2	2
6	圆形风管清洗机器人	1	1	2
7	高效循环式捕集装置	1	2	4
8	手持式风管清洗装置	1	2	4
9	风管开孔器	1	2	3
10	空调部件清洗装置	1	2	4
11	消毒装置	1	2	4

附录B 医院洁净手术部空气净化系统清洗消毒服务规范（DB43/T 1176—2019）

B.1 范围

本标准规定了医院洁净手术部空气净化系统清洗消毒服务的现场检查与准备、清洗服务要求、消毒服务要求、安全措施要求、服务档案管理和专业清洗消毒服务机构要求。

本标准适用于医院洁净手术部空气净化系统的清洗与消毒。其他洁净场所空气净化系统的清洗与消毒可参照执行。

B.2 规范性引用文件

下列文件对于本文件的应用是必不可少的。凡是注日期的引用文件，仅所注日期的版本适用于本文件。凡是不注日期的引用文件，其最新版本（包括所有的修改单）适用于本文件。

GB/T 13861 生产过程危害和有害因素分类与代码。

GB/T 14295 空气过滤器。

GB 15982 医院消毒卫生标准。

WS/T 394 公共场所集中空调通风系统卫生规范。

WS/T 395 公共场所集中空调通风系统卫生学评价规范。

《医疗废物管理条例》。

B.3 术语和定义

GB/T 14295 界定的以及下列术语和定义适用于本文件。

B.3.1 洁净手术室 clean operating room

采用空气净化技术，使环境空气中的微生物粒子、菌落数及尘埃粒子总量等指标达到相应洁净度级标准的手术室（间）。

B.3.2 洁净辅助用房 clean supporting space

对空气洁净度有要求的非手术室的用房。

B.3.3 非洁净辅助用房 non-clean supporting space

对空气洁净度无要求的非手术室的用房。

B.3.4 洁净手术部 clean operating department

由洁净手术室、洁净辅助用房和非洁净辅助用房等一部分或者全部组成的独立的功能区域。

B.3.5 空气净化系统 air purification system

为使房间或封闭空间空气温度、湿度、洁净度和气流速度等参数达到设定要求而对空气进行集中处理、输送、分配的所有设备，管道及附件，仪器仪表的总和。

B.3.6 空气净化系统清洗 air purification system cleaning

采用某些技术或者方法清除空气净化系统风管、空气净化处理单元和其他部件与输送空气相接触表面积聚的颗粒物、微生物。

B.3.7 空气净化系统消毒 air purification system disinfecting

采用物理或化学方法杀灭空气净化系统风管、空气净化处理单元和其他部件与输送空气相接触表面的致病微生物。

B.3.8 专业清洗消毒设备 special equipment for cleaning and disinfection

用于空气净化系统的主要清洗设备、风管内定量采样设备和净化消毒装置及其他用于空气净化系统清洗消毒设备的总称。

B.3.9 机械清洗 mechanical cleaning

使用物理清洗方式的专用清洗设备、工具对空气净化系统进行清洗。

B.3.10 专业清洗消毒服务机构 professional cleaning and disinfection organization

具有医院空气净化系统清洗消毒作业的专业设备和技术人员，并满足相关资质和经验要求的专业技术服务单位。

B.4 现场检查与准备

B.4.1 作业前，专业清洗消毒服务机构应查阅空气净化系统的有关资料，对需要清洗的空气净化系统进行现场勘察和检查，确定适宜的清洗及消毒工具、设备、方法和工作流程。根据空气净化系统的情况和本标准的要求，制定清洗及消毒工作计划和操作规程。

B.4.2 在清洗、消毒工作进行之前，应对所有需进入空气处理机组和风管内的专用设备进行紫外线消毒或化学消毒。

B.4.3 进入空气处理机组、洁净手术部内部，作业人员应做好个人防护，佩戴防护手套、口罩、手术帽，穿防护服。

B.5 清洗服务要求

B.5.1 清洗范围

B.5.1.1 风管清洗范围包括送风管、回风管和新风管。

B.5.1.2 部件清洗范围主要包括风机叶轮、风机蜗壳、柜体、换热器表面、冷凝水盘、空气过滤器、空气过滤网、加湿（除湿）器、消毒装置、箱体、混风箱、风口及软连接等。

B.5.2 清洗更换频次要求

B.5.2.1 应定期对洁净手术部空气净化系统进行清洗。清洗时间间隔应不大于表B-1的规定。高湿地区或污染严重地区宜相应缩短清洗时间间隔。经检测不合格时，应清洗。

表B-1 清洗时间间隔

清洗内容	清洗时间间隔
新风机组粗效空气过滤网	2d
回风口空气过滤网	7d
空气处理机组、表冷器、加热(湿)器、冷凝水盘	1个月
新风管	1个月
送风管、回风管	2个月
洁净室内送风口	7d

B.5.2.2 应定期对洁净手术部空气净化系统主要部件进行更换，具体部件名称及更换时间间隔见表B-2。高湿地区或污染严重地区宜相应缩短更换时间间隔。经检测不合格时，应更换。

表B-2 部件名称及更换时间间隔

部件名称	更换时间间隔
粗效过滤器	1~2个月
中效过滤器	3个月
亚高效过滤器	1年

（续）

部件名称	更换时间间隔
末端高效过滤器	3 年或阻力超过设计初阻力 160Pa
排风机组的中效过滤器	1 年或污染、堵塞时
回风口过滤网	1 年或特殊污染时

B.5.3 风管清洗

B.5.3.1 应使用可以进入风管内并能正常作业的清洗设备，将风管内的污染物有效地清除并输送到捕集装置中。

B.5.3.2 宜采用接触式负压、擦拭清洗方法清洗风管内表面，不应使用有二次污染的清洗方法。

B.5.3.3 应使用机械方法清洗，操作人员不应进入风管内进行人工清洗。

B.5.3.4 作业后，应对专业清洗设备进行消毒处理。

B.5.4 部件清洗

B.5.4.1 部件可直接进行清洗或拆卸后进行清洗。拆卸的部件清洗后应恢复到原来所在的位置；可调节部件应该恢复到原来的调节位置。

B.5.4.2 宜使用便携式清洗机配合中性清洗剂清除部件表面污染物。

B.5.4.3 宜使用专业吸尘设备或 50℃ 以下的清水清除空气过滤器中的灰尘。清洗干净后应将其置于通风处自然风干。

B.5.5 清洗效果

B.5.5.1 风管清洗后，风管内表面积尘残留量应小于 $1g/m^2$，风管内表面细菌总数、真菌总数均应小于 $100CFU/m^2$。

B.5.5.2 部件清洗后，表面细菌总数、真菌总数均应小于 $100CFU/m^2$。

B.5.6 检验方法

风管内表面积尘量、风管内表面及部件表面细菌总数、真菌总数的检验方法按 WS 394 的要求执行。

B.5.7 清洗作业过程中的污染物控制

B.5.7.1 风管的清洗工作应分段、分区域进行，同时根据气流方向依次清洗。

B.5.7.2 清洗过程中应采取风管内部保持负压，作业区隔离、覆盖，清除的污物妥善收集等有效控制措施，防止空气净化系统内的污物散布到非清洗工作区域。

B.5.7.3 从空气净化系统清除出来的污物应按照《医疗废物管理条例》相关规定进行处置。

B.5.8 作业出入口

专业清洗消毒服务机构可通过空气净化系统风管不同部位原有的清洗（检修）口出入设备，进行相应的清洗与检查工作。必要时可切割其他清洗口，保证清洗作业后将其密封处理并达到防火要求。切割的清洗口密封方式宜采用可开启式清洗门或固定式嵌板，应采用不会导致空气净化系统性能降低的材料和结构。

B.5.9 空气过滤网、空气过滤器的安装

B.5.9.1 空气过滤网、空气过滤器在清洗更换之后，安装应密封，空气过滤器标注箭头所

示方向为风向。

B.5.9.2 袋式空气过滤器在安装后应确保除尘袋完好并张开。

B.5.9.3 需要进入净化机组内部更换空气过滤器时，安装人员应做好个人防护，保持洁净。

B.6 消毒服务要求

B.6.1 消毒时机

医院洁净手术部空气净化系统及部件清洗后，应分段、依次进行消毒处理。检测不合格时应消毒。

B.6.2 消毒方法

B.6.2.1 风管、部件应先清洗后消毒。在条件允许情况下，宜采用臭氧消毒。如条件不允许，宜采用化学消毒剂喷雾消毒或擦拭消毒，金属材质首选季铵盐类消毒剂，非金属材质首选过氧化物类消毒剂。

B.6.2.2 冷凝水盘消毒，应在其中加入消毒片，冷凝水与消毒片作用一定时间后排放，首选含氯消毒片。

B.6.3 消毒效果

B.6.3.1 空气净化系统消毒后，洁净手术部空气中的细菌菌落总数应小于150CFU/m^3。

B.6.3.2 自然菌去除率应大于90%，风管内表面细菌总数、真菌总数均应小于100CFU/m^2，且致病微生物不得检出。

B.6.4 检验方法

B.6.4.1 空气微生物污染检验方法按照GB 15982的规定执行。

B.6.4.2 风管内表面及部件表面细菌总数、真菌总数、致病微生物检验方法按WS 394的规定执行。

B.7 安全措施要求

B.7.1 专业清洗消毒服务机构应对医院洁净手术部空气净化系统清洗消毒服务过程进行危险源辨识及风险评价。危险源辨识可参考GB/T 13861。

B.7.2 专业清洗消毒服务机构应针对7.1的危险源辨识及风险评价结果，制定安全措施和安全管理方案，并按要求组织作业。

B.8 服务档案管理

B.8.1 档案内容

专业清洗消毒服务机构应有定期检查、监测和维护的记录，并建立专门档案，档案应包含但不限于以下内容：

1）医院洁净手术部空气净化系统竣工图。

2）卫生学检测或评价报告书。

3）清洗、消毒及其资料记录（含所有清洗过程的影像资料，影像资料中应有区分不同清洗区域的标识）。

4）验收报告。

5）医废处理记录。

B.8.2 档案保存

档案保存时间应不少于三年。

B.9 专业清洗消毒服务机构要求

专业清洗消毒服务机构服务能力及等级划分如下。

B.9.1 专业清洗消毒服务机构能力等级划分与服务能力

B.9.1.1 服务机构按综合能力，从低到高依次分为三级、二级、一级共三个等级。

B.9.1.2 三级服务机构适合承担洁净用房等级Ⅲ级、Ⅳ级及以下的医院洁净手术部空气净化系统的清洗消毒工作；二级服务机构适合承担洁净用房等级Ⅱ级及以下的医院洁净手术部空气净化系统清洗消毒工作；一级服务机构适合承担所有医院洁净手术部空气净化系统清洗消毒工作。

B.9.2 专业清洗消毒服务机构能力等级划分要求

B.9.2.1 专业清洗消毒服务机构能力等级划分要求见表 B-3。

表 B-3 专业清洗消毒服务机构能力等级划分要求

	三级	二级	一级
基本要求	依法取得营业执照，营业范围包括集中空调系统清洗消毒服务，且无不良记录和重大安全质量事故		
注册资金	不少于 50 万元	不少于 200 万元	不少于 500 万元
经营场所	办公面积不少于 $30m^2$，物资存储库房面积不少于 $30m^2$	办公面积不少于 $50m^2$，物资存储库房面积不少于 $80m^2$	办公面积不少于 $120m^2$，物资存储库房面积不少于 $150m^2$
人员	经过集中空调通风系统清洗消毒知识培训并考试合格的技术作业人员不少于 5 人	经过集中空调通风系统清洗消毒知识培训并考试合格的技术作业人员不少于 10 人	经过集中空调通风系统清洗消毒知识培训并考试合格的技术作业人员不少于 20 人
专业设备	不低于表 B-2 的配置		
服务项目	—	两年内具有 5 个（含）以上成功的医院洁净手术部或集中空调通风系统清洗项目案例及第三方验收报告	两年内具有 10 个（含）以上成功的医院洁净手术部或集中空调通风系统清洗项目案例及第三方验收报告
实验室	—	—	建筑面积不少于 $25m^2$，应配备经培训合格的检验人员，并满足 WS/T 395 中质量管理体系、积尘量检验设备及实验室等相关要求
管理体系	1. 应设立专门质量管理部门，建立健全医院洁净手术部空气净化系统清洗消毒全过程的质量管理规章制度和清洗消毒服务档案、资料保管制度，制定出本机构的清洗消毒操作规程、应急预案、清洗质量保证措施、自检方法等 2. 应制定严格的安全管理制度，包括现场安全、人员安全、设备安全、环境保护、污染物处理制度等，并提供必要的作业防护工具、用品等 3. 宜向有相关专业能力的行业组织进行合同登记备案 4. 宜接受相关行业组织的现场安全质量控制或完工检查 5. 宜签署企业信用承诺书，纳入行业协会和社会信用征信机构的信用征信体系		

B. 9. 2. 2　不同能力等级的专业清洗消毒服务机构应具备的专业设备清单，见表 B-4。

表 B-4　医院洁净手术部空气净化系统主要清洗消毒专用设备清单

序号	设备名称或规格	最低配备数量		
		三级	二级	一级
1	便携式风管检测装置	1 套	2 套	4 套
2	接触式负压清洗机器人或擦拭机器人	1 台	2 台	4 台
3	非水平风管清洗机器人	1 台	1 台	2 台
4	风管开孔器(机)	1 台	2 台	4 台
5	空调部件清洗装置	1 套	2 套	4 套
6	消毒装置	1 套	2 套	4 套

参考文献

[1] 赵兴平. 中央空调清洗技术 [M]. 北京：机械工业出版社，2011.

[2] 黄升平. 中央空调的安装与维修 [M]. 北京：机械工业出版社，2015.

[3] 吴吉祥，唐幸珠，张宏耀. 中央空调空气净化消毒知识问答 [M]. 北京：中国建筑工业出版社，2008.

[4] 卫生部环境卫生标准专业委员会. 公共场所集中空调通风系统清洗消毒规范：WS/T 396—2012 [S]. 北京：商务印书馆，2012.

[5] 卫生部环境卫生标准专业委员会. 公共场所集中空调通风系统卫生规范：WS 394—2012 [S]. 北京：中国标准出版社，2012.

[6] 中国标准化研究院，北京工业大学. 空调通风系统清洗规范：GB 19210—2003 [S]. 北京：中国标准出版社，2003.

[7] 中国工程建设标准化协会化工分会. 工业循环冷却水处理设计规范：GB/T 50050—2017 [S]. 北京：中国计划出版社，2017.